正心正道
善为善成
CRRC
U0308220

中车戚墅堰机车车辆工艺研究所有限公司
CRRC QISHUYAN INSTITUTE CO.,LTD.

主要产业

1 轨道交通产业

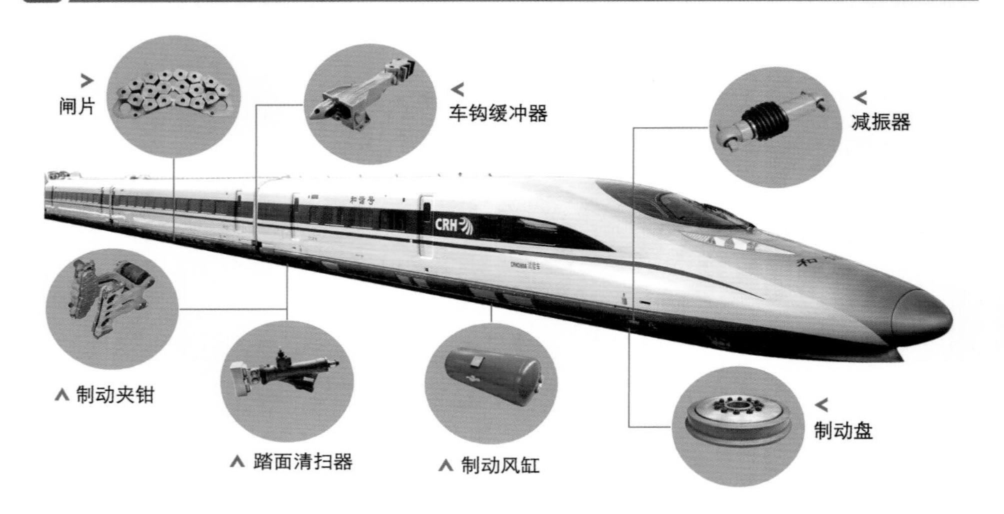

2 齿轮传动产业

主要产业

3 汽车零部件产业

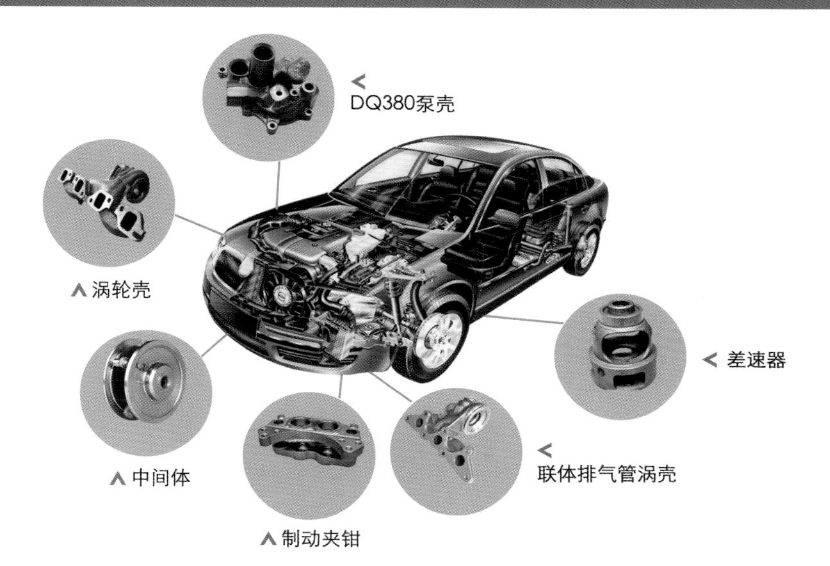

4 工程机械产业

UT-M18自行式钢轨探伤车

捣固装置

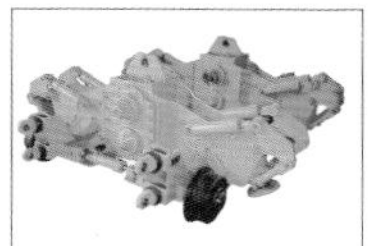
稳定装置

车轴齿轮箱

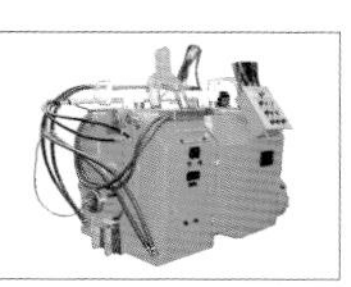
钢轨闪光焊机

5 柴油机零部件产业

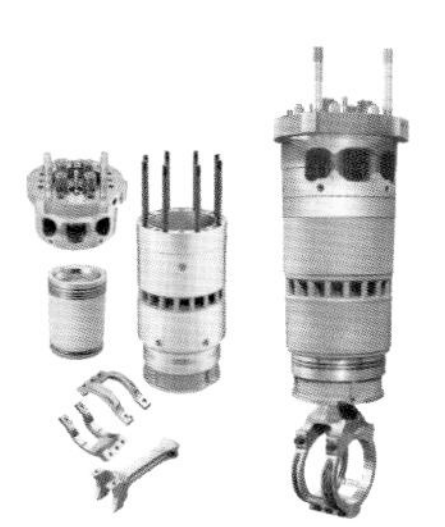
EMD645动力组件

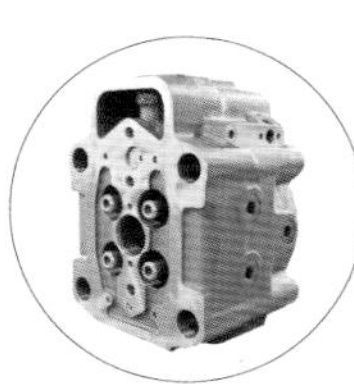
20 24气缸盖

PA6活塞(船用柴油机用)

MTU956活塞

EMD活塞解剖件

试验验证平台

∧ 高速动车组齿轮传动系统综合性能试验台

<
1：1制动动力试验台

∧ 多通道疲劳试验台

∧ 风电齿轮箱综合试验台

机械零部件失效分析典型60例

李平平　陈凯敏　**编著**
徐罗平　庄　军　**主审**

机 械 工 业 出 版 社

本书提供了60个机械零部件的失效分析案例，这些案例多涉及铁路与汽车领域的零部件，大多数为狭义的失效分析范畴，希望对初涉失效分析领域的科技工作者提供一定的帮助。本书首先对作者在失效分析工作中的心得进行总结，随后按照多种零部件的失效原因将全文划分为五个章节，从设计，冶金，冷、热加工，装配，使用，环境等多方面进行阐述。本书案例多采用四步走形式：实例简介、测试分析、失效原因和改进方案，结构上简洁明了，方便读者阅读。

本书主要供初涉失效分析领域的一线科技工作者作为参考，同时可作为高等院校材料专业学生学习的参考书。

图书在版编目（CIP）数据

机械零部件失效分析典型60例/李平平，陈凯敏编著. —北京：机械工业出版社，2016.6（2017.8重印）

ISBN 978-7-111-54136-3

Ⅰ. ①机…　Ⅱ. ①李…②陈…　Ⅲ. ①机械元件—失效分析　Ⅳ. ①TH13

中国版本图书馆CIP数据核字（2016）第148077号

机械工业出版社（北京市百万庄大街22号　邮政编码100037）

策划编辑：贺　怡　申永刚　责任编辑：贺　怡

版式设计：霍永明　责任校对：陈　越

封面设计：路恩中　责任印制：李　飞

北京铭成印刷有限公司印刷

2017年8月第1版第2次印刷

169mm×239mm·14印张·2插页·290千字

2001—3000册

标准书号：ISBN 978-7-111-54136-3

定价：79.00元

凡购本书，如有缺页、倒页、脱页，由本社发行部调换

电话服务　网络服务

服务咨询热线：010-88361066　机工官网：www.cmpbook.com

读者购书热线：010-68326294　机工官博：weibo.com/cmp1952

010-88379203　金书网：www.golden-book.com

教育服务网：www.cmpedu.com

序

中车戚墅堰机车车辆工艺研究所有限公司是中国中车股份有限公司旗下的一级子公司，始建于1959年。50多年来，中车戚墅堰机车车辆工艺研究所有限公司始终与中国轨道交通装备事业发展同行，致力于轨道交通装备的现代化。公司主要从事轨道交通装备新材料、新工艺、新装备、新技术的研究开发及其科技成果的产业化，是轨道交通装备关键零部件的高科技产业化基地。公司不仅服务于我国干线铁路运输和城市轨道交通的需要，还利用轨道交通装备专有技术向延伸产业发展，已经进入了汽车零部件、工程机械、风力发电等市场领域。中车戚墅堰机车车辆工艺研究所有限公司试验检测中心创建于1960年，可进行金属、非金属化学分析，金相检验，失效分析，力学性能测试，计量检测，无损检测及试验检测技术和新材料技术的研究。

现在问世的这本图书是在中车戚墅堰机车车辆工艺研究所有限公司多年从事机械零部件失效分析，积累了丰富资料的基础上，对用宏观检验、金相显微镜、扫描电镜、无损检测等现代化检测手段获得的大量图片、资料进行反复分析研究，认真筛选，并将其分类整理，使之系统化后编著而成的。书中60个失效案例多取自生产第一线，具有典型性，并且对缺陷的类型、特征、产生原因、防治措施都做了较为详细的说明与分析。这对现场工艺的改进、产品质量的提高，具有重要的指导作用。本书也反映了中车戚墅堰机车车辆工艺研究所有限公司在失效分析方面的研究工作是比较深入的，对科技档案资料的管理水平是很高的。

本书是李平平、陈凯敏及其同事在较短的年限内整理和积累的工作成果，是他们刻苦钻研、勤奋工作的结晶。本书作者求真务实的工作态度，在中车戚墅堰机车车辆工艺研究所青年科技工作者中起到了很好的带头作用。

中车戚墅堰机车车辆工艺研究所有限公司总工程师

陈笃

前　言

我国的失效分析工作自20世纪70年代进入了一个快速发展的全新时期，在失效分析、预测及预防知识的普及教育方面，已编辑出版了大量的教材、专著及技术丛书。对培养失效分析专门人才和提高失效分析人员素质起到了一定的作用。作者作为失效分析工作者，将一些典型的案例罗列总结成册，主要目的如下：

1）失效分析是一门覆盖面很广，综合多个学科的全方位新兴学科。目前，国内院校尚未对相关专业进行系统培养，大多从业人员都是参加工作以后从零开始积累，这样势必造成初学者在较长时期内掌握的仍是较为零散的知识点。作者认为案例教学对于初学者可起到事半功倍的作用，一方面初学者可以快速地了解该行业产品的基本失效类型；另一方面通过对多个案例的学习，初学者在分析方法和分析思路上必有一个较为全面的认识。

2）失效分析工作的终极目标是“消除”失效。通常，金属材料机械零部件的生命周期包括：设计，选材，冷、热加工，装配，使用，维修，失效等诸多过程，而每个过程中工作人员考虑问题的角度往往是不同的。因此，产品在流转过程中常存在一些比较容易被忽视的细节，最终导致失效的原因也是多种多样的。那么，通过对产品各种失效类型的总结，并提出预防、改进措施，使设计和维护部门得到警示和借鉴，作为工作的指导或参考，对于今后的设计、工艺改进、加工、维护及使用等众多方面无疑是有巨大帮助的，这也在某种程度上“消除”了失效的再发生。

3）一份完整的失效分析报告，即是一个小型项目，包括前期策划、信息采集、分析测试、总结并提出预防措施等多个步骤。每份报告的完成，也必将使项目组成员得到一定程度的提升。作者将之前所有的工作总结成册，希望与广大同仁共同探讨，也希望在整理的过程中发现不足并及时改正以期取得更大的进步。

目前，关于失效分析方面的著作越来越多，且大多按产品进行分类，这样有助于工作者对某类产品有较为深入的研究。但作者认为按失效原因进行分类、统计也不失为一种好办法，其原因如下：

1）失效分析多附属于检测机构，对于委托者而言，其大多进行分析的目的在于找出直接的失效原因，以完成责任判定。

2）金属材料机械零部件产品的制造过程大多较为接近，对于初涉失效分析的工作者，按失效原因统计更容易构建整体框架，形成较为完整的分析思路。

3）经过长期的失效原因统计，可罗列出问题比例较高的某类原因并进行重点改进，从而将故障率大幅降低。

当然，这种方法也有其不足之处，尤其是对长期从事失效分析工作的人员，可能会造成博而不精的影响。因此，本书主要供入门级人员学习、参考。

本书承蒙中车戚墅堰机车车辆工艺研究所有限公司总工程师陈笃撰写序言。在案例的编写过程中，得到了中车戚墅堰机车车辆工艺研究所有限公司李爱东、罗宁、吴建华等前辈的具体指导，卢南雁、潘安霞、梁会雷、王群、任立文、石磊、文超、夏少华、曹渝等同志也提供了许多的帮助，还得到该公司多个部门的大力支持和帮助。四川大学沈保罗教授和重庆义扬机电设备有限公司李志义教授对书稿进行了审阅并提出了许多宝贵的意见，在此一并表示感谢。

由于作者水平有限，书中难免会有不妥与错误之处，敬请读者指正。

作　者

目 录

第1章 绪 论

1.1 失效分析的基础知识

失效是指产品丧失规定的功能。

失效的分类方法可谓门类繁多，主要有以下几个方面：①按功能分类；②按材料的损伤机理分类；③按机械失效的时间特征分类；④按机械失效的后果分类。最常见的则为按损伤机理分类，包括断裂、磨损、腐蚀、变形等，其中断裂失效最为主要，危害最大。

失效分析是指判断失效的模式，查找失效原因和机理，提出预防再失效对策的技术活动和管理活动。

失效分析的分类按目的不同通常可分为：①狭义的失效分析，主要目的在于找出引起产品失效的直接原因；②广义的失效分析，除找出直接原因外，还要找出技术管理方面的薄弱环节。

此外，失效分析已从一门综合技术发展成为一门新兴的综合性学科。要进行失效分析，需要深厚的材料学、力学、断口学、痕迹学、裂纹学、金相学、腐蚀科学、摩擦学、数学、设计、装配、使用以及管理等众多方面的知识。并且失效分析与其他学科的结合也将不断地产生新的学科。图1-1所示为失效分析的简化模型。

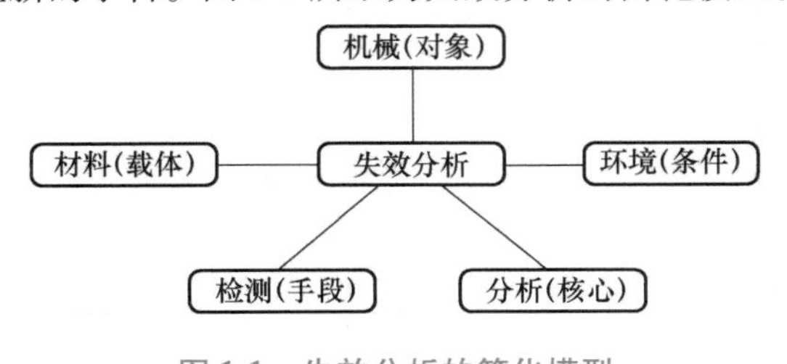

图1-1 失效分析的简化模型

1.2 失效分析的思路与方法

1.2.1 失效分析思路

常用的失效分析思路很多，概括起来主要包括以下三种思路：①“撒大网”逐个因素排除的思路，该思路面面俱到，缺点是耗时耗力；②残骸分析法，是从物理、化学的角度对零件进行分析的方法，断口则是残骸分析中断裂信息的重要来源；③失效树分析法，是一种逻辑分析方法。

作者认为无论哪种失效分析思路，其终极目标都是寻找“源头”。例如开裂件或断裂件，打开断口无疑是最为行之有效的办法，因为从裂纹的形态往往只能判断裂纹的性质，只有将断口打开才能确定其真实的失效原因，譬如夹杂、夹渣等引起的淬火裂纹。

1.2.2 失效分析方法

失效分析首先必须遵循先宏观后微观，先无损后解剖，先测试后验证等基本原则。

失效分析方法与中医理论中的望、闻、问、切如出一辙，下面就从这四个方面入手阐述失效分析的常规方法。

“望”涉及宏观和微观两个方面。宏观方面主要使用肉眼观察、照相机、放大镜、体式显微镜等方法，欲达到的目的如下：①判断失效类型，确认失效属于断裂、腐蚀、磨损、变形中的哪一类；②查找缺陷的规律性，尤其批量问题产品，须对缺陷产生的位置、数量，缺陷的形貌、尺寸进行统计、类比；③检查产品结构的合理性，如是否存在尖角、凹槽、粗加工刀痕等应力集中现象及尺寸突变等设计缺陷；④初步确定“失效源”位置，可根据断口和裂纹等综合判定；⑤检查源区及其附近区域是否存在腐蚀、磨损、碰伤等异常现象；⑥根据产品结构和断口形貌大致判断产品承受的载荷类型和载荷大小；⑦对服役过程中与失效件匹配的零部件进行排查。微观方面则主要使用金相显微镜、扫描电子显微镜、透射电子显微镜等方法，欲达到的目的如下：①显微组织分析，包括原材料洁净度、热处理组织、成分偏析、带状、流线、碳化物、异常组织等，还可结合生产工艺确定裂纹性质及其形成的阶段；②微观形貌分析，主要包括表面形貌和断口形貌等；③亚显微结构观察。

“闻”主要涉及成分和物相的检查，包括：①检查失效件化学成分是否满足相关标准要求，牌号是否正确；②对与失效件相关的异物进行能谱分析，并判断其来源；③判断元素以何种形式的物相存在。

“问”即询问、咨询，是背景材料搜集的重要途径，欲达到的目的如下：

(1) 了解失效件的整个制造过程，包括设计，选材，冷、热加工，表面加工，装配和调试等。

(2) 熟悉失效件的工艺历史：①冷加工，包括切削加工、拉压弯扭、研磨、矫直等；②热加工，包括铸造、锻造、热处理、焊接、补焊等；③表面加工，包括电镀、喷涂、喷丸、抛丸、清洗、防锈等。

(3) 获悉失效件服役前的经历，如装配、包装、贮存、运输、安装、调试等。

(4) 收集工作历史过程中的重要信息，尤其以下几方面：①反常载荷；②偶然的过载荷；③循环载荷；④温度、湿度变化；⑤腐蚀介质；⑥载荷类型；⑦与失效件配合的零部件情况等。

（5）失效信息的收集，譬如是由于油温、水温过高报警，还是由于振动报警，电压、电流跳动，紧急制动或其他方面，即如何发现的失效。

“切”可根据有无破坏分两部分。其一为无损检测，众所周知，无损检测主要包括磁粉检测、超声检测、射线检测、渗透检测、涡流检测等，每一种类型的缺陷均有各自最适宜的无损检测方法。其二为破坏性试验，主要包括：①力学性能检查；②原材料低倍检查；③金相分析（属“望”中微观分析）；④模拟及试验验证；⑤残余应力测试等。

综上所述，针对失效件的复杂程度选用适宜的“望”“闻”“问”“切”方法进行综合诊断，并提出可靠性意见，即完成失效分析过程。

1.3 失效分析的难点与不足

1. 脱离现场搞失效分析

失效分析立足于失效背景材料的搜集和对失效样品的分析研究。失效背景材料的内容，主要是指失效件的加工及制造史；服役前的各种经历；工作历史；失效条件和环境；反常状态等。对于大多数失效分析技术人员，尤其是第三方测试机构而言，往往只能获取失效样品，而对失效背景材料的搜集则受到限制。这主要是因为：①失效人员常因时间、地域等条件无法第一时间到达现场，对失效零件的背景信息仅停留在感性的认识阶段；②现场操作人员通常没有强烈的现场保护意识，且某些他们认为无关紧要的信息，也许恰恰就是导致失效的根本原因；③委托方或第三者转述的信息常存在遗漏或误导性。

2. 脱离工艺评判组织

众所周知，组织、性能和用途三者之间关系密切，然而一些送检单位通常只提供材质，分析者需要对产品进行金相组织判定，这往往导致评判结果不够准确。譬如低碳钢回火索氏体、等温淬火贝氏体和回火马氏体的鉴别，回火索氏体一般比较容易区分，通常表现为保留马氏体位向，有弥散细小颗粒状碳化物析出等特征；后两者则需要长期的经验积累，以及硬度测试甚至扫描电镜形貌辅助才能加以辨别。倘若在了解材质和热处理工艺的条件下，测试者可结合金相组织形态快速并准确地做出判断。因此，每一类组织的定性判别须结合材质、工艺、硬度、组织形态、电镜形貌等多方面综合考虑。

3. 首断件的判定

某一零件在发生开裂或断裂之后，往往会导致多个其他零件或同一零件的不同部位先后出现开裂或断裂现象。在这种情况下，须从众多的开裂或断裂件中准确地找出首断件，其分析原则如下：①当各断裂件中既有延性断裂又有脆性断裂时，一般脆性断裂件发生在前，延性断裂件发生在后；②当各断裂件中既存在脆性断裂件又存在疲劳断裂件时，则疲劳断裂件应为首断件；③当存在两个或两个以上的疲劳断裂件时，低应力疲劳断裂件出现在前，高应力疲劳断裂件出现在后；④当各断裂件均为延性断裂时，则应根据各零件的受力状态、结构特性、断裂的走向、材质与性能等进行综合分析与评定，才能找出首断件。

4. 裂纹样的判定

对于断裂件，我们可通过“T型法”“分叉法”“变形法”“氧化颜色法”和“疲劳裂纹长度法”来判断主裂纹及裂纹源的位置。但对于大多数裂纹短小、断口打开困难的试样而言，分析者通常只能通过裂纹的特征判断其类型，譬如淬火裂纹、磨削裂纹、锻造裂纹及锻造折叠等的判别。以淬火裂纹为例，其形成原因是多种多样的，有夹杂、夹渣、疏松等原材料缺陷引发的，有尖角、表面粗糙等应力集中造成的，也有热处理工艺异常导致的，然而通过裂纹形貌，我们只能知其然却不知其所以然。

5. 严重受损的断裂件分析

断口如同一台记录仪，完整地将裂纹萌生、稳态扩展、失稳扩展及瞬时断裂等详细记录了下来。然而，经常由于现场人员的疏忽或环境、介质的作用，使得断口表面发生严重锈蚀或碰伤、磨损等，这对于分析者来说，无疑是致命的缺陷。对于表面锈蚀的断口试样，分析者首先必须结合宏观、微观、能谱等测试手段判断其是否属于某种类型的腐蚀以及腐蚀介质的来源，其次需要采用适宜的方法进行表面清洁处理。对于磨损严重的试样，首先，根据剪切唇、断面粗糙程度或局部贝纹线等残留信息初步判断裂源的大体位置；其次，观察裂源区域是否存在明显的原材料缺陷或结构设计缺陷；最后，结合产品的受力情况、安装结构、工况、使用寿命及材质、组织、性能综合推断零件的失效类型。

6. 对于“无异常试样”的分析

大部分从事失效分析工作不久的人员常常会遇到失效试样“无异常”的现象，经过一番仔细的检查后发现失效件原材料、表面加工质量及热处理工艺均正常，且使用过程中未发生违规操作，最后失效分析报告必然就变成了一份普通的检验报告。其实，每一类零部件的失效必有其深层次的原因，倘若常规检查一切正常，则可考虑其结构设计的合理性，服役过程中外载荷的类型，安装是否存在偏载，以及构件自身残余应力的测试等。目前，对于残余应力的测试多采用XRD（X射线衍射），但其只能对表面较浅的范围进行测试，且表面必须是平面。而大多数机械零部件的失效部位多为结构相对较为复杂或应力集中严重的地方，残余应力的测试误差可能会很大。

7. 定量分析与定性分析

21世纪以前，失效分析基本是千篇一律的定性分析，但这足以解决生产中遇到的现场问题。目前，失效分析工作中常见的定量分析主要有以下几方面：①成分分析，包括化学方法和能谱（半定量分析）等；②物相和残留奥氏体分析，通过X射线衍射仪

判断元素的存在形式及残留奥氏体含量；③第二相面积测定；④夹杂物、孔隙率测定；⑤残余应力测定；⑥裂纹长度、瞬断面积、疲劳条带间距等的测定；⑦力学性能测试；⑧通过无损检测，确定缺陷的位置和尺寸等。随着科技的发展，尤其近十几年来，无论生产厂家还是客户都急切地想要知道其产品的使用寿命；或者产品出现裂纹后能否继续使用；或者产品断裂后反推其服役条件，譬如载荷、时间、裂纹萌生条件、应力集中程度等。这需要科技工作者拥有大量的实践经验、理论和计算水平的支撑。因此，如何巧妙地应用定性与定量分析将是以后中长期发展的趋势。

8. 模拟

机械制造业中，有人认为我国与国外的差距主要是材料，有人认为是设计，也有人认为是加工和工艺，作者认为设计中模拟的差距不容忽视。时至今日，钢铁材料的冶炼水平已达到空前的高度，无论是夹杂、夹渣、元素偏析等，还是气体含量或者有害微量元素的控制等，都已达到了较高的水平。加工和工艺方面则考虑到结构、成形难易程度、成本等因素而存在一些差异。设计中模拟则存在明显差距，与我国相比，国外的模拟已涉及产品的整个寿命周期，从设计、加工、使用到环境等无一例外，大大降低了产品投入使用后的故障率，即做到了“预防为先”。

9. 试验验证

试验验证可选择不同类型的载荷，包括载荷的幅值、加载时间、周期等，还可以模拟一些特定的环境，譬如温度、湿度、气氛等，但其常常只能设置一个或者少数几个可变参数。然而，对于大多数零部件而言，服役往往是在多种类型的载荷（即复合载荷）下进行的，环境一般是在冷、热交变的情况下，同时腐蚀介质可能不止一种，这些在试验验证时通常是满足不了的。

1.4 本书的研究内容与案例结构

1.4.1 研究内容

本书共举60个典型的失效分析案例，大多数为狭义的失效分析范畴。作者根据失效原因将这60个案例划分为五个章节，具体内容如下：

第2章，设计因素为主引起的失效。目前，机械零部件的设计水平足以避免出现大的设计缺陷，但对于应力集中等较为细微的方面考虑仍有欠缺。本章主要针对尖角、小圆角、表面粗糙度、加工刀痕等引起的应力集中和螺栓的成形等几方面内容进行了举例。

第3章，冶金及材质因素引起的失效，冶金属于铸造的范畴，本书中将其单独列为一章。主要涉及以下四个方面的内容：①夹杂、夹渣等冶金缺陷；②微量元素超标；③白口化；④成分不满足技术要求。

第4章，热加工因素为主引起的失效，包括铸造、锻造、焊接（含补焊）、热处理四大部分，本章铸造区别于第二章的冶金部分，偏向于浇注过程。内容详见表1-1。

表1-1 热加工因素为主引起的失效

热 加 工	失效实例
铸造	疏松，气孔，铸造热裂纹
锻造	表面脱碳，锻造裂纹，锻造折叠
（补）焊接	焊接热裂纹，焊接冷裂纹，熔合不良，淬硬组织
热处理	淬火裂纹（夹杂物，带状偏析，边廓裂纹），回火不足，未调质，热点矫直，碳化物超标，脱碳，加热频率高等

第5章，冷加工及装配因素为主引起的失效，主要涉及磨削裂纹、加工硬化、加工余量不足、酸洗氢脆、对中不良、磨加工异常、铰孔缺陷等7类案例。

第6章，环境及使用因素为主引起的失效，主要涉及腐蚀、冷却不良、润滑不良、镀层压溃、周期性外载荷、配件断裂、电蚀、异常擦伤、螺栓松动等9类案例。

1.4.2 案例结构

本书对案例的讲解多分为实例简介、测试分析、结论、建议四部分。

（1）实例简介　主要涉及产品介绍和宏观分析两大部分。其中产品介绍包括名称、材质、用途、制造工艺、失效形式、失效比例、使用环境、载荷情况及使用寿命等，即图1-1中所述的材料（载体）、机械（对象）、环境（条件）。宏观分析包括结构分析、断口分析、痕迹分析、残骸分析及部分无损检测等。

实例简介在本书案例中占比重较大，主要出于以下两方面考虑：

1）产品信息的采集，尤其对送检试样（分析人员未到达现场）而言，在信息准确的前提下，结合宏观分析，往往可以初步判断其失效原因。相反，倘若信息采集有误，则可能对后续的分析过程造成倾向性的误导。

2）宏观分析，一般是用肉眼或放大镜对失效件断口、断裂位置及裂纹等进行分析的方法。近年来，随着微观分析手段的升级更新，越来越多的分析人员热衷于先进设备的使用，以便获得“高档”的图片信息，而忽视了宏观分析。实际上不同分析各有不同的目的和功用，对某些问题而言，宏观分析可以提供非常重要的信息，同时对微观分析有着重要的指导意义，甚至仅进行宏观分析就可以解决问题，达到简单、快速、可靠的目的。这点在部分案例中可得到较好的验证。

（2）测试分析　即图1-1中所述的手段。常用的测试分析包括以下几方面：①无损检测；②原材料检查，包括洁净度、化学成分及低倍检查等；③显微组织分析；④微观形貌分析；⑤能谱分析；⑥力学性能测试等。

（3）失效原因和改进方案　根据实例简介和测试分析结果，得出导致零部件失效的直接原因，穿插相关知识点加以阐述，并提出相应的预防措施。

第 2 章　设计因素为主引起的失效

案例 1　铝型材模具开裂

1. 实例简介

某厂自主研发设计的铝型材热挤压模具，材质为 H13 钢（4Cr5MoSiV），整体采用分离式的上、下模结构。其中上模为均匀分布的直通四孔结构，主要用于铝材的“分流”，下模则主要用于铝材的“融合”与成形。图 2-1 所示为上模入料端的三维示意图，由图可知：内桥端面加工为平台状，转角处几乎为直角过渡，见图中红色箭头所指处。

图 2-1　上模入料端三维示意图

模具加工好后首先进行铝型材的试制，试制以一定吨位的铝材和产品的表面成形质量为评判标准。待其试制成功后，再进行型腔表面的渗氮强化处理，继而投入生产。

产品在试制过程中，上模入料端内桥转角处多次发生开裂现象，裂纹形貌如图 2-2 所示：沿转角处约呈 45° 向内扩展，外形曲折，两侧耦合性很好，但似有异物充填迹象。遂将开裂部位断口打开（备注：利用三点弯曲方法将其压开，整个过程异常困难）。从图 2-3 可看出断面呈银白色，结合模具工作环境可初步判定：填充物为铝。

2. 测试分析

（1）能谱分析　图 2-4 为断口能谱分析，由图可知断面成分显示为纯 Al，结果与上述推测相符。此外，微观形貌显示断面呈韧窝状断裂特征，这是因为铝的塑性极好，在拉应力作用下表现为等轴韧窝状塑性断裂特征。

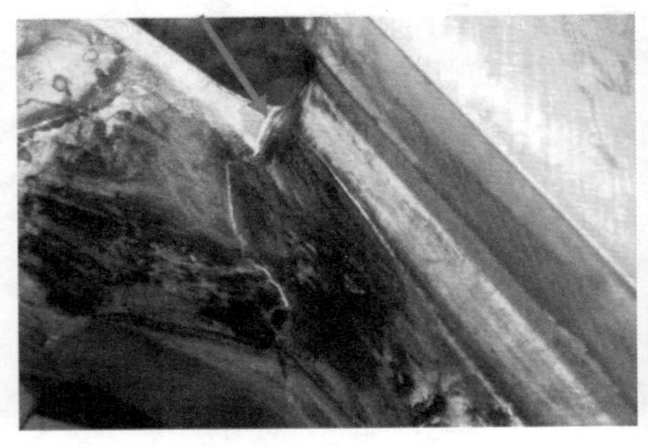

图 2-2　开裂处形貌

图 2-3　断口形貌

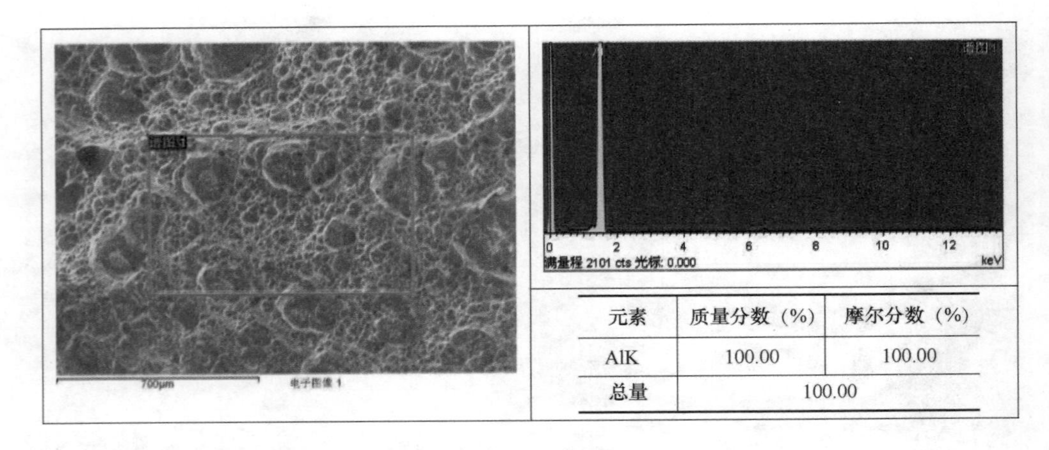

元素	质量分数（%）	摩尔分数（%）
AlK	100.00	100.00
总量	100.00	

图 2-4　断口能谱分析

（2）显微组织分析　图 2-5 ~ 图 2-9 所示为开裂处及其附近金相组织，由图可知：①裂纹起裂于内桥转角 R 部位，该处无明显过渡圆角，表面粗糙度值大，局部甚至呈锯齿状；②裂纹内填充有 Al，这点与上述描述相同；③值得提出的是，转角处表面存在脱碳现象，但仅限于①中所述的锯齿状区域，这表明该处工作温度较其余部位高。显微硬度梯度显示总脱碳层深度约为 0.2mm，脱碳区（距离表面 50μm）硬度较心部低约 60HV0.3；④仔细观察发现，脱碳区表层密集分布着垂直于表面的细小裂纹，这是因为脱碳降低了表面的疲劳强度，同时由于表面粗糙造成局部应力集中。因此，在 Al 流体的冲击作用下该处极易萌生疲劳裂纹。对比发现，远离开裂处型腔表面粗糙度值小，组织为回火马氏体 + 回火托氏体，未见脱碳现象，硬度梯度也无下降趋势。

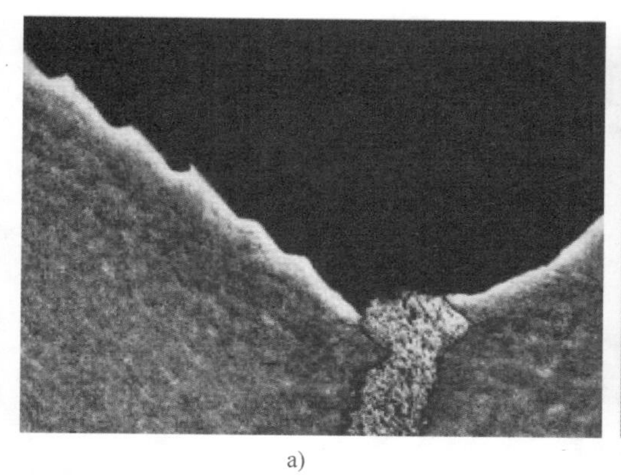

a)

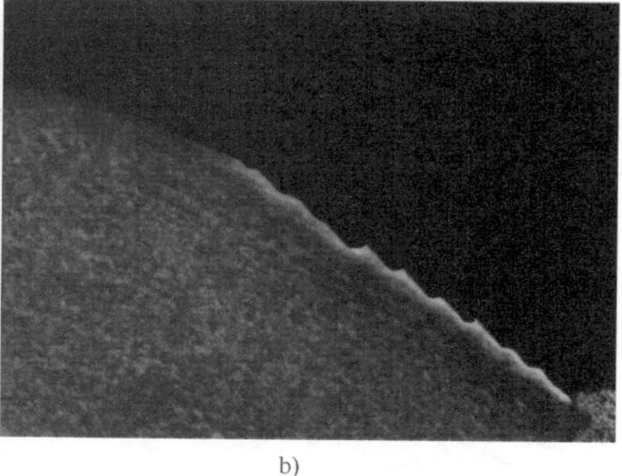

b)

图 2-5　开裂处组织

a）25 ×　b）12 ×

图 2-6　脱碳区域表面组织（500 ×）

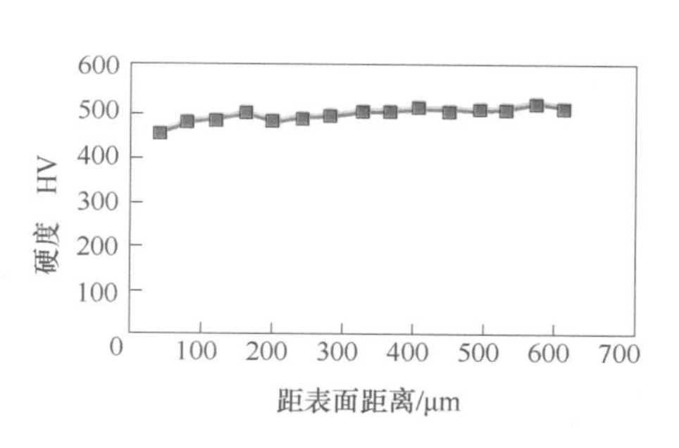

图 2-7　脱碳区硬度梯度

图 2-8　远离开裂处表面组织（500 ×）

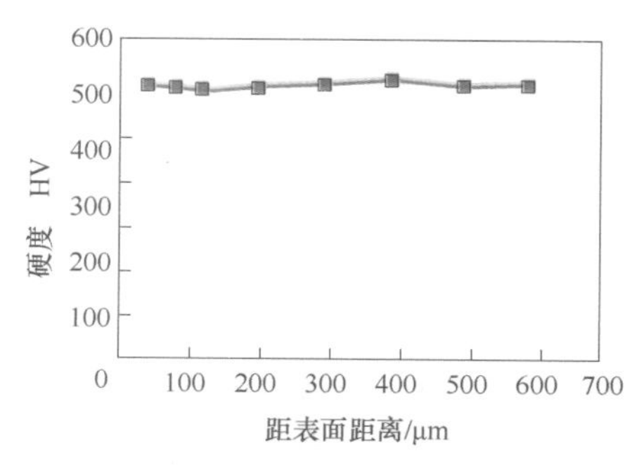

图 2-9　远离开裂处硬度梯度

图 2-10 所示为模具基体组织，为回火马氏体 + 回火托氏体，奥氏体晶粒度约为 8 级；低倍下显示明显的枝晶偏析，这种偏析使得枝干与枝间各微区合金含量略有差异，从而导

致各微区 Ms 点不同，发生马氏体转变的时间先后不一，淬火后将形成较大的显微内应力。

此外，基体非金属夹杂物评定级别为 $B_{TiN0.5}$，$D_{TiN0.5}$，D0.5，表明原材料洁净度良好；心部硬度为48HRC，满足技术规范（46～50HRC）。

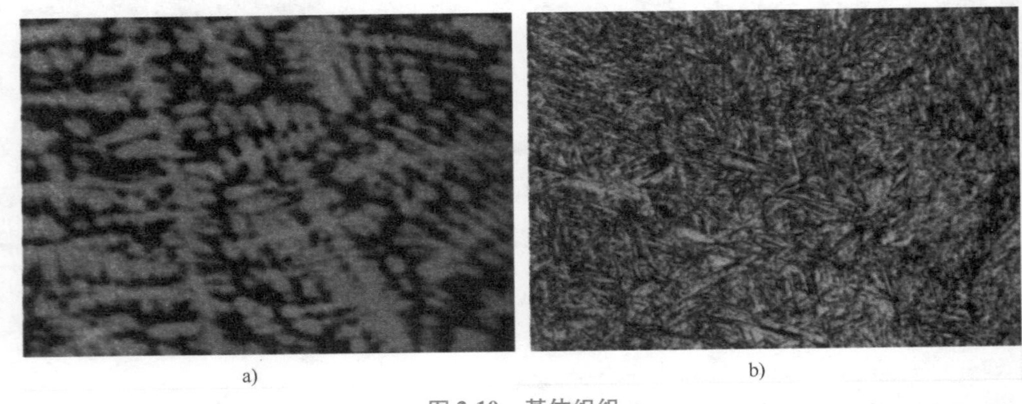

图 2-10 基体组织

a）25× b）500×

3. 失效原因

开裂的铝型材热挤压模具上模采用四孔结构，内桥端面加工为平台状、转角尖锐且 R 角附近表面粗糙度值大。试制过程中，由于表面未进行渗氮强化处理，疲劳强度本身较低。再加上高速、高温、高压的流态铝又直接与模具基体接触，这样在尖角及表面粗糙部位由于流体的不断冲刷、侵蚀作用导致温度高于表面光滑区，造成轻微脱碳的发生，使得表面疲劳强度进一步下降，继而引发疲劳裂纹的萌生，最后在应力集中最为严重且结构相对薄弱的 R 角部位发生开裂。当裂纹形成后，铝液填充到裂纹之中与裂纹壁发生机械作用，并与热应力叠加，加大了裂纹尖端的拉应力，加之基体较为严重的枝晶偏析，从而加快了裂纹的扩展。待其冷却后，充填的铝液将裂缝焊合，这也是断口打开极为困难的原因。

通常，工程上把零件材料的表面状态划分为三个方面：表面应力状态、表面组织结构和表面粗糙度。这三个方面常有机的联系在一起，共同作用，难以分割开来。表面应力状态是指通过一些表面强化工艺，如喷丸、冷挤压等，使表面形成残余压应力，能明显改善零件的疲劳强度和疲劳寿命。表面组织结构是利用各种表面处理方法，如渗碳、渗氮、表面淬火等，改变表面的材料组织结构，从而提高疲劳强度。表面粗糙度是指在相同的应力水平下，零件的疲劳寿命随着表面粗糙度的增加而降低，对于高强度、低韧性的材料，粗糙度的影响更明显。除上述三个方面外，使用条件（如频率、温度、应力比和载荷类型等）和周围环境（如腐蚀等）为另外两个影响疲劳性能的因素。而本案例中涉及的表面未渗氮强化、表面粗糙度大、应力集中严重、高温、流体冲击等多个方面都将促使模具发生早期失效。

4. 改进方案

1）加大内桥壁厚，将端面加工为圆弧形，以提高该处结构强度同时降低流体对内桥端面的直接冲击作用。

2）内桥转角处采用适当曲率的圆角过渡，必要时进行表面喷丸强化处理。

3）提高型腔表面尤其内桥转角处的表面质量，以降低应力集中现象，确保危险截面的承载能力。

4）改善锻造工艺，尽量消除枝晶偏析。

案例2 楔形块断裂

1. 实例简介

楔形块材质为QT600-3，正火处理后由切削加工成型，零件表面采用先整体氮化、再整体磷化的处理工艺。楔形块实物照片如图2-11a左上图所示，图中A为工作面，B为加强腹板。试验过程中，工件在A面凸缘部位做上下往复运动，当试验次数超过预定交变次数（10万次）后楔形块发生断裂。

从图2-17a可得到以下结论：

1）楔形块除A面工作区具有磨损特征外，加强腹板B面与其对应的区域同样存在摩擦痕迹，而在设计中工件与腹板B之间是有一定距离的，这说明工件在试验过程中存在轴向晃动。

2）加强腹板与本体过渡处为尖角，应力集中明显。

3）断口由腹板和工作区两部分组成。其中腹板断口尤其靠近尖角侧磨损尤为严重，表面已呈金属光泽，形貌难以辨别。但从放射状裂纹的收敛方向仍可判断：腹板的断裂始于尖角部位，裂源为线源，见图中绿色虚线处。工作区的断裂则发生于本体壁厚最薄处，断口保存较为完整，裂源见图中红色虚线处，断口边缘具有剪切唇特征。

4）工作区断口裂源处存在明显的疲劳台阶，此为多源疲劳的典型特征，且主裂纹源位于本体与腹板的过渡尖角部位。综上所述，我们可判定，腹板处首先发生开裂。

2. 测试分析

（1）加强腹板金相分析　如图2-12所示，裂源对应部位由切削加工直接成形，为90°尖角形貌，未见倒角。当外力作用时，这些地方便会出现局部应力急剧增加的情况，造成严重的应力集中现象，而距离这个区域稍远处，应力却大为降低。同时应力集中降低了零件的疲劳强度，提高了零件的局部应力，使最大应力处的应力梯度增大，从而将裂纹萌生位置限制在最大应力点附近的较小范围内。因此，在交变载荷作用下，楔形块尖角处的应力集中将加快裂纹的形成和扩展。从图中可看出，尖角附近已萌生微裂纹（见红色箭头处）。此外，依据GB/T 9441—2009《球墨铸铁金相检验》评定该处石墨球化级别为2级，球径大小为6级。

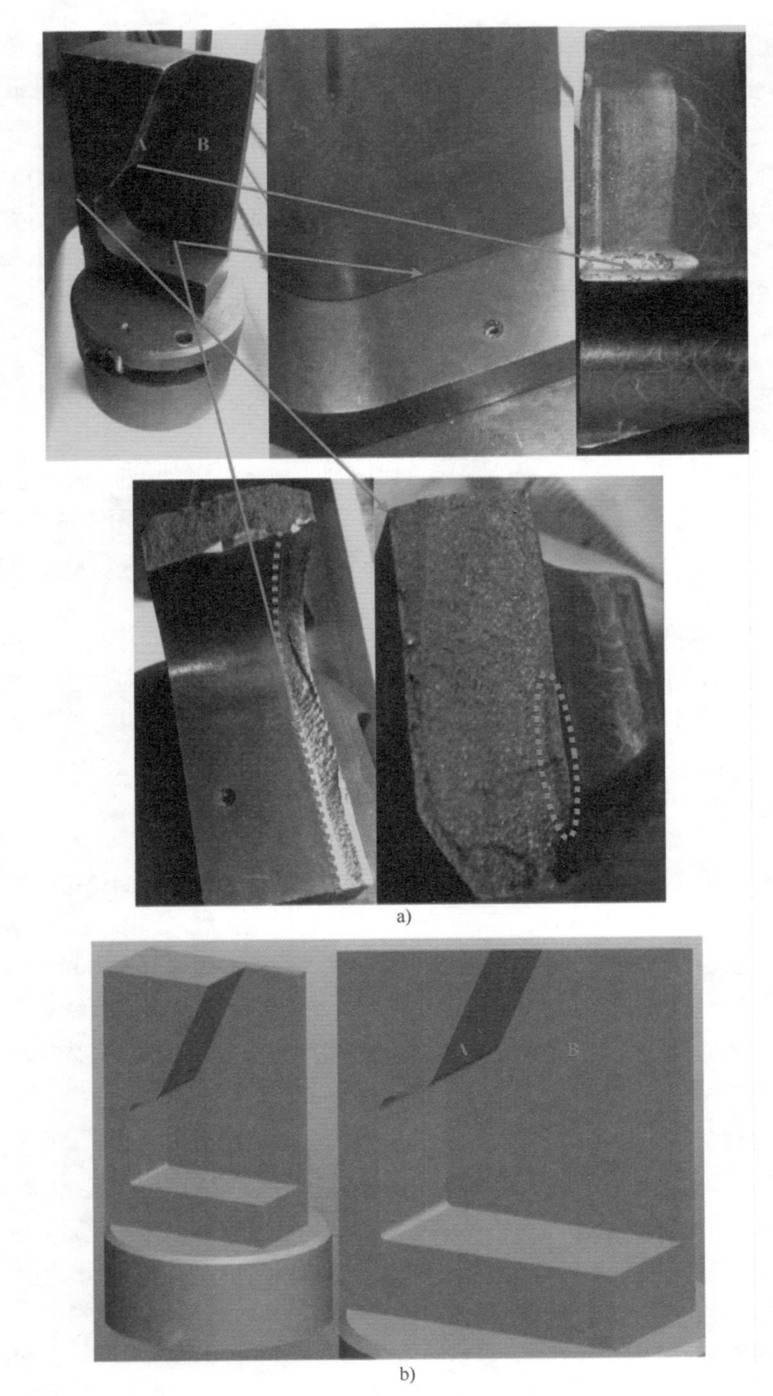

图 2-11　楔形块形貌

a）楔形块实物形貌　b）楔形块三维示意图

图2-13显示楔形块表面存在厚约5μm的氮化物层，尖角附近组织为铁素体+约35%珠光体。

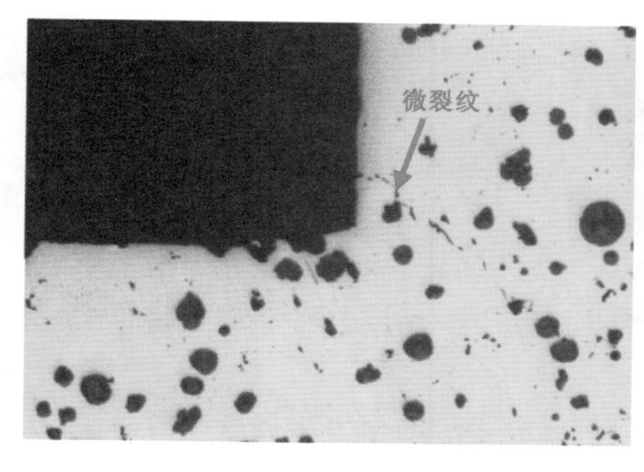

图2-12　尖角处石墨情况（100×）

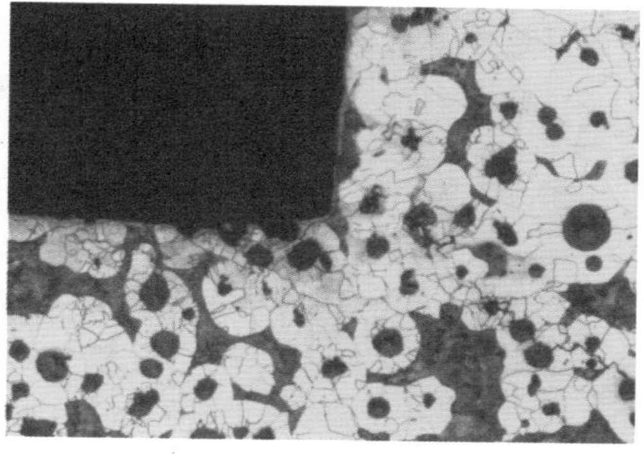

图2-13　尖角处组织（100×）

（2）本体工作面金相分析　从图2-14和图2-15可看出，工作区凸缘部位表面的氮化物层已脱落，多处存在具有剥离特征的裂纹，组织存在变形痕迹，这与图2-17中表面磨损剥离现象吻合。基体组织同尖角附近组织，为典型的正火态组织。

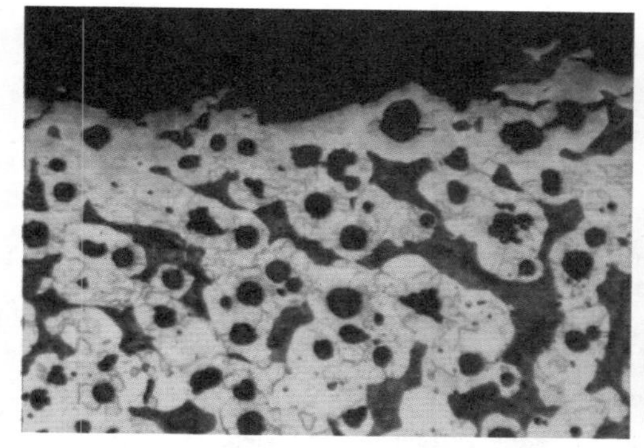

图2-14　工作面处组织（100×）

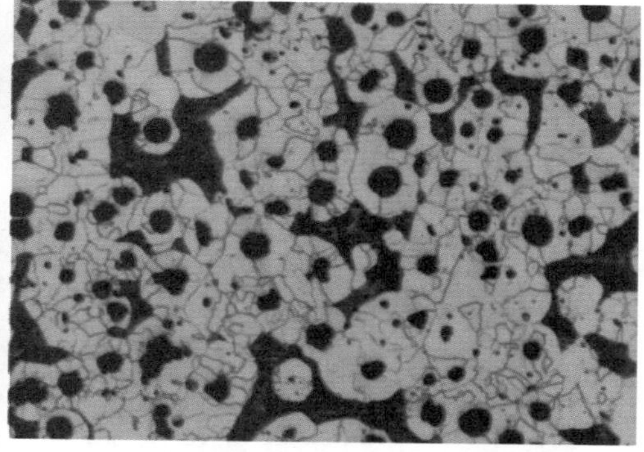

图2-15　基体组织（100×）

3. 失效原因

楔形块的断裂属于典型的疲劳断裂。断裂失效的根本原因包括以下两方面：

1）加强腹板与本体采用尖角过渡，在这些部位应力峰值显著增大，应力集中现象严重。

2）试验过程中，工件对加强腹板有磨损冲击作用。

综上所述，在工件的冲击作用下，应力集中最为严重的腹板尖角处将首先萌生裂纹，继而发生疲劳扩展。待其开裂后，工作面结构较为薄弱且受力较大的区域将以上述断口为源发生二次疲劳断裂。

4. 改进方案

建议腹板与本体之间采用圆角过渡，同时控制工件的轴向活动范围，避免其直接与腹板碰触。

案例3　轴套开裂

1. 实例简介

轴套材质为42CrMo，制造工艺为：锻造→正火→调质→粗磨→氮化→精磨。2009年6月出厂，使用约5年后轴套出现断裂现象，服役过程中轴套双向运转，电动机转速为2000r/min。

图2-16为断裂轴套的宏观形貌，断裂部位包括环向横断面和纵向裂纹两部分。其中环向断面高低不平、表面很粗糙，且表面已被严重磨损，形貌无法辨别；纵向裂纹位于键槽处，见图2-16中红色虚线箭头。由图可知：两处断裂面整体呈“人字形”扩展特征，故可判断纵向裂纹应为主裂纹面。

图2-17为键槽处宏观形貌，由图可知：上述纵向裂纹已延伸至键槽尖角处，裂穿壁厚；键槽底部加工刀痕明显，粗糙度很大。

将上述纵向裂纹面打开后观察，根据裂纹收敛方向可判断：裂源位于键槽尖角处，且多处存在疲劳台阶，说明该处应力集中现象严重。此外，断口附近存在磨光区域，见图2-18a中红色虚线区域。图2-18b显示键槽未开裂一侧尖角处也存在磨光现象，但磨损程度较前者轻微，且未见宏观裂纹。

图2-16　轴套宏观形貌

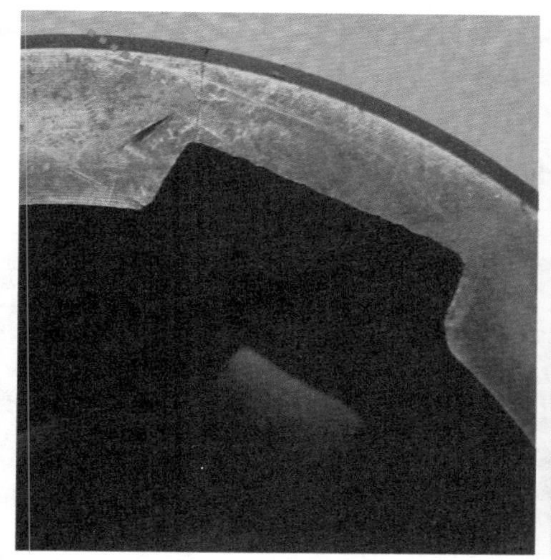

图 2-17 轴套键槽表面宏观形貌

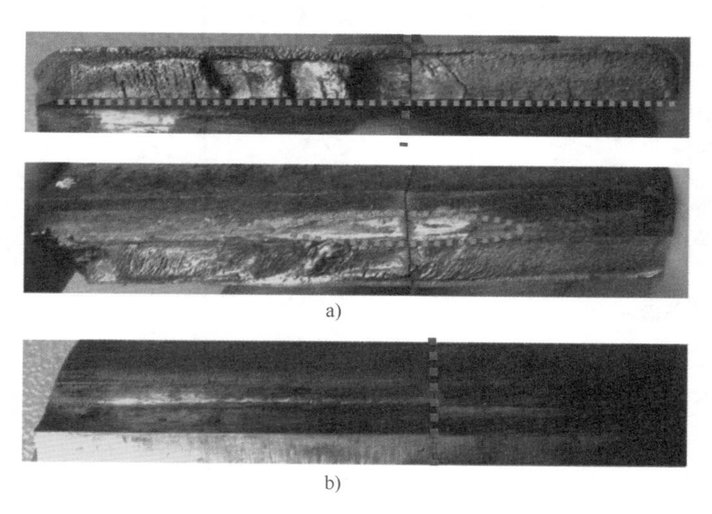

图 2-18 轴套键槽断口及尖角宏观形貌

a）断口宏观形貌 b）未开裂一侧键槽尖角宏观形貌

2. 测试分析

按图 2-18 中蓝色虚线处线切割取样进行显微组织分析，结果如图 2-19 ~ 图 2-22 所示：①断口附近未见疏松、夹渣等原材料缺陷，原始表面氮化形成的白亮层明显，断口附近已萌生数条微裂纹；②图 2-18 中磨光区的组织变形严重，呈纤维状，变形深度达 180μm，且变形处表面形成白亮层（即形变马氏体）；③值得提出的是，键槽另一侧虽未见宏观裂纹，但尖角处 45°方向已萌生一条长约 0.55mm 的微裂纹，裂纹绵软扩展，尾部尖细，为典型的疲劳裂纹，其两侧组织为正常的回火索氏体。

图 2-23 和图 2-24 分别为键槽侧壁和底部截面的抛光态形貌，由图可知：相比键槽侧壁而言，底部表面粗糙度值大，截面呈波纹状。

此外，轴套基体组织为回火索氏体 + 极少量铁素体，奥氏体晶粒度约为 8 级；心部硬度为 252HBW5/750，满足技术要求（240 ~ 280HBW）；氮化层深度约为 0.55mm，也满足技术规范（ >0.5mm），见图 2-25。

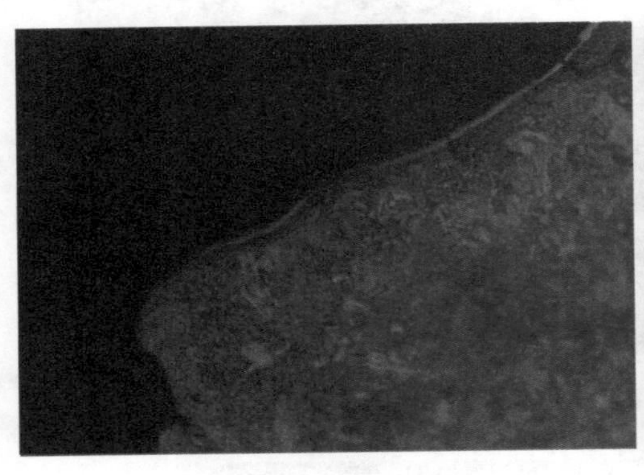

图 2-19 断口处组织（200 ×）

图 2-20 断口附近白亮区组织（100 ×）

图 2-21 未断裂侧尖角处抛光态形貌（25 ×）

图 2-22 未断裂侧尖角处组织（100 ×）

图 2-23 键槽侧壁截面抛光态形貌（50 ×）

图 2-24 键槽底部截面抛光态形貌（50 ×）

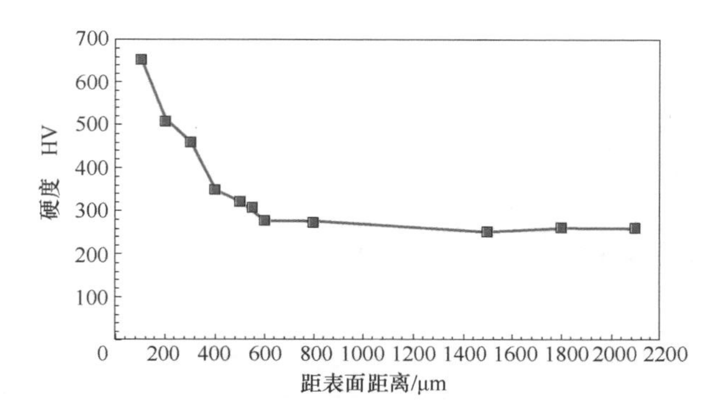

图 2-25　硬度梯度

3. 失效原因

综上所述，轴套起裂于键槽尖角处，该处表面粗糙度值大，应力集中现象严重，交变载荷作用下极易萌生疲劳裂纹。

案例 4　活塞杆断裂

1. 实例简介

某厂生产的活塞杆材质为 45 钢，制造工艺为：原材料检验→落料→轧直→粗磨→高频淬火→半精磨→精磨→滚压螺纹→抛光，投入使用约两年后 10 余根活塞杆发生断裂。活塞杆实物形貌如图 2-26 所示，整体为细长杆结构，杆身存在两处倒圆角部位，为了便于分析，特将其分别命名为 R1 和 R2。值得提出的是，10 根活塞杆的断裂均发生于 R1 处。

图 2-26　活塞杆实物形貌

断裂处宏观形貌如图 2-27 所示，由图可知：

1）断裂处表面采用电镀彩锌的处理工艺，断裂发生于台阶处根部，R1 为小圆角过渡。

2）断口整体较为平整，与杆身轴线方向垂直。

3）断面贝纹线清晰可见，呈典型的双向弯曲疲劳断裂特征，疲劳源起于 R1 表面的 A、B 两处；最终撕裂面（瞬断区）夹于两磨光区之中，约占断口面积的 10%，可见活塞杆断口处的名义应力较小。

4）值得注意的是，断面贝纹线呈“反向”扩展特征，说明裂源处存在较大的应力集中现象。

备注：贝纹线“反向”实际上是由于应力集中现象使得外表面的扩展速度大于径向的扩展速度导致的。

图 2-27　断裂处形貌

2. 测试分析

（1）微观形貌分析　从图 2-27 可看出疲劳源 B 处表面局部磨损，因此，我们仅对疲劳源 A 进行微观形貌观察，如图 2-28 和图 2-29 所示，源区未见异常缺陷，但表面存在多个小的疲劳台阶，此为多源疲劳的典型特征，这也再次证明裂源处存在应力集中现象。扩展区（距离裂源约 3mm）疲劳条带清晰可见，条带间距细密，结合断口宏观形貌可判断活塞杆的断裂属于低应力高周疲劳断裂。

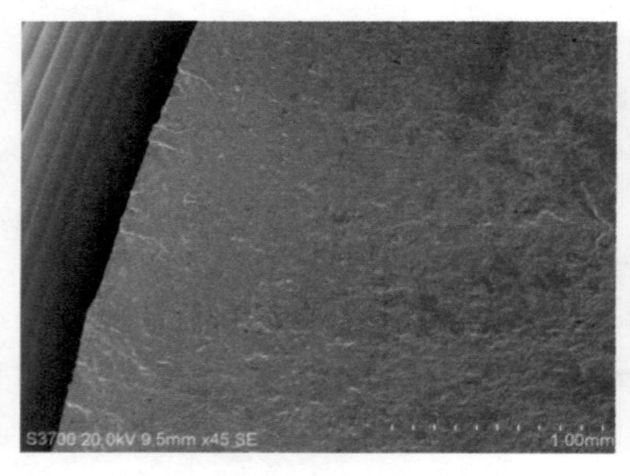

图 2-28　疲劳源 A 处微观形貌

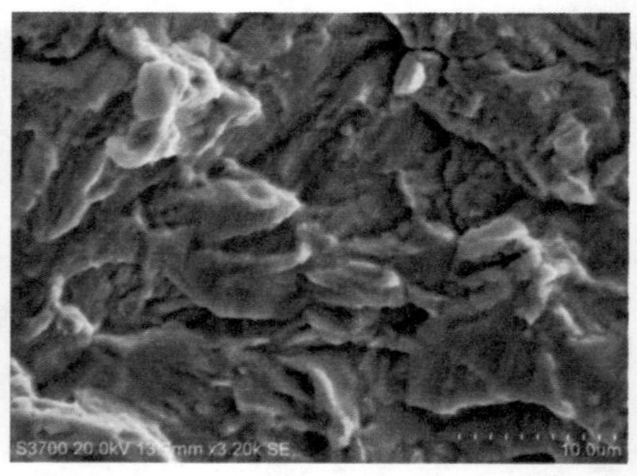

图 2-29　扩展区微观形貌

（2）低倍检查　在断口下方取样进行低倍检查，结果见图 2-30，未见异常。

（3）化学分析　对活塞杆进行化学成分检查，结果满足技术要求，见表 2-1。

表 2-1　活塞杆化学成分（质量分数）　（%）

试样名称	C	Si	Mn	P	S	Cr	Ni	Mo
活塞杆	0.48	0.24	0.60	0.023	0.010	0.04	0.02	<0.01
技术要求	0.43～0.48	0.15～0.35	0.60～0.80	≤0.035	0.02～0.04	≤0.25	≤0.15	≤0.05

图 2-30　活塞杆低倍形貌

（4）力学性能测定　鉴于活塞杆最大外径仅为30mm，故在其心部取拉棒试样进行力学性能检查，检测结果见表2-2和图2-31。

表 2-2　力学性能

试样名称	R_m/MPa	$R_{p0.2}$/MPa	A（%）	Z（%）
活塞杆	821	690	9	35

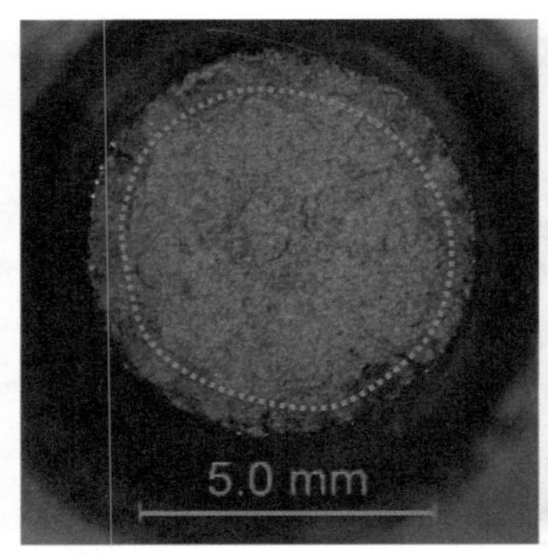

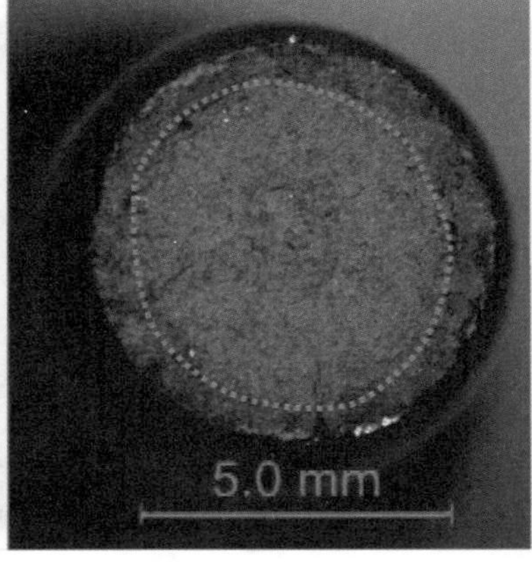

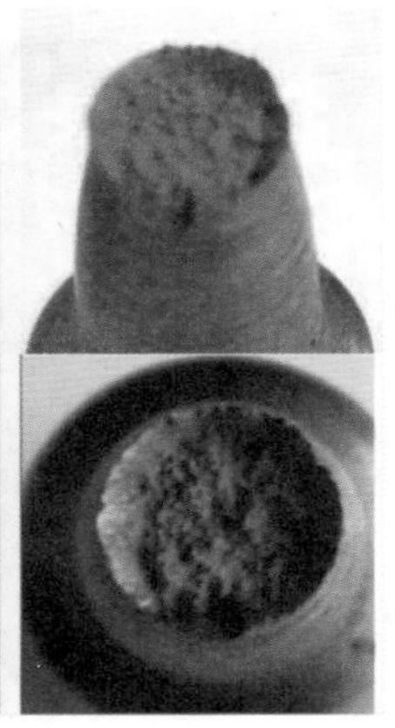

图 2-31　断口宏观形貌

由图2-31可知，拉伸断口呈典型的杯锥状特征，主要由纤维区（图中红色虚线区域）和剪切唇区组成，结合力学性能说明活塞杆韧性较好。

（5）显微组织分析　图2-32为裂源对应部位R1处的圆角形貌和组织情况，从图中可看出R1处圆角半径约为0.41mm，表面粗糙度较大。众所周知，零件的疲劳寿命随着表面粗糙度的增加而降低。此外，R1圆角处组织同心部，为珠光体+铁素体，铁素体晶粒度约为9级，如图2-32a和图2-33所示（备注：R1表面组织发白是因为Zn比Fe的活性高所致）。

值得注意的是，R2处圆角半径约为1.29mm，与技术要求的1.25mm相近，表面质量良好，见图2-34。

a)

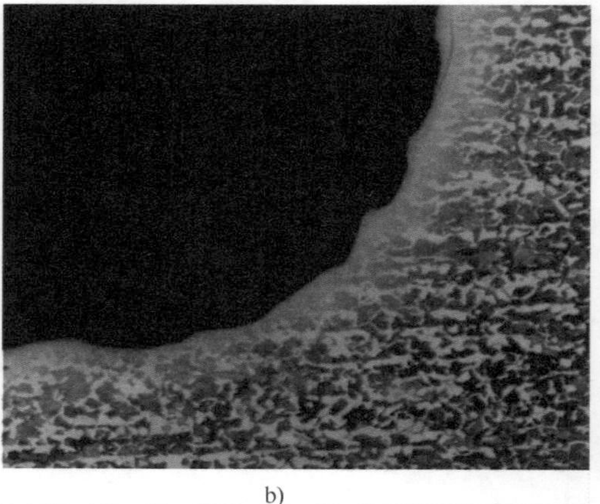

b)

图2-32 裂源对应处情况

a）R1圆角形貌（50×） b）R1圆角组织（100×）

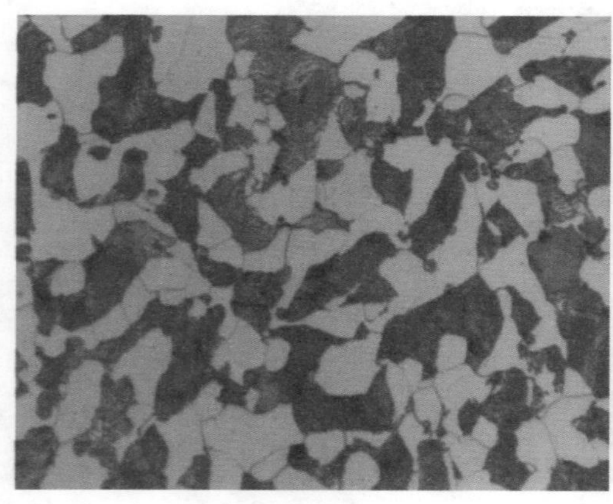

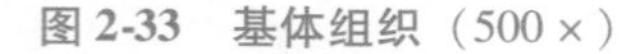
图2-33 基体组织（500×）

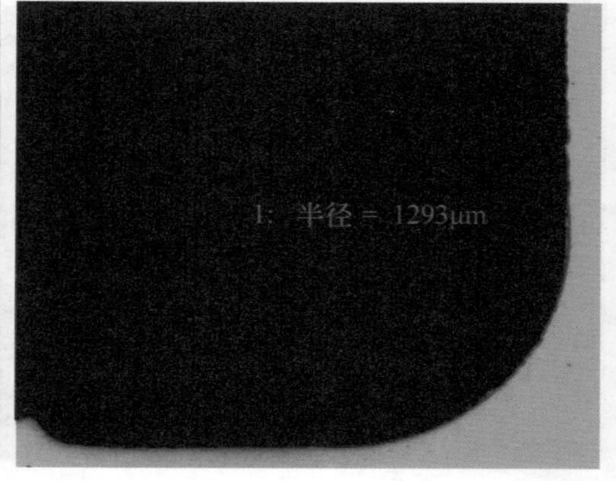

图2-34 R2圆角形貌（20×）

3. 失效原因

通过以上分析可知，R1处圆角半径较小和表面粗糙度值较大造成表面应力集中，服役过程中在双向弯曲应力的作用下该处首先萌生裂纹，导致活塞杆发生疲劳断裂。

大量的疲劳破坏事故和实验结果都表明，疲劳源总是在应力集中处出现。相比而言，应力集中对静强度的影响较小，这是因为静力破坏之前通常都有一个明显的塑形变形过程，使得零件上的应力得以重新分配，趋于均匀化。而疲劳则无此过程，因此，尽管截面上的名义应力低于材料的屈服极限，但应力集中处将成为零件的薄弱环节，严重影响疲劳寿命，设计时必须引起高度的重视。

4. 改进方案

从对疲劳失效的预防来看，改进方案主要有以下几个方面：

1）合理的结构设计，增大 R1 处的过渡圆角，避免出现局部应力集中。

2）可靠的零件加工工艺，提高表面加工精度，是零件表面质量的保证。

3）适当的表面强化处理，如表面形变所产生的加工硬化和残余压应力的引入等。

4）适宜的热处理制度，一方面避免在工件表面形成脱碳、过热、硬脆相等变质层，以确保表面层的疲劳抗力，另一方面提高零件整体的强度和韧性。

5）合理选材，是提高疲劳寿命的基础。

案例5　花键轴断裂

1. 实例简介

花键轴材质、工艺不详，服役过程中承受 30MPa 液压扭力，安装使用约 8 个月后，发生断裂。

断裂件宏观形貌如图 2-35 所示，裂纹穿过定位孔，与轴向呈 45°扩展，结合花键轴在服役过程中承受扭转应力可知：该轴断裂属于正断型，若无其他缺陷，多为脆性断裂。

图 2-35　花键轴宏观形貌

花键轴断口宏观形貌如图 2-36 所示，根据放射状条纹收敛方向可知：裂源位于定位孔倒角部位；放大图显示：裂源处呈弧形，表面未见氧化物覆盖，具有疲劳裂纹特征。因此，我们可推测：该花键轴首先由定位孔倒角处萌生裂纹并发生疲劳扩展，随后以疲劳区为源发生一次性扩展断裂。

图 2-36　断口宏观形貌

2. 测试分析

（1）微观形貌分析　将图 2-36 中断口超声清洗后观察其微观形貌，如图 2-37 和图 2-38 所示，裂源处表面被磨光，呈弧形特征，但仍可清晰观察到多个细小台阶。能谱（表 2-3）显示裂源处无氧化特征，结合宏观分析，我们可判定：该花键轴为多源疲劳断裂。

图 2-39 显示：与裂源对应的定位孔倒角部位微观形貌呈“锯齿”状，此为切削加工残留痕迹。瞬断区微观形貌以沿晶断裂为主，见图 2-40。

图 2-37　裂源 1 处微观形貌

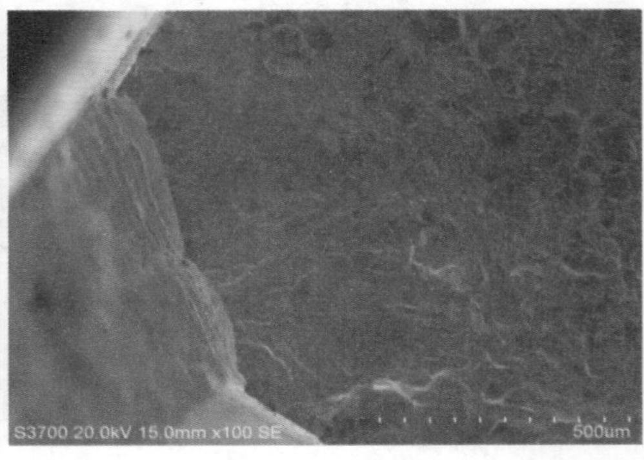

图 2-38　裂源 2 处微观形貌

表 2-3　裂源处能谱分析结果

裂源 1 能谱分析结果			裂源 2 能谱分析结果		
元素	质量分数（%）	摩尔分数（%）	元素	质量分数（%）	摩尔分数（%）
OK	2. 93	9. 40	OK	2. 91	9. 33
SiK	1. 59	2. 91	SiK	1. 52	2. 77
CrK	0. 90	0. 89	CrK	0. 81	0. 80
MnK	0. 54	0. 51	MnK	0. 94	0. 88
FeK	94. 02	86. 29	FeK	93. 82	86. 22
总量	100. 00		总量	100. 00	

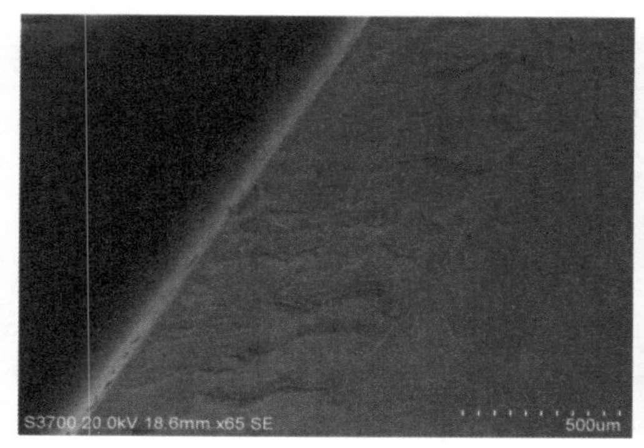

图 2-39　定位孔倒角部位微观形貌

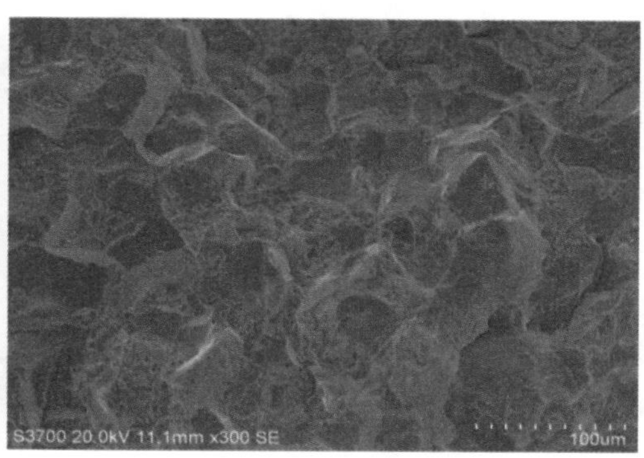

图 2-40　断口微观形貌

（2）化学成分分析　由表 2-4 可知：花键轴材质为 60Si2CrA。

表 2-4　花键轴化学成分（质量分数）　（%）

试样名称	C	Si	Mn	P	S	Cr	Ni	Cu
花键轴	0. 61	1. 42	0. 66	0. 010	0. 001	0. 80	0. 05	0. 08
技术要求	0. 56 ~ 0. 64	1. 40 ~ 1. 80	0. 40 ~ 0. 70	≤0. 035	≤0. 035	0. 70 ~ 1. 00	≤0. 35	≤0. 25

（3）显微组织分析　沿图 2-36 中红色虚线处线切割取样进行金相分析，从图 2-41 ~ 图 2-44 可看出：裂源处抛光态形貌显示无夹杂、夹渣、疏松等原材料缺陷；组织为回火托氏体，无氧化、脱碳等热处理缺陷。值得注意的是，起裂部位存在锯齿状加工缺陷，该类缺陷在使用过程中极易造成应力集中而萌生疲劳裂纹。定位孔倒角部位形貌、组织同裂源处，这与微观形貌相符。此外，花键轴心部组织为回火托氏体，奥氏体晶粒度为 6 级；心部硬度为 50HRC、50HRC、50. 5HRC；非金属夹杂物评级为 A1. 0、D0. 5，原材料洁净度较好，且未见明显带状。

图 2-41　裂源 1 处抛光态形貌（100×）

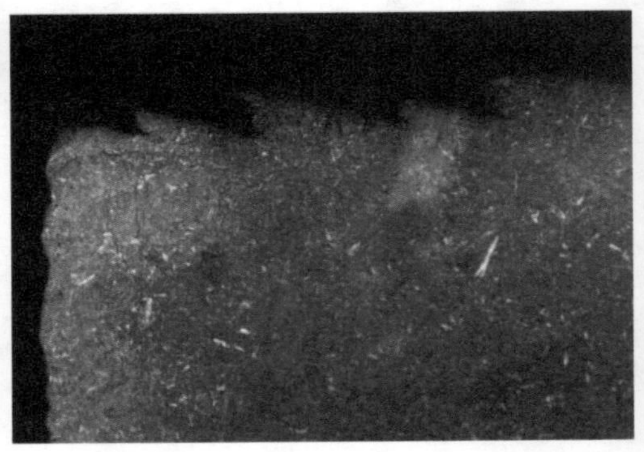

图 2-42　裂源 1 处组织（100×）

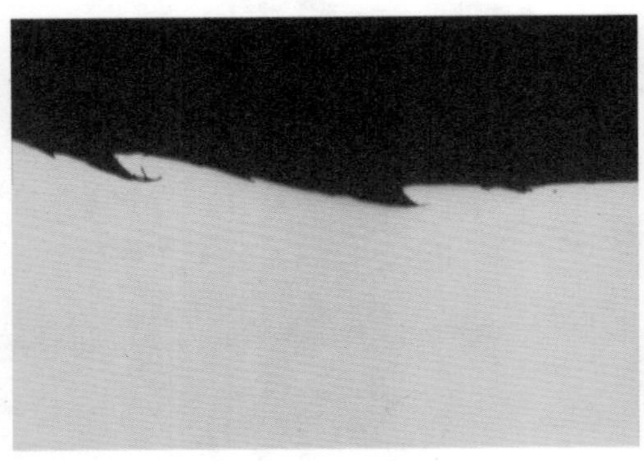

图 2-43　倒角部位抛光态形貌（100×）

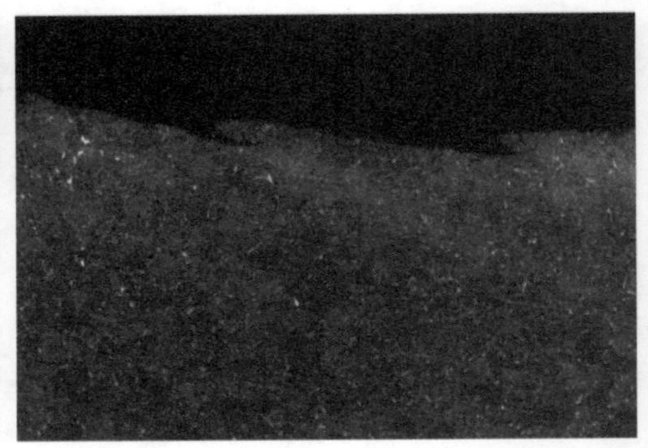

图 2-44　倒角部位组织（100×）

3. 失效原因

根据上述检查结果可知：花键轴材质为 60Si2CrA；热处理工艺采用淬火 + 中温回火，组织为回火托氏体；定位孔倒角部位机加工痕迹明显，应力集中现象严重，使用过程中在液压扭力的循环冲击作用下极易萌生裂纹而发生疲劳扩展。

4. 改进方案

1）将花键轴定位孔处倒角改为倒圆角工艺。

2）提高倒角处加工精度，避免机加工残留痕迹出现。

3）优化热处理工艺，适当降低基体硬度并细化奥氏体晶粒。

 案例 6　套圈开裂

1. 实例简介

某机械有限公司生产的套圈材质为 50Mn，制造工艺为：原材料→锻造→正火→粗车→调质→半精车→滚道感应淬火 + 低温回火→精车 + 滚齿→齿部感应淬火（整体感

应）+低温回火，成品实物形貌如图2-45所示。

值得提出的是，套圈是在齿部感应淬火后发现滚道部位多处出现裂纹，裂纹整体呈纵向分布，离散性较大。根据现场考察发现，进行齿部感应淬火时由于设备功率有限，外协单位采取延长加热时间的方式加以弥补。

经磁粉检测后裂纹形貌如图2-46所示，基本都位于滚道过渡圆角处，长度大体一致，约20mm左右。将其中一条裂纹打开，断口形貌见图2-47，下方暗灰色部分为原始裂纹，上方银灰色区域为人为打开断口形貌，根据断面放射状纹路收敛方向可判断裂源位于滚道过渡圆角处。值得注意的是，裂源处（图2-47中红色虚线区域）呈较为粗大的亮晶瓷状特征，说明该处存在晶粒粗大现象。其余部位则呈细小亮晶瓷状特征，晶粒较为细小。结合套圈制造工艺可初步推断：造成晶粒粗大的原因与感应淬火有关。

图2-45　套圈实物形貌

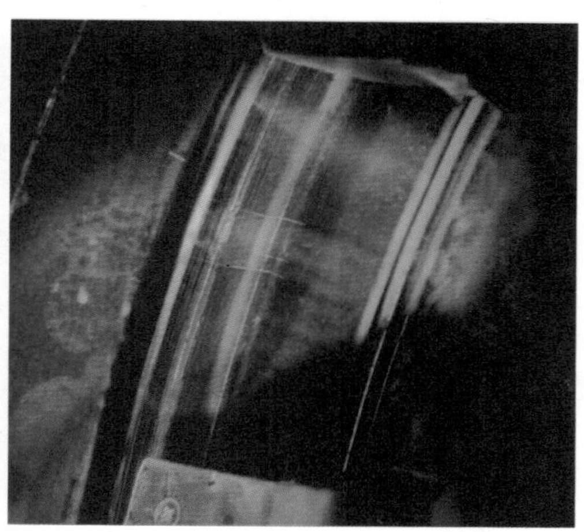

图2-46　裂纹形貌

图2-47　断口形貌

2. 测试分析

（1）微观形貌分析　用扫描电镜观察图2-47中断口微观形貌，由图可知：裂源处呈典型的冰糖状沿晶断裂形貌，晶粒粗大，见图2-48；滚道部位也呈冰糖状沿晶断裂特征，但晶粒较为细小，见图2-49。这说明滚道过渡圆角处存在过热现象。

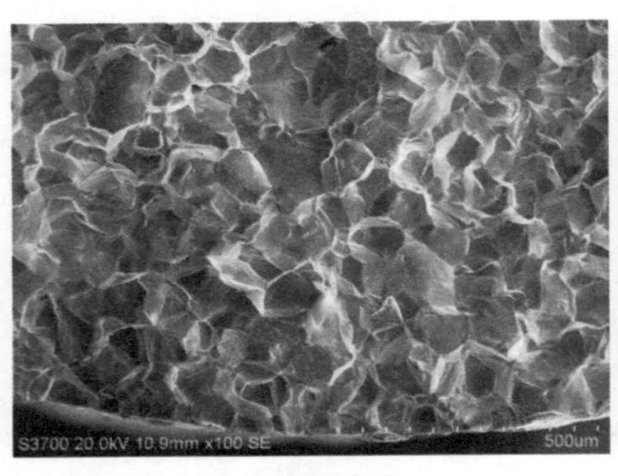

图2-48　裂源微观形貌

图2-49　滚道微观形貌

（2）套圈齿部金相分析　在套圈齿部取样进行金相检查：节圆部位组织为回火马氏体，晶粒较细，晶粒度约为9级，淬硬层深度约为3.46mm；齿根部位组织为托氏体+少量回火马氏体，晶粒较细，晶粒度约为9级，但无淬硬层深度，如图2-50所示。这将导致齿面耐磨性提高，但齿根处弯曲疲劳强度未得到提高，在后续服役过程中极易造成折齿现象。基体组织为回火索氏体+呈网状分布的铁素体，奥氏体晶粒度约为7级。

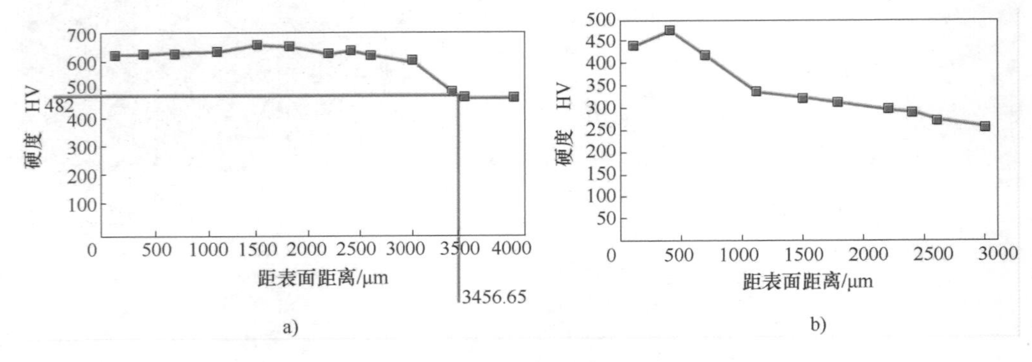

图2-50　硬度梯度

a）节圆　b）齿根

上述检查结果表明，该套圈齿根部位无硬化层，未能满足相关技术规范。结合实例简介中提到的齿部感应淬火时由于功率不足而通过延长时间弥补，以上均说明套圈齿部的整体感应淬火工艺存在异常。这将导致产品在淬火时产生较大的内应力。

对齿轮而言，全齿同时感应淬火时，功率的大小不但影响加热时间的长短，更重要的是影响淬硬层形式的分布。因此，齿轮的淬火应按照需要的频率和要求的硬化层深度选择合理的功率。但在实际生产中，常由于设备的输出功率、总效率（特别是感应器的效率）、齿轮形状等因素是不稳定的，所以须在生产中验证后，才能制定正式的

工艺。

（3）套圈滚道金相分析　在套圈滚道附近取样进行金相检查：滚道部位组织为回火马氏体，奥氏体晶粒度约为 8 级，属正常感应淬火组织，见图 2-51；该处淬硬层深度约为 2.613mm，低于技术要求（>3mm，48HRC 为界），说明感应器存在加热频率太高或者加热时间短、冷却不当等缺陷。

过渡圆角处组织也为回火马氏体，但晶粒度达 4 级，且局部存在晶界裂纹，见图 2-52。众所周知，感应淬火时把外形带有尖角、棱边或突起的工件放在各处间隙相等的感应器中加热时，工件的尖角或突起处会出现感应电流密度太大、加热速度太快的现象，称为尖角效应。而尖角效应容易使工件局部过热，甚至过烧，必须避免发生。

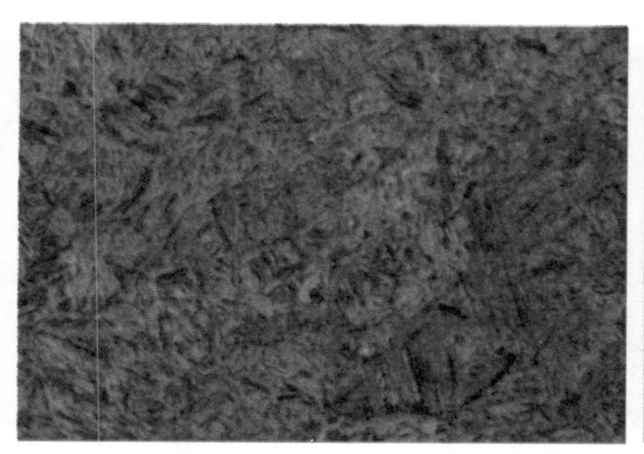

图 2-51　滚道处组织（500×）

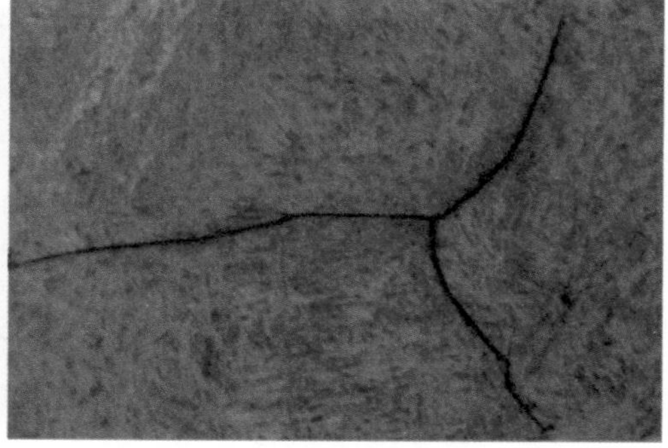

图 2-52　圆角处组织（500×）

（4）化学分析　表 2-5 为套圈化学成分检测结果，满足技术要求。50Mn 淬透性较高，热处理后强度、硬度、弹性均稍高于 50 钢，但其焊接性差，具有过热敏感性和回火脆性倾向。

表 2-5　套圈化学成分（质量分数）　（%）

试样名称	C	Si	Mn	P	S
套　圈	0.52	0.28	0.81	0.014	0.013
技术要求	0.48～0.56	0.17～0.37	0.70～1.00	≤0.035	≤0.035

3. 失效原因

1）齿部感应淬火工艺异常，齿根无硬化层。

2）滚道过渡圆角处组织粗大，存在感应淬火的尖角效应，尖角效应容易使工件局部过热，甚至过烧。

结合套圈制造工艺可知：滚道过渡圆角的开裂与齿部感应淬火产生较大的内应力和圆角处存在过热组织两方面有关。

4. 改进方案

1）滚道感应淬火时，应增大感应器与过渡圆角的间隙，将圆角处的感应器做成圆弧状，同时适当增大圆角的曲率半径，以保证整个加热表面温度的均匀性，从而避免尖角效应的发生。

2）齿部感应淬火时，采用适宜功率的设备，并通过感应电流来精确地调整感应器与工件之间的间隙，保证齿根淬硬。

案例7　电刷盖铝壳对比

1. 实例简介

电刷盖铝壳通过四根螺栓固定于基座上，列车运行时，铝壳除振动外不受其他形式的外力作用。某线上的电刷铝壳均采用进口件，但因考虑成本问题，现准备将其国产化。具体材质和制造工艺不详，试制产品随车试运行约1个月后铝壳螺栓孔根部发生断裂，寿命不足进口件的十分之一。为了查明国产与进口铝壳之间的差异，本案例特对两类产品进行详细对比分析。

铝壳实物照片和三维结构如图2-53所示，图2-53a为进口件，图2-53b为国产件。两种产品外形、尺寸相当，沿长方向对称分布有4个螺栓定位孔，本案例中国产件的断裂均发生于螺栓定位孔根部R角处，见图2-53c中红色箭头处。

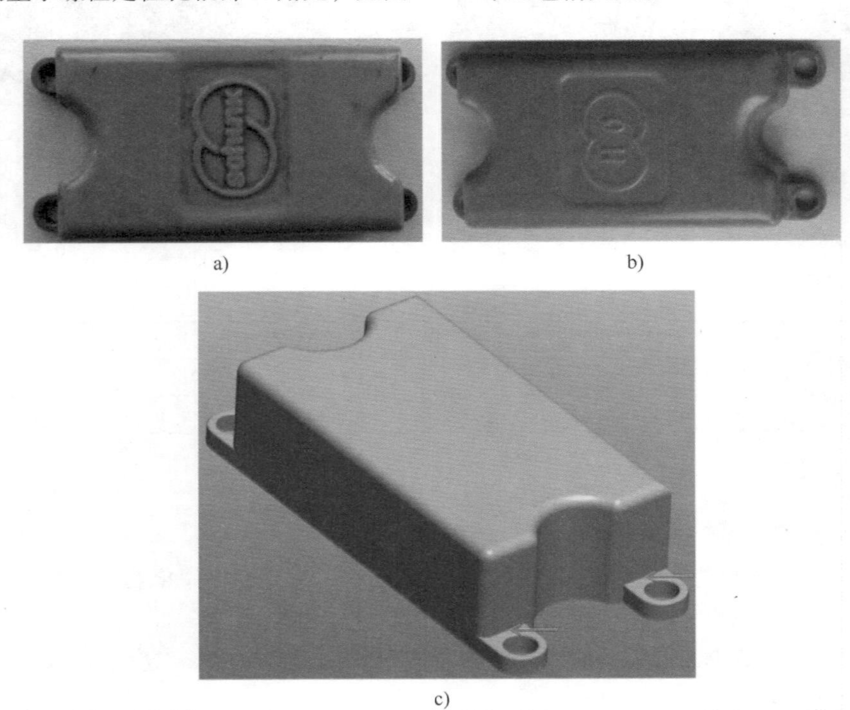

a)　b)　c)

图2-53　铝壳形貌

a）进口件　b）国产件　c）三维结构图

对两种铝壳螺栓孔附近进行放大形貌观察，如图2-54a所示，进口件由于长期服役造成螺栓孔附近喷漆已脱落殆尽，除此之外并未发现其他异常。图2-54b～d为国产件螺栓孔处宏观形貌，从图中可看出：

1）螺栓孔根部存在被螺栓挤压损伤的痕迹，见图2-54b中箭头处，说明安装时螺栓与铝壳之间间隙过小，这将使得成品安装后R角在螺母的挤压下承受拉应力。

2）对比发现，所有国产件均起裂于螺栓孔根部R位置，并沿一定角度向内扩展。因此，我们可推断国产件螺栓孔根部可能存在应力集中类的设计缺陷。

3）断口新鲜呈银白色，无明显塑性变形，整体呈脆性断裂特征。

4）值得提出的是，对未断裂的国产铝壳螺栓孔处进行敲击试验，在小载荷作用下即发生断裂，且断裂形式与上述断口相似。推测铝壳强度过低或者R角处已萌生裂纹但尚未裂穿。

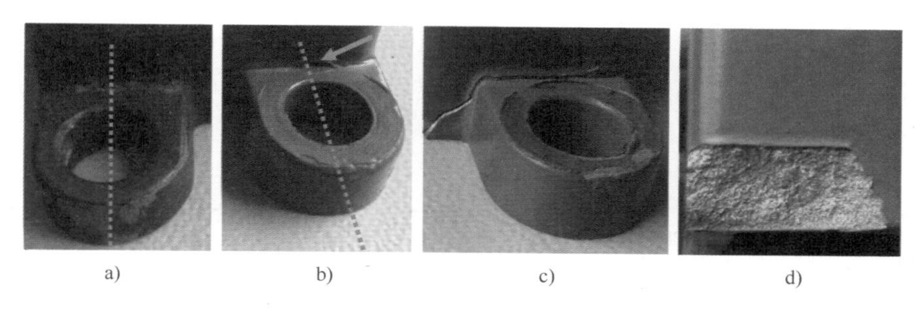

a)　　b)　　c)　　d)

图2-54　铝壳螺栓孔处宏观形貌

2. 测试分析

（1）微观形貌分析　从图2-55和图2-56可看出：①裂源处未见明显异常缺陷，断口无疲劳迹象，整体呈解理断裂特征；②断面多处存在疏松类铸造缺陷，孔洞内壁光滑，枝晶形貌清晰可见。

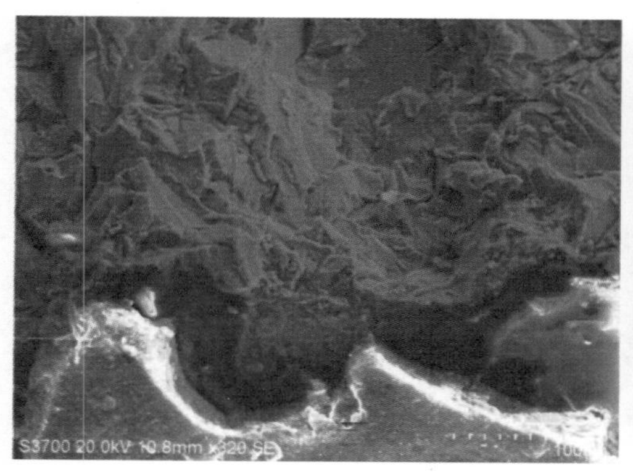

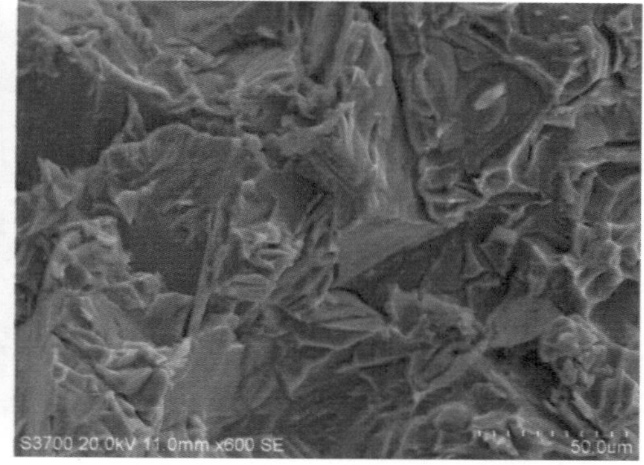

图2-55　断口裂源处微观形貌

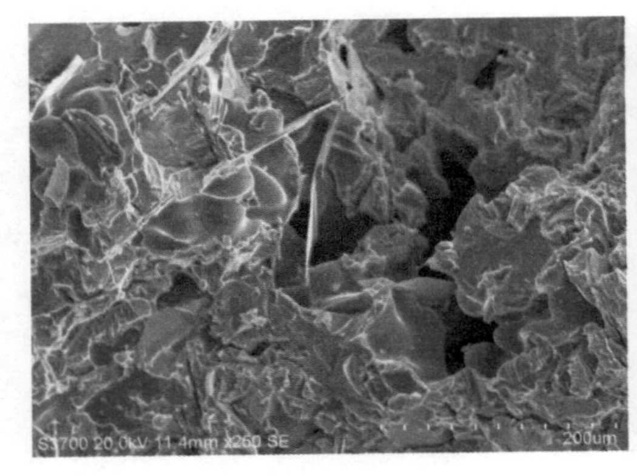

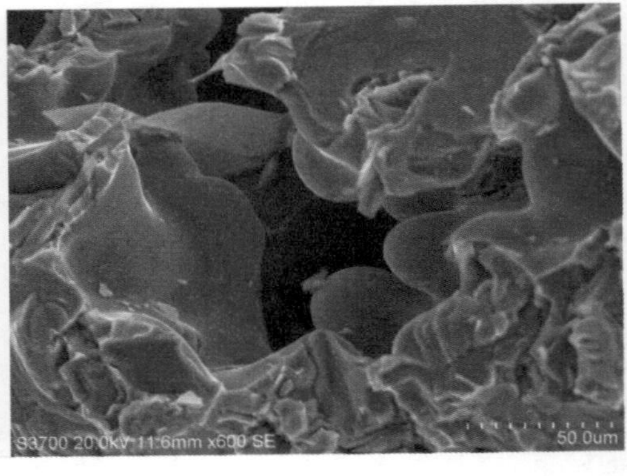

图 2-56　断口疏松微观形貌

（2）化学成分分析　从表 2-6 可看出国产件和进口件材质均属 Al-Zn-Si 系列合金，两者合金元素尤其 Zn 元素含量相差很大，其中进口件接近 ZL401 成分，国产件则无对应牌号，推测其熔炼时可能采用了过量的废铝。

表 2-6　铝壳化学成分（质量分数）　（%）

试样	Cu	Si	Mn	Mg	Fe	Zn	Ti	Sn	Pb	Cr	Ni
国产	0.81	8.16	0.14	0.38	0.73	17.36	0.03	0.04	0.22	<0.01	0.02
进口	0.01	7.88	0.03	0.20	0.15	9.88	0.07	<0.01	<0.01	<0.01	0.01

众所周知，Al-Zn 合金铸造工艺简单，铸态下可得到 Zn 在 Al 中的过饱和固溶体，经自然时效即可获得较高的力学性能，但 Al-Zn 二元合金铸造性能差，脆性大。因此，必须加入较多量的硅和少量的 Mg、Cr、Ti 等元素，使其铸造性能、力学性能得到改善。另外，ZL401 铸造性能很好，缩孔和热裂倾向小，有较高的机械性能，焊接和切削加工性能好，但密度大、塑性低、耐蚀性较差。

（3）力学性能分析　在图 2-53 中侧板处取扁形拉棒（2.5mm×6mm，有效标距为 25mm）试样进行力学性能测试，由表 2-7 可知：国产拉棒尚未达到屈服强度既已发生断裂，断口存在疏松类缺陷，复检结果也是如此，说明国产铝壳整体存在疏松。值得注意的是，国产铝壳硬度较进口件高约 50%，根据强硬度对应关系可推测：若无疏松类铸造缺陷，国产铝壳强度应较进口铝壳高。

表 2-7　铝壳力学性能

试　样	R_m/MPa	$R_{p0.2}$/MPa	A（%）	硬度　HBW2.5/62.5	备　注
国　产	142	—	1.5	128	断口存在疏松
进　口	218	177	2.0	79.5	—

（4）显微组织分析 沿图 2-54 中虚线处取样进行金相检查，结果如图 2-57 ~ 图 2-60 所示：

1）国产铝壳未断裂螺栓孔根部 R 角处已萌生裂纹且沿 45°向内扩展，开裂形式与前述断口形貌一致，这也是其在小载荷敲击下发生断裂的主要原因。此外，国产件 R 角处为尖角过渡，应力集中现象严重。对比发现，进口件 R 角处则采用大圆角过渡。

2）国产铝壳基体组织无 α 枝晶，共晶硅呈条片状。由于条片状共晶硅严重的割裂了基体的连续性，易引起应力集中，从而降低合金的力学性能，尤其是塑形的降低更为显著。此外，国产铝壳局部疏松较为严重。

3）进口铝壳基体组织为 α 枝晶与共晶体均匀分布，共晶硅为点状或蠕虫状，变质良好，且未见疏松等铸造缺陷，与上述条片状共晶硅相比，力学性能有很大改善。

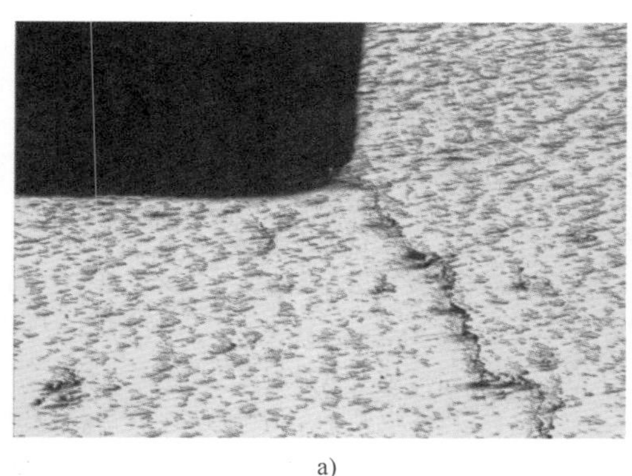

a)

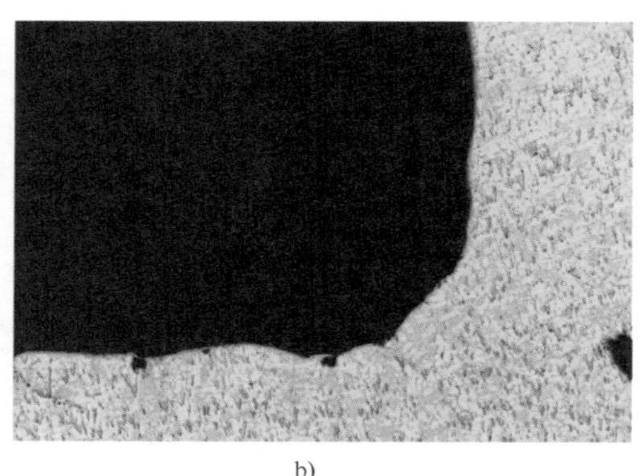

b)

图 2-57 尖角处抛光态形貌（20×）

a）国产件 b）进口件

a)

b)

图 2-58 尖角处结构形貌

a）国产件 b）进口件

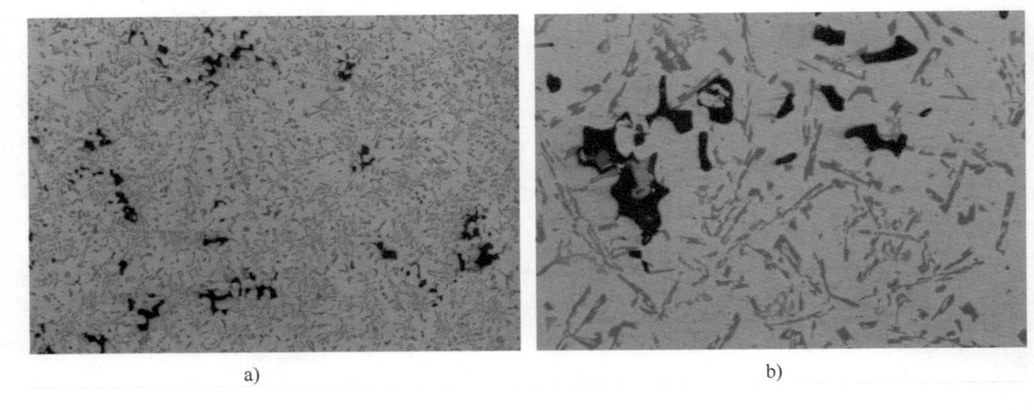

a)　　b)

图 2-59　国产件显微组织

a）50×　b）200×

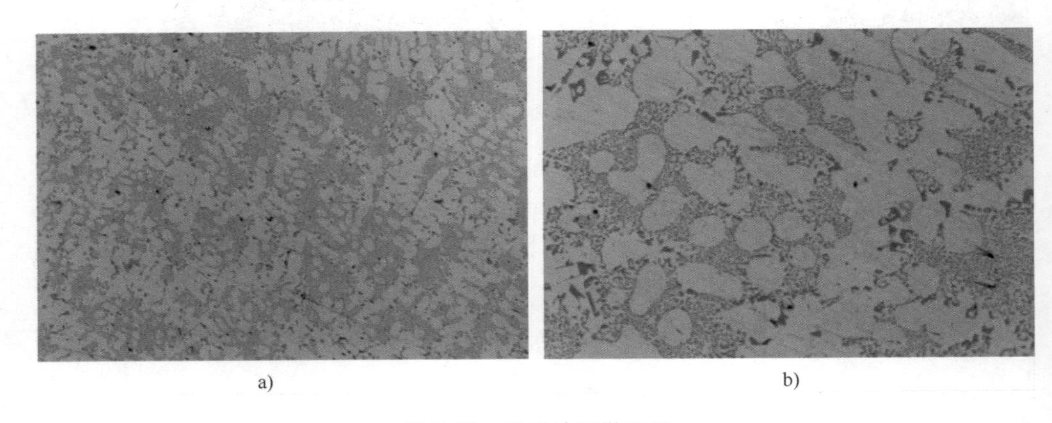

a)　　b)

图 2-60　进口件显微组织

a）50×　b）200×

对铝壳侧板进行打磨、抛光至表面粗糙度 Ra 为 0.8μm，将表面清洗干净用质量分数为15%的氢氧化钠水溶液侵蚀约10min，侵蚀温度控制在25℃±5℃。侵蚀后，铝壳表面经清水冲洗，然后用质量分数10%硝酸水溶液除去表面的腐蚀膜，去膜后表面再经清水清洗，并吹风干燥。从图2-61可看出国产件针孔度评定级别为最差级别5级，进口件则评定级别为3级。

3. 失效原因

国产铝壳的使用寿命仅为进口件的1/10，且断裂部位均位于螺栓孔根部R角处。究其原因如下：①国产件螺栓孔根部R角处为尖角过渡，应力集中现象严重；②安装过程中R角部位受到螺母的挤压作用，使得该处长期呈拉应力状态；③基体存在大范围疏松类铸造缺陷，导致力学性能大幅下降；④国产件成分中可能含有过大的废料比例。

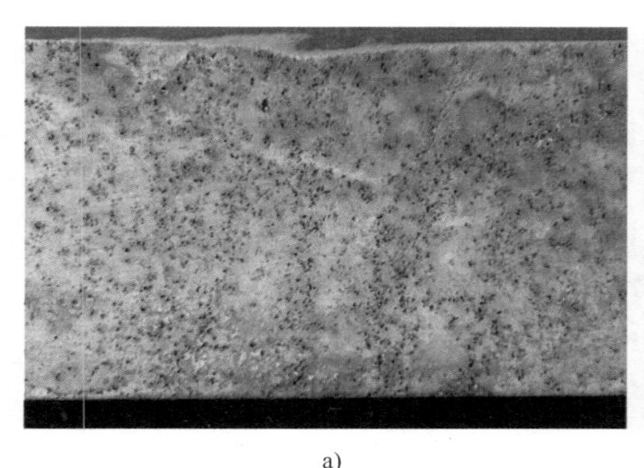

a)

b)

图2-61　低倍形貌

a）国产件　b）进口件

4. 改进方案

1）严格限制废料比例，尽量使材质符合相应牌号的要求。

2）严格控制产品成形工艺，如降低铸造温度、浇注速度等，避免高级别针孔度。

3）R 角处采用圆角过渡，必要时局部进行喷丸强化处理。

4）改良设计工艺，使螺母与 R 角保留一定间隙。

案例8　中间环开裂

1. 实例简介

中间环是一种重要的汽车单体配件，在组件中与内外环相配合，其功能是同步环内锥面与待接合齿轮齿圈外锥面接触后，在摩擦力矩的作用下，两者同步旋转，齿轮相对于同步环的转速为零并进一步与待接合齿轮的齿圈接合，而完成换档。中间环在使用过程中，内外锥面起摩擦作用，卡爪与齿坐孔配合，在换挡过程中爪侧承受冲击力。

某厂生产的某型号中间环材料为 GCr15，制造工艺为：进货检验→落料→拉伸→车端面→车油沟→切底→热处理→磨端面→清洗→防锈→包装。使用过程中，该环时常出现开裂现象，且开裂部位均为卡爪处。

图 2-62 为中间环实物照片，其中左图为断裂件，右图为对照件，由图可知：断裂件总共有三处开裂，均发生于卡爪 R 角处，且位于同侧。值得注意的是，R 角端面为尖角过渡，并未进行倒圆角处理，模拟示意形貌如图 2-63 所示。

图 2-64 为开裂中间环的局部宏观形貌，从图中可看出：①断裂面整体呈 N 形，裂纹中部存在严重的磨损痕迹，具体表现为大的塑性变形和明显的回火色；②卡爪之间的环面内侧表面磨损轻微，宏观色泽显示淡黄色；③环面外侧开裂处附近也表现为严重的磨损特征，但磨损区位于卡爪断裂的对侧部位。

图 2-62　中间环实物照片

图 2-63　中间环模拟示意图

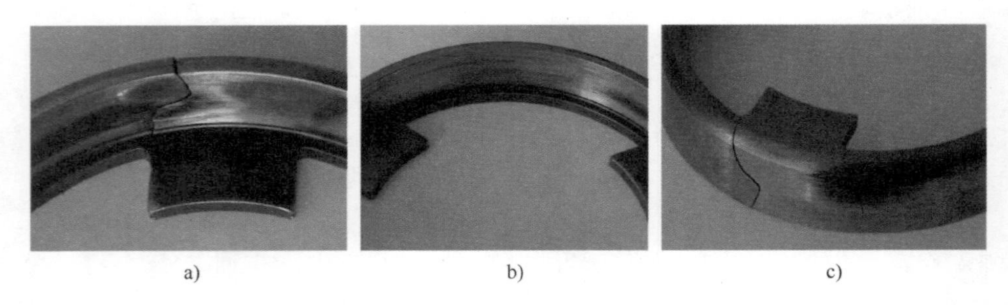

a)　b)　c)

图 2-64　断裂中间环局部宏观形貌

a）环面内侧开裂处　b）卡爪之间环面内侧　c）环面外侧开裂处

图2-65为卡爪处局部放大宏观形貌，由图可知：①三处断口形貌一致，根据放射状条纹收敛方向可判断三处卡爪均起裂于R角端面尖角过渡处，见图中红色虚线箭头处；②断口中部磨损严重，这与图2-64中描述相符；③值得提出的是，断口对侧的卡爪R角处也发现开裂现象，见图中蓝色虚线箭头处，且裂纹形貌与断口侧类似，仔细观察发现R角曲面处裂纹整体沿纵向加工刀痕扩展。

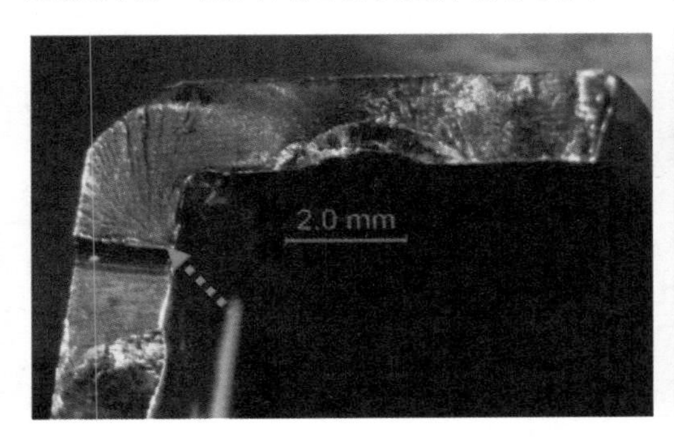

图2-65 送检中间环卡爪断裂处宏观形貌

2. 测试分析

（1）微观形貌分析 图2-66为卡爪断裂处微观形貌，由图可知：裂源位于R角端面的尖角处，断面疲劳沟线明显，中部磨损严重，但从扩展纹路仍旧可判定卡爪应为先开裂再磨损。此外，R角曲面上加工刀痕明显。图2-66d显示油沟和环面内侧表面均为环向磨削加工，唯独卡爪对应处的环面采用纵向磨削加工。

（2）化学成分分析 对远离断口处的试样进行退火处理后取样，化学成分见表2-8，满足技术要求。

表2-8 中间环化学成分（质量分数） （%）

试样名称	C	Si	Mn	P	S	Cr
中间环	0.95	0.20	0.30	0.009	0.001	1.48
技术要求	0.95~1.05	0.15~0.35	0.25~0.45	≤0.025	≤0.025	1.40-1.65

（3）显微组织分析 对卡爪开裂处进行金相检查，图2-67显示裂源处未见夹杂、夹渣、疏松等原材料缺陷，组织为隐针状回火马氏体+弥散分布的细小颗粒状碳化物+极少量残留奥氏体，未见氧化、脱碳等热处理缺陷。图2-68显示磨损区组织呈白亮色，深度约170μm，占整个壁厚的1/10，该区组织以淬火马氏体为主，且表面变形痕迹明显，显微硬度测试证实：白亮区硬度约为63HRC；白亮区次表层硬度约为52HRC（说明该区回火现象明显，这与磨削烧伤特征吻合）；基体硬度约为60HRC（备注：上述硬度值均由HV0.3转换所得）。

此外，断口对侧裂纹整体较为绵软、平直，具有疲劳裂纹特征；两侧组织同基体，未见热处理缺陷，见图2-69和图2-70。从图2-71和图2-72可看出：开裂中间环的碳化物网状和带状评定级别均为0.5级，但碳化物存在局部偏聚的现象。

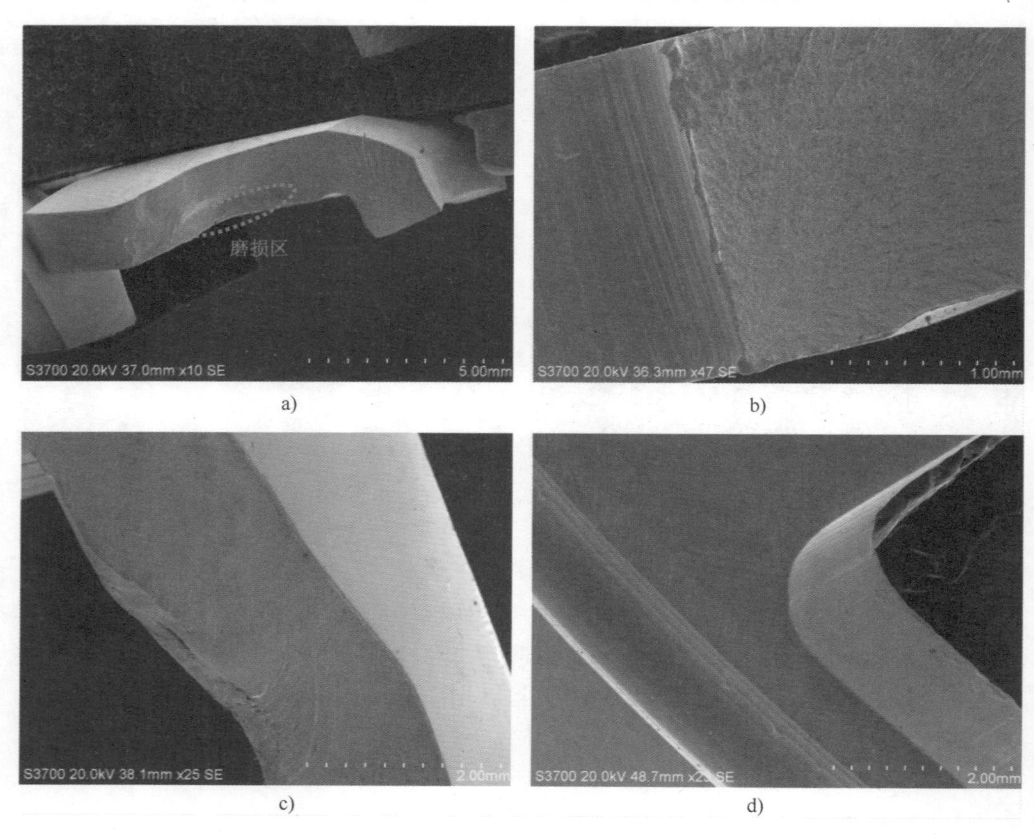

a)　b)　c)　d)

图2-66　中间环断裂处微观形貌

a）断口　b）裂源　c）磨损区　d）R角处端面

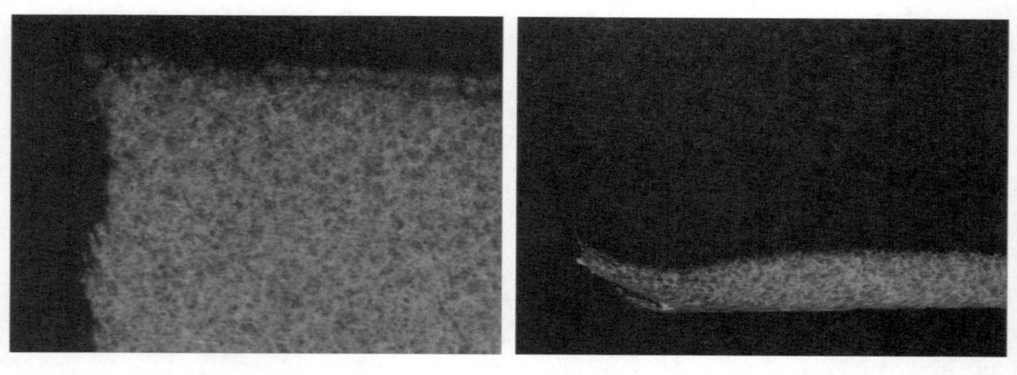

图2-67　裂源处组织（200×）

图2-68　磨损区组织（100×）

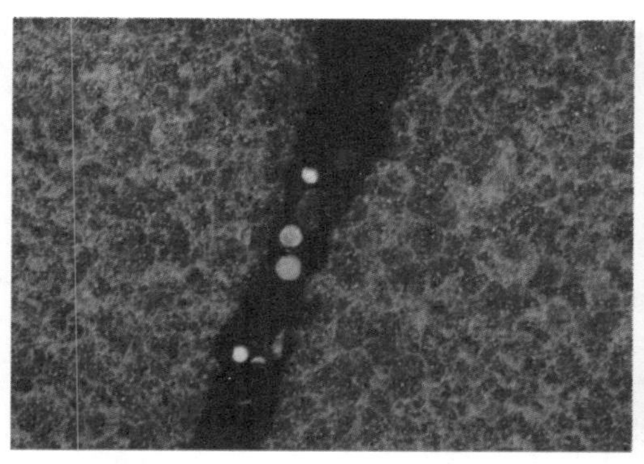

图 2-69　裂纹处组织（200×）

图 2-70　基体组织（500×）

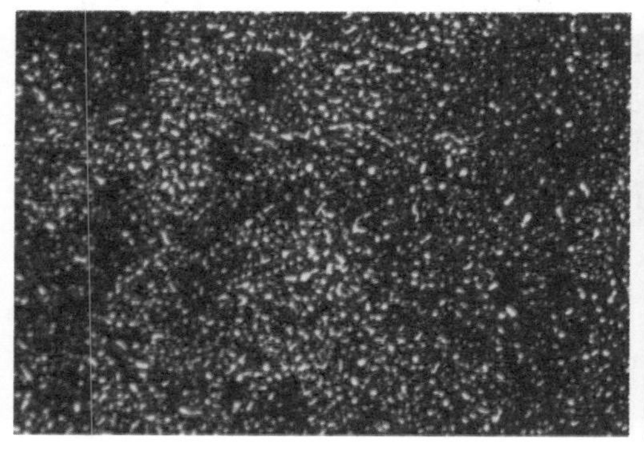

图 2-71　网状碳化物（500×）

图 2-72　带状碳化物（500×）

3. 失效原因

根据上述检查结果可知，中间环原材料洁净度良好，局部存在碳化物偏聚，裂纹具有疲劳特征；中间环开裂主要缘于 R 角端部采用尖角过渡造成的严重应力集中；此外，R 角曲面上明显的纵向加工刀痕，加速了裂纹的扩展。当卡爪形成裂纹后，换挡时便会出现配合不良，这也是开裂处附近存在严重磨损的直接原因。

4. 改进方案

1）将 R 角端面过渡处的尖角改为倒圆角。

2）将卡爪对应处环面的磨削加工方向由纵向改为环向。

3）提高 R 角表面处的加工精度，或磨削加工后增加喷丸等表面强化处理工序，使该处表面呈残余压应力状态。

4）改善原材料成分偏析或优化热处理工艺，减小或消除碳化物的偏聚情况。

案例 9　轴承端部螺栓断裂

1. 实例简介

某公司采购的螺栓型号为 M8，级别为 8.8 级，材质不详，制造工艺不详，用于固定轴承端部的环体（备注：一个环体需要6根螺栓固定），理论上环体与轴承无相对运动。使用约1年后与某编号轴承配套的两根螺栓发生断裂。

图2-73为现场实物照片，断裂螺栓见图中红色箭头处，两根螺栓对称分布，尚未从螺纹孔中取出。放大形貌显示：螺栓断口细腻，贝纹线清晰可见，为典型的疲劳断裂特征。图中右侧为环体实物照片，经仔细检查发现，螺栓孔处未见任何异常。

图2-73　断裂螺栓实物照片

图2-74为上述两根螺栓的断口宏观形貌，为了便于描述，特将其编号为1#和2#。由图可知：①1#断口起裂于第一螺牙底部，裂源处存在多个小的疲劳台阶，为典型的多源疲劳断裂；②2#断口起裂于螺栓根部，恰好位于螺栓杆与六角头过渡的转角处，也显示为多源疲劳特征；③两个断口贝纹线细密，瞬断区占比很小，说明螺栓在服役过程中承受的名义应力很小；④根据断口形貌特征可判断，螺栓在服役过程中承受较小的弯曲载荷作用。

图2-74　螺栓断口宏观形貌

将未断裂的4根螺栓进行清洗后观察与裂源处对应部位的放大形貌，如图2-75所

示：①螺栓根部为尖角过渡，未见倒圆；②第一螺牙处存在“金属粘附现象”，见图中红色虚线箭头处，疑似成形过程中产生的切屑被挤压所致；③其中一根螺栓根部发生开裂，裂纹已延伸至径向一半以上，见图中蓝色虚线箭头处。

图 2-75 未断裂螺栓局部放大形貌

2. 测试分析

（1）微观形貌分析　将图 2-74 中两个断口采用无水乙醇超声清洗后进行微观形貌观察，从图 2-76 中可看出：

1）1#断口源区疲劳台阶清晰可见，未见夹渣、疏松等原材料缺陷。值得提出的是，该源区表面同样存在金属挤压粘附的现象，特征同图 2-75 中未断裂螺栓。

2）2#断口源区位于螺栓根部过渡 R 角处，未见其他异常。

3）瞬断区均为典型的韧窝断裂特征。

（2）低倍流线检查　随机选取未断裂且未开裂的螺栓将其纵向对开后进行低倍腐蚀形貌观察，如图 2-77 所示，螺栓流线形貌较好。此外，从图中我们可看出：①螺栓采用全螺纹加工成型方式，螺栓根部未进行倒圆角处理；②螺栓根部第一螺牙成形质量较差，螺牙不完整且毛刺较多。

（3）显微组织分析　鉴于断裂发生于螺栓根部和第一螺牙处，故特对未开裂螺栓的此两处进行金相分析。由图 2-78 和图 2-79 可知：第一螺牙处表面加工粗糙，已萌生多条小裂纹，这与宏观分析、微观分析吻合。此外，螺栓根部转角处为非圆角过渡，组织为回火索氏体，未见滚压痕迹，且根部沿 45°方向也萌生出疲劳裂纹，这与 2#断口裂源处一致。

图 2-80 和图 2-81 显示螺牙底部未进行滚压，组织同基体为回火索氏体，奥氏体晶粒度约为 8 级。此外，螺栓非金属夹杂物评定级别为 A0.5，D0.5；基体硬度为 277HV1、274HV1、271HV1。

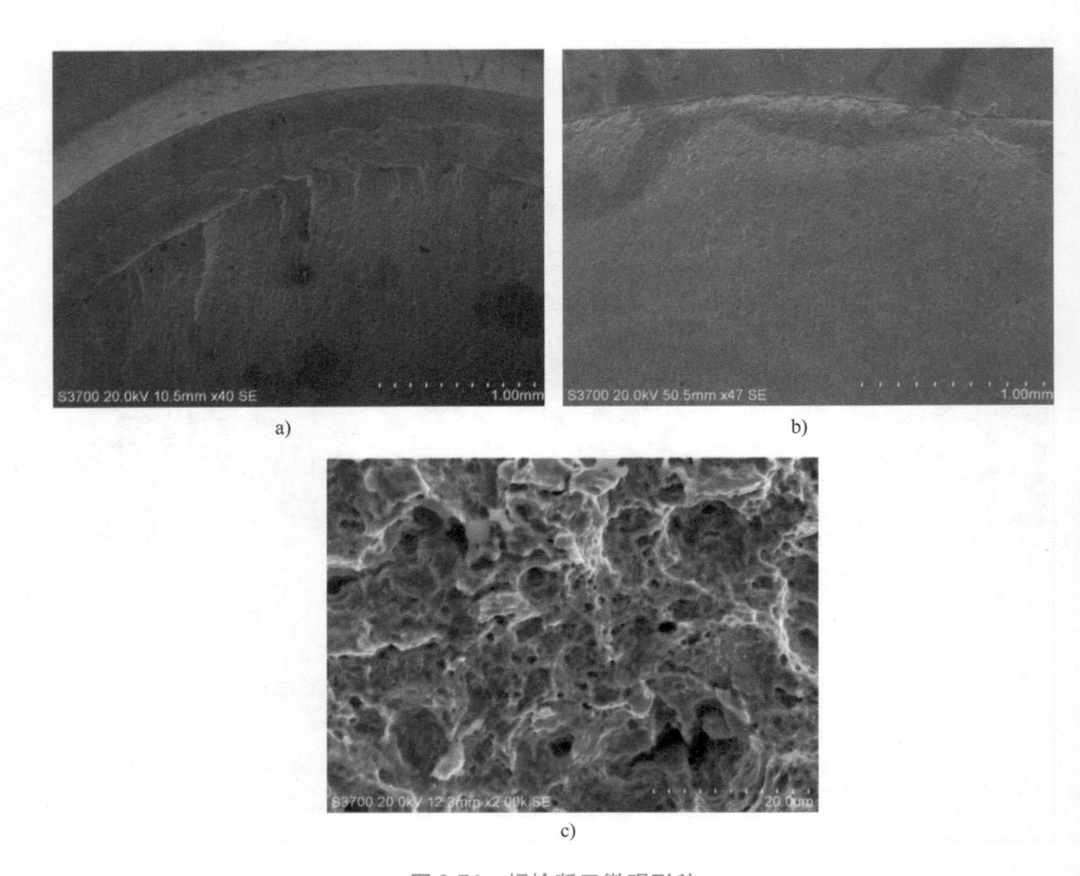

a)　b)　c)

图 2-76　螺栓断口微观形貌

a）1#断口裂源微观形貌　b）2#断口裂源微观形貌　c）瞬断区微观形貌

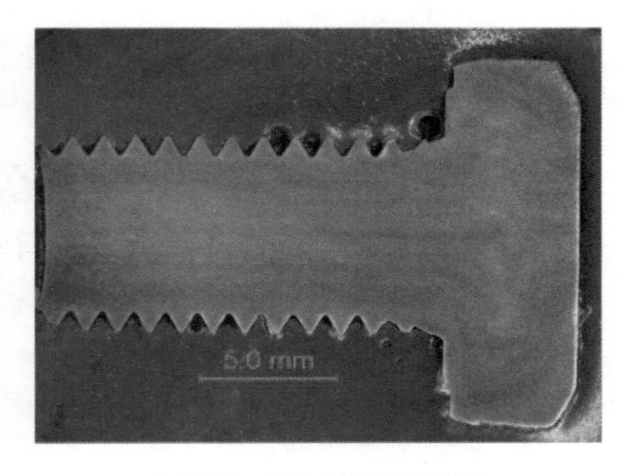

图 2-77　螺栓低倍腐蚀形貌

图 2-78　裂源对应处形貌（25×）

图 2-79　螺栓根部组织（100×）

图 2-80　螺牙底部组织（500×）

图 2-81　螺栓基体组织（500×）

3. 失效原因

根据上述检查结果可知：①断裂发生于螺栓根部和第一螺牙部位，螺栓根部为非圆角过渡，第一螺牙处加工质量差且已萌生多条细小裂纹；②螺栓断口呈多源疲劳断裂特征，断裂处名义应力很小；③螺栓原材料洁净度良好，表面未见滚压痕迹。

综上所述，螺栓服役过程中承受较小的弯曲载荷作用，导致其断裂的主要原因与根部采用非圆角过渡和第一螺牙处加工质量较差有关。

第3章 冶金及材质因素为主引起的失效

案例10 花键轴表面磁痕

1. 实例简介

某厂生产的花键轴实物形貌见图3-1，材质为20CrMnMo，制造工艺为：齿坯锻造→粗车→半精车→滚花键→渗碳淬火→精车→精磨→打标记→磁粉检测。在进行磁粉检测时发现多件产品表面出现磁痕积聚的现象，如图3-2所示，磁痕细密、短小、呈直线状，主要分布于轴身，且沿锻造方向，擦去磁痕后，肉眼不可见，整体具有发纹类缺陷的特征。

图3-1 花键轴实物宏观形貌

图3-2 花键轴磁痕积聚形貌

2. 测试分析

为识别花键轴缺陷类型，查明其产生原因，沿图3-2中虚线处取样进行金相检查。如图3-3所示，缺陷根部（表面及近表面）发现有大量灰色的塑性硫化物夹杂，而发纹即钢中的夹杂、气泡或疏松等在钢的加工变形过程中沿锻轧方向被延伸所致。因此，我

们可判断花键轴轴身表面缺陷应为发纹。通常，磁粉检测不仅显示了表面上的发纹，同时也可把表面下一定深度处的发纹显示出来。但在一定的磁场强度下，只能显示超出一定尺寸的发纹，而细小的发纹则无法发现。此外，轴身表面组织以细针状回火马氏体为主，存在偏析现象，见图3-4；基体非金属夹杂物评定级别为A1.0、D0.5，见图3-5。

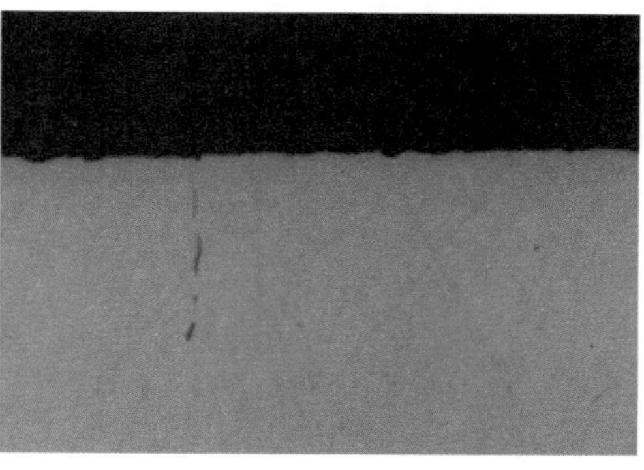

图3-3　轴身截面抛光态形貌（200×）

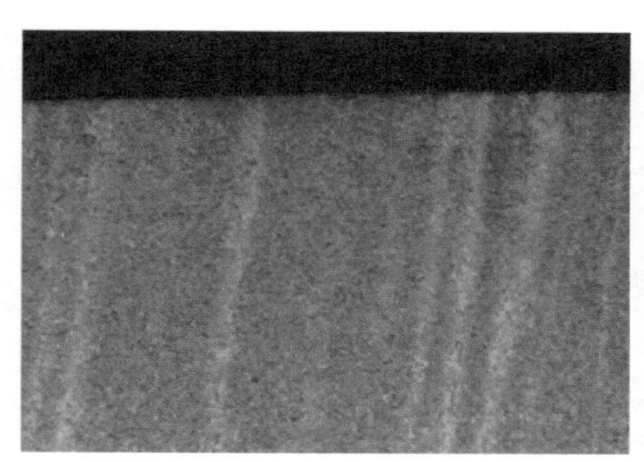

图3-4　轴身表面组织（100×）

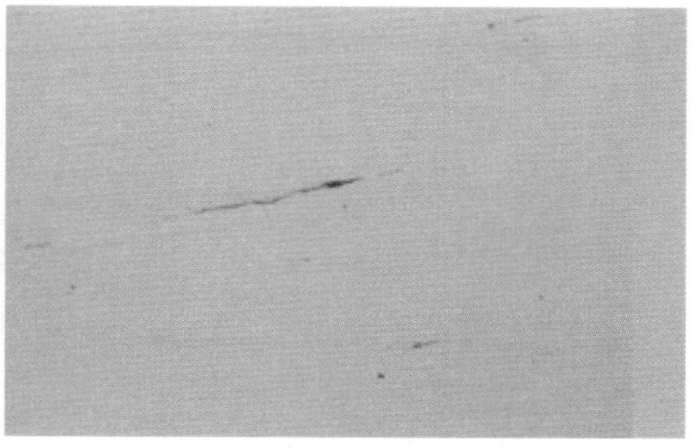

图3-5　非金属夹杂物（100×）

值得提出的是，在经热酸浸的塔形试样上，可能会出现很多沿轧制方向的黑色线条，其中有的是发纹，有的则是钢材中的流线。两者的区别在于：流线的线条较宽、较长，没有深度或深度较浅；发纹很窄、很深，多数看不到底。另外，在对试样进行酸浸时，酸浸程度对发纹的鉴别影响很大。一般对于低碳钢和低合金钢而言，流线较多，深侵蚀的结果往往会使流线更加严重而与发纹难以分辨，故对这一类钢应该侵蚀得浅一点。相反，某些高合金钢，深腐蚀反而使发纹易于暴露，但过腐蚀将使发纹无法检验。所以，无论对哪一类钢，过腐蚀都是绝对不允许的。

3. 失效原因

综合上述分析，花键轴轴身表面磁痕积聚属夹杂物导致的发纹类缺陷。

发纹是钢的一种宏观缺陷，可由酸蚀法或磁粉法检验出来，多呈纵向分布的细小纹缕。本案例中的发纹则是由硫化物夹杂引发。该类缺陷严重地危害着钢的力学性能，特别是对表面抗疲劳强度的影响尤为显著。

对于轴类零件而言，表面一般变形量（锻造比）最大，越向心部变形量越小，而夹杂类缺陷随着锻造比的增大更易向表面汇集。因此，用于制造重要机件的钢材。对发纹的数量、大小和分布状态都有严格的限制。

4. 改进方案

我们追本溯源，从发纹的来源来探讨发纹问题的预防措施如下：

1）对原材料中夹杂物的长度、宽度、数量等进行严格控制。

2）在原材料采购时可以综合考虑成本，采购具有适当锻造比的锻材。

3）适当加大轴身的粗加工量，争取到精加工时能把带有发纹的表层全部加工掉，但这在一定程度上增加了材料成本。

 案例11　压溃体开裂

1. 实例简介

压溃体主要用作缓冲装置，该装置的缓冲容量通常可达常规缓冲器的数倍甚至数十倍，可大幅度提高列车在意外大载荷冲击情况下的安全防护能力，作为不可恢复的一次性装置，发挥作用后须立即更换。

某厂生产的压溃体采用45钢热轧管，制造工艺为：扩口（热锻）→正火→粗加工（单边留有2~3mm加工余量）→调质→切削加工→标记→检查→涂装→清洗→包装。抽检产品在进行正常静压试验时发生早期开裂。失效产品实物照片如图3-6所示，开裂部位位于扩口处附近（变径区域）。裂纹整体呈人字形，根据断口学特征可知："人"字形收敛方向（头部）指向裂源。

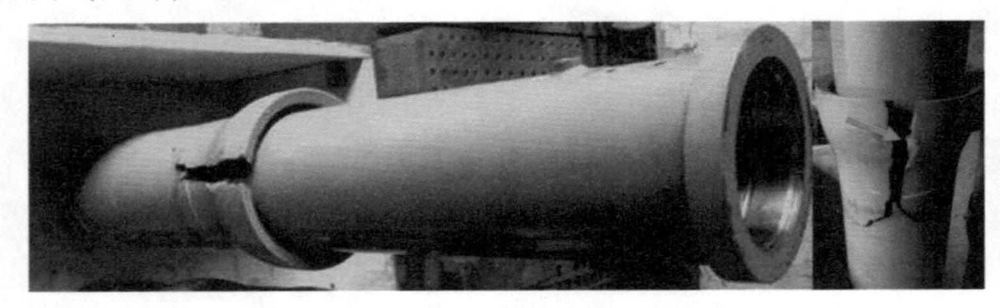

图3-6　开裂压溃体的实物形貌

图3-7所示为压溃体断裂处的宏观形貌，断面无氧化、锈蚀迹象，断口具有明显的两次断裂特征，断口1为图中绿色虚线区域，该处表面较为平滑，颜色呈暗灰色；根据裂纹收敛方向可知：断口2以断口1为源发生二次扩展，扩展区呈亮晶瓷状脆性断裂特征，断口边缘多为剪切唇。

2. 测试分析

（1）微观形貌分析　鉴于断口2是以断口1为源发生的二次扩展开裂，故在此重

点针对断口1进行微观形貌分析。结果显示断口1分为两部分，如图3-8所示：A处呈宽约3mm，长约20mm的木纹层状结构，整体沿压溃体轧制方向分布；B处较为平滑，呈弧面。

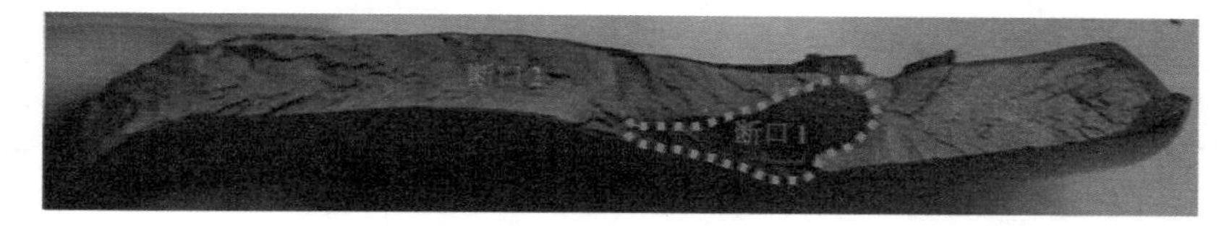

图3-7　断面宏观形貌

值得提出的是，断口A处放大形貌可见显微沟槽内大量分布着轧态变形的条形物，能谱显示其为硫化锰铁类夹杂物，如图3-9和图3-10所示。断口B处微观形貌则呈等轴韧窝状断裂特征，应由拉应力所致，见图3-11。

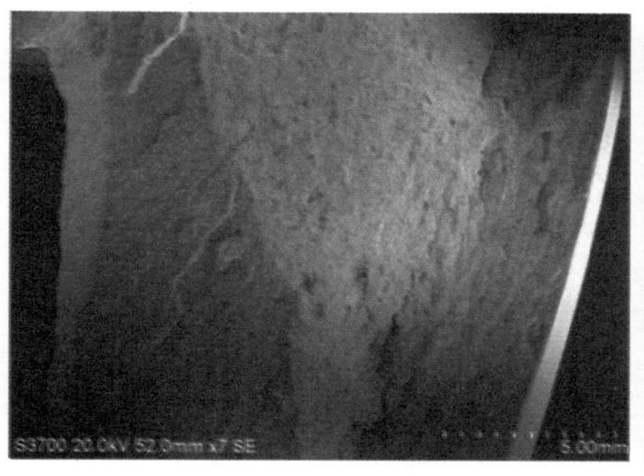

图3-8　断口1微观形貌

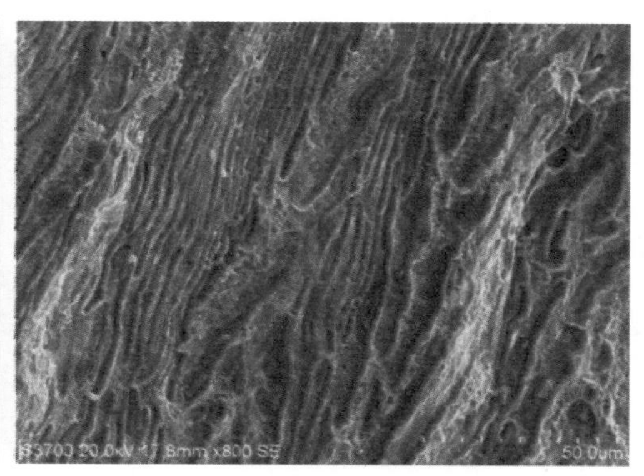

图3-9　A处微观形貌

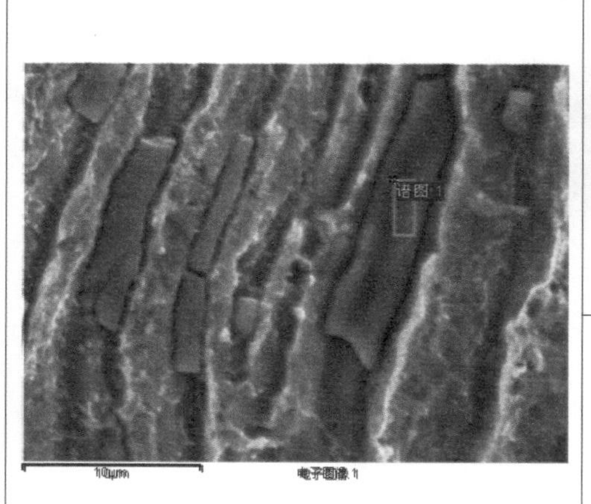

元素	质量分数（%）	摩尔分数（%）
SK	32.55	45.37
MnK	48.64	39.57
FeK	18.81	15.05
总量	100.00	

图3-10　A处能谱分析

此外，断口2整体呈扇形解理断裂特征，见图3-12，与宏观分析一致。

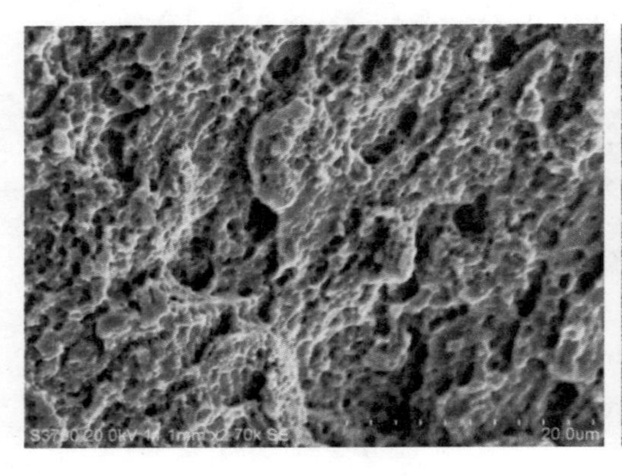

图3-11 B处微观形貌

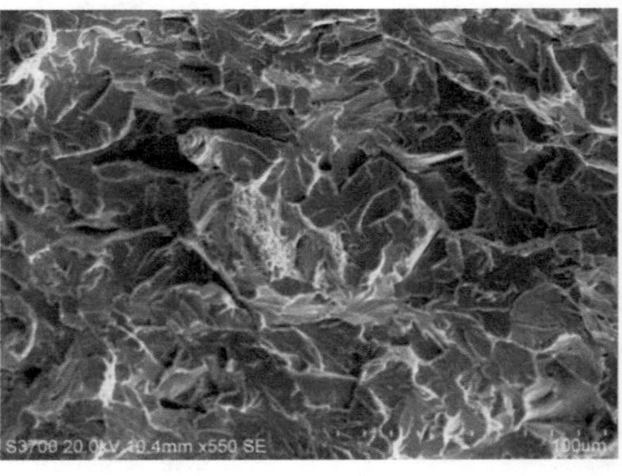

图3-12 断口2微观形貌

（2）化学成分和力学性能分析 对压溃体进行化学成分和力学性能分析，化学成分满足45钢相关技术规范。

力学性能检测结果见表3-1，满足技术要求。其中硬度测试部位见图3-13中指定面。

表3-1 压溃体力学性能

试样名称	R_m/MPa	R_e/MPa	A（%）	Z（%）	硬度 HBW10/3000
压溃体	795	523	23	54	231
技术要求	650～850	450～630	≥20	≥40	220～250

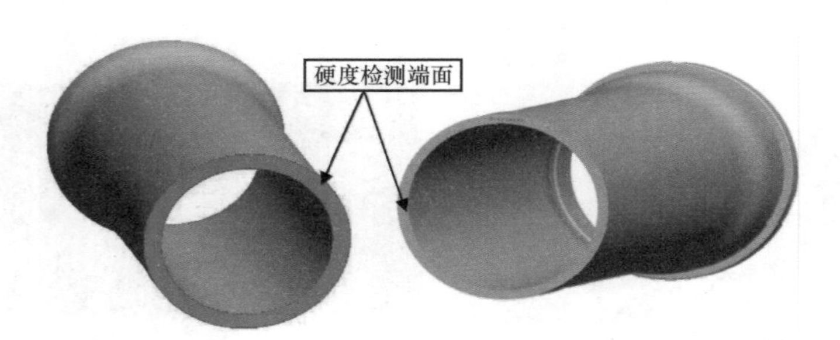

图3-13 压溃体硬度测试面

（3）显微组织分析 对图3-8中断口A处进行金相检查，从图3-14中可看出断面附近无夹渣、疏松等原材料缺陷，甚至未发现硫化物类夹杂，这说明上述硫化锰铁的偏聚为面状缺陷而非体缺陷。此外，断面A处组织以回火索氏体为主，未见氧化、脱碳现象，为典型的调质组织。

远离断裂面对基体进行金相检查，如图3-15所示。基体非金属夹杂物评定级别为A0.5，D0.5，表明原材料洁净度良好，这也再次证明裂源处大范围的硫化物聚集属局

部现象。此外，基体组织为珠光体+断续网状铁素体，这是因为45钢淬透性较差，心部相当于正火处理组织。

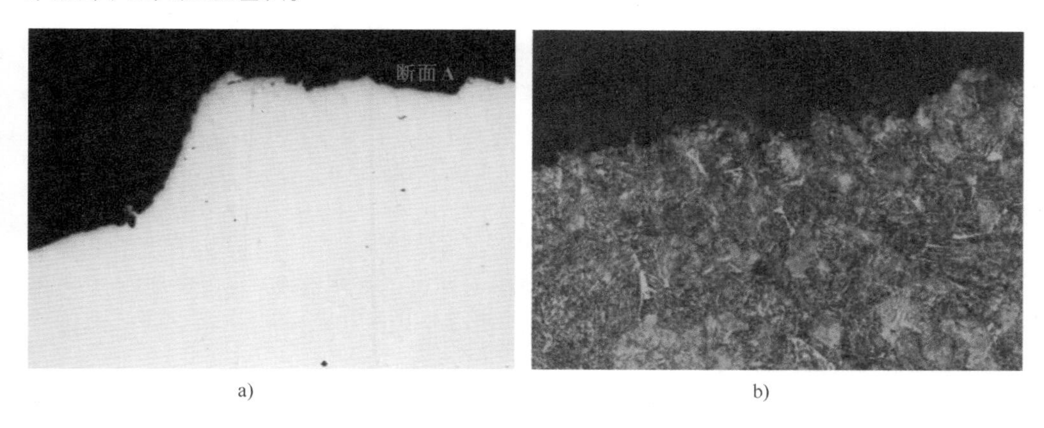

a) b)

图3-14 断口A处情况

a）抛光态形貌（100×） b）断面组织（100×）

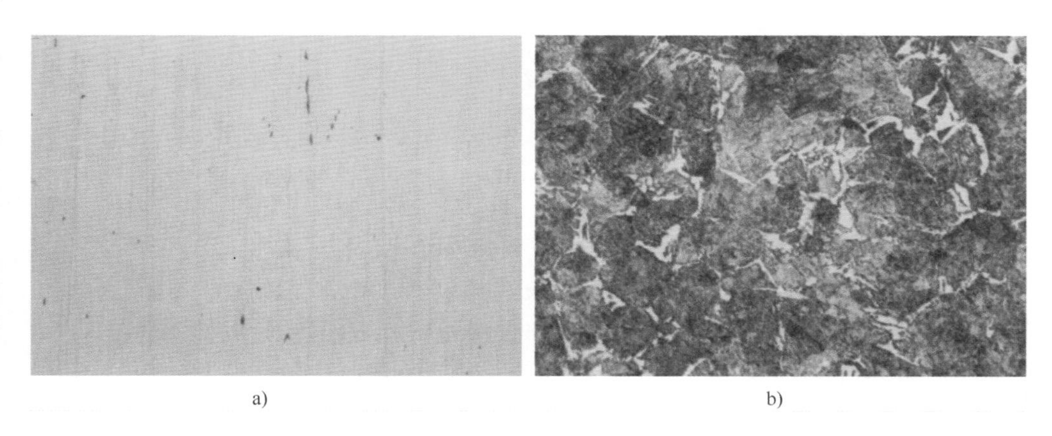

a) b)

图3-15 基体情况

a）非金属夹杂物（100×） b）基体组织（500×）

3. 失效原因

根据宏观形貌、微观形貌、能谱分析、金相分析及力学性能分析可知：①压溃体原材料洁净度良好，热处理工艺正常，力学性能合格；②断口包括两部分，其中首断处位于压溃体扩口根部，该处硫化物偏聚严重，整体呈木纹层状，分布范围约3mm×20mm，极大地割裂了基体的连续性，属原材料缺陷。

综上所述，试验初期，压溃体首先以硫化锰铁偏聚处为源很快形成贯穿壁厚的断口1；继续施压，以断口1为源发生一次性扩展断裂形成断口2。因此，造成压溃体早期失效的直接原因是硫化锰铁类夹杂物偏聚。本案例中硫化物偏聚严重，呈热轧形态，又恰好位于扩口根部，难以用常规的超声波等无损检测手段发现，极易漏检而造成安全隐患。另外，钢锭中非金属夹杂物的含量、分布与冶炼钢锭有关，后续锻造、热轧等只能使其分散而不能减少其数量，在经过热处理后这些非金属夹杂仍不能消失。建议对原材料质量进行严格控制。

案例 12　密封环断裂

1. 实例简介

某设备采用活塞环来密封高温、高压蒸汽，用以增加推动力。活塞环为开口型结构，示意图如图 3-16 所示。在使用数百次后活塞环局部发生断裂，断裂位置随机，无规律性。

图 3-16　密封环示意图

图 3-17 为活塞环断裂部位的宏观形貌，从图中可得出以下结论：

1）断面较为粗糙，多处被磨光，未见明显的疲劳痕迹，整体呈脆性断裂特征。

2）断裂处外圆面宏观形貌显示：断口附近磨损严重，磨痕方向与活塞环在气缸内的运动方向一致；远离断裂处表面未见异常，保留原始磨加工形貌。

3）对图 3-17b 中 A、B 两处进行放大形貌观察，结果显示：A 处原始磨加工痕迹清晰可见，未见异常磨损；B 处布满尺寸为毫米级别的小裂纹。

综上所述，我们可初步判断：活塞环不同部位磨损程度存在差异。

2. 显微组织分析

沿图 3-17a 中红色虚线处线切割取样进行金相分析，由图 3-18 可知，断口侧表面石墨总体含量较远离断口处的正常区域偏少，且分布极不均匀，有些区域石墨聚集分布，其间则无石墨分布。远离断口处则为均匀分布的片状石墨。

腐蚀后组织形貌如图 3-19 ~ 图 3-23 所示，由图可知：上述异常区域（断口处）组织为莱氏体 + 大块状渗碳体 + 少量珠光体，局部硬度高达 700HV1；根据 GB/T 7216—2009 评定正常区域石墨级别为 A4，基体组织为珠光体 + 渗碳体（体积分数 $<1\%$）。

图 3-17　密封环宏观照片

a）断口形貌　b）断裂处外圆面形貌　c）图 3-17b 中左侧（正常区域）形貌
d）图 3-17b 中右侧（磨损区域）形貌

图 3-18　截面石墨形态（25×）

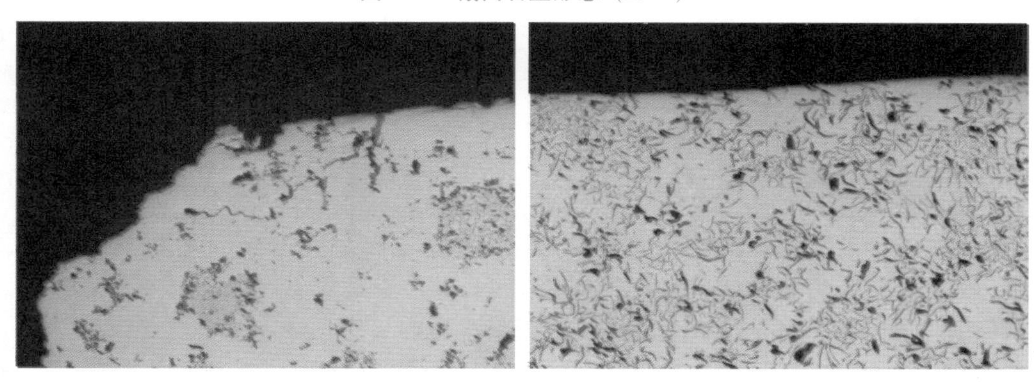

图 3-19　裂源处石墨形态（100×）　　图 3-20　远离裂源处石墨形态（100×）

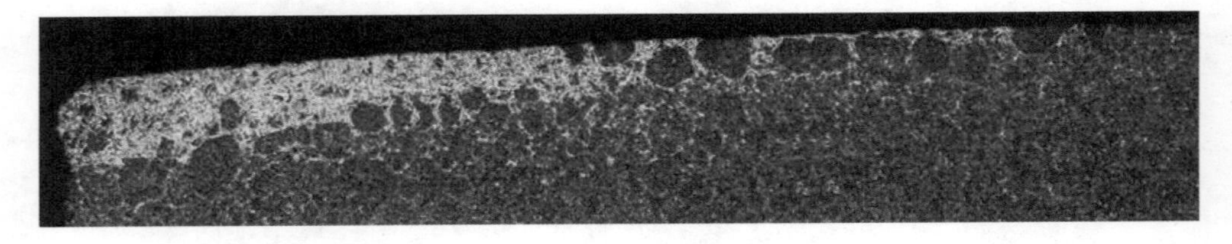

图 3-21　截面组织（25×）

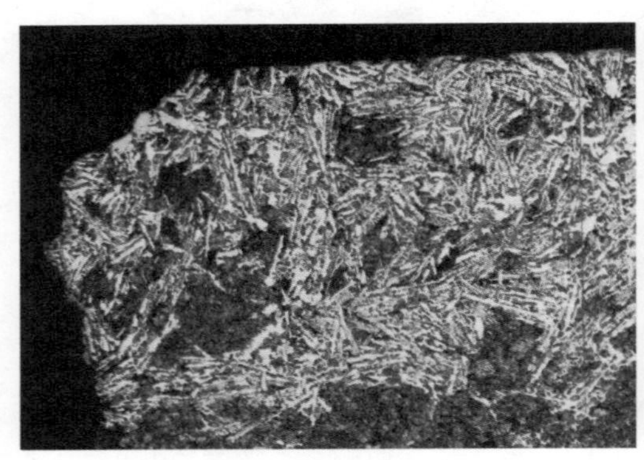

图 3-22　裂源处组织（100×）

图 3-23　基体组织（100×）

3. 失效原因

根据上述检查结果可知，导致活塞环断裂的原因包括内因和外因两大因素：

1）内因：局部存在大量的莱氏体和大块状渗碳体等硬脆组织，硬度远高于基体。

2）外因：活塞环存在偏磨现象，致使局部受力偏大。

因此，在二者综合作用下，活塞环局部将首先萌生裂纹发生脆断。

4. 改进方案

1）从原料成分和孕育处理等方面入手，降低活塞环白口化倾向。

2）优化操作工艺，适当降低活塞环外圆部位的冷却能力。

3）改良活塞环使用情况，尽量消除偏磨并保证润滑充分。

案例 13　主动齿轮齿面缺陷

1. 实例简介

某齿轮厂生产的某型主动齿轮材质为 20CrMnMo，制造工艺为：原材料→锻造→正火→粗铣齿→淬火 + 低温回火→磨齿。成品在进行磁粉检测时发现多件产品齿面出现磁痕积聚的现象，如图 3-24 所示，磁痕长约 5mm，多出现于齿面节圆和节圆以上部位，有的分布在齿宽中部，有的则靠近齿宽端部，但所有磁痕均沿齿轮轴向分布。

图 3-24 齿面磁粉检测宏观形貌

2. 测试分析

（1）金相分析 垂直于图 3-24 中磁痕处线切割取样进行金相检查。如图 3-25 所示，磁痕根部为具有一定深度和宽度的裂缝类缺陷，且不同部位裂缝的深度存在较大差异，但基本都垂直于齿面向内扩展。此外，裂缝较为粗大，两侧耦合性差，尾部圆钝，不具有应力型裂纹的特征。值得提出的是，放大图显示裂缝两侧均存在深约 20μm 左右的内氧化，组织为非马氏体，见图 3-26。这说明裂纹在热处理前既已露头，热处理过程中造成裂缝两侧氧化、脱碳。

对远离裂缝处基体进行非金属夹杂物检查，评定其级别为 A0.5，B1.5e，D1.0，其中 B 类夹杂物较为严重，见图 3-27。

（2）能谱分析 如图 3-28 所示，裂缝内充填有大量颗粒状氧化铝类夹渣。因此，结合其分布位置我们可判定本案例中裂缝类缺陷实则是氧化铝类表面夹渣。这将导致：

1）破坏了齿面的连续性和完整性，造成局部接触应力集中；或导致油膜破裂，增加噪声，极大地降低齿轮的使用寿命。

2）齿面局部残余压应力得以释放，降低了该处的接触疲劳强度，同时易引发淬火致裂。

3）渣子导热性差，表面容易形成“热点”。

4）氧化铝作为一种脆性夹渣，使得材料的屈服强度和抗拉强度下降，将进一步促进裂纹的扩展。

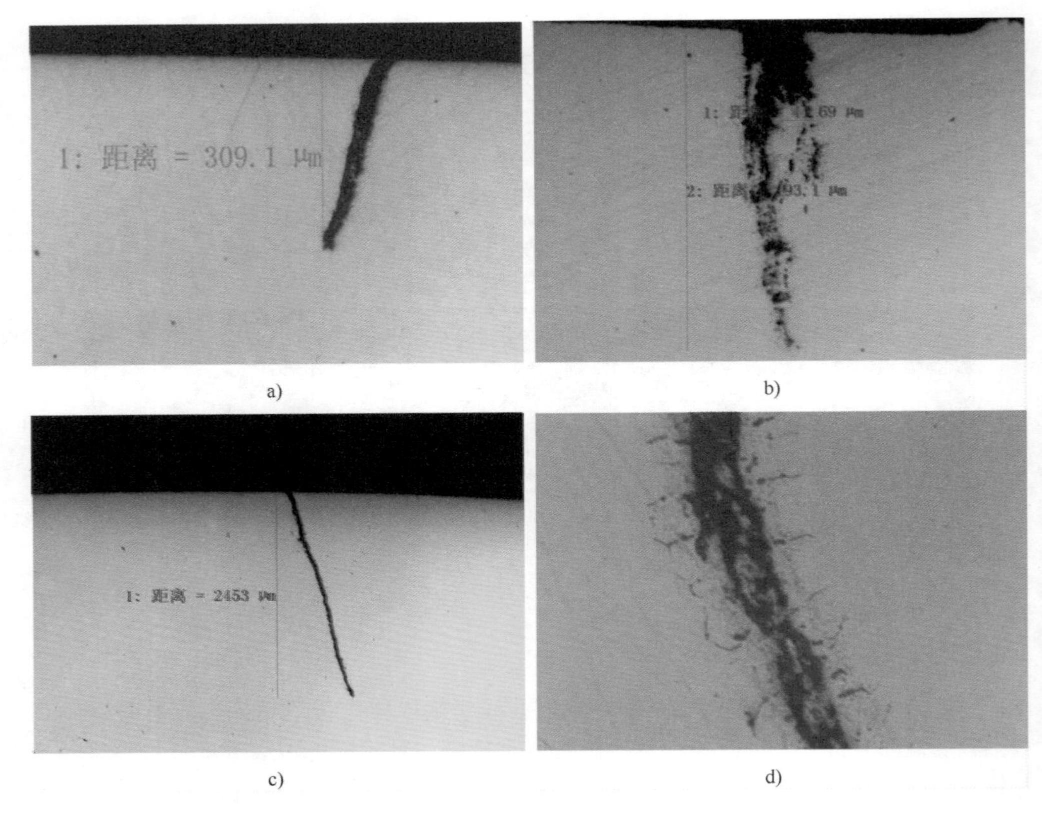

图 3-25　裂纹形貌

a）100 ×　b）200 ×　c）25 ×　d）500 ×

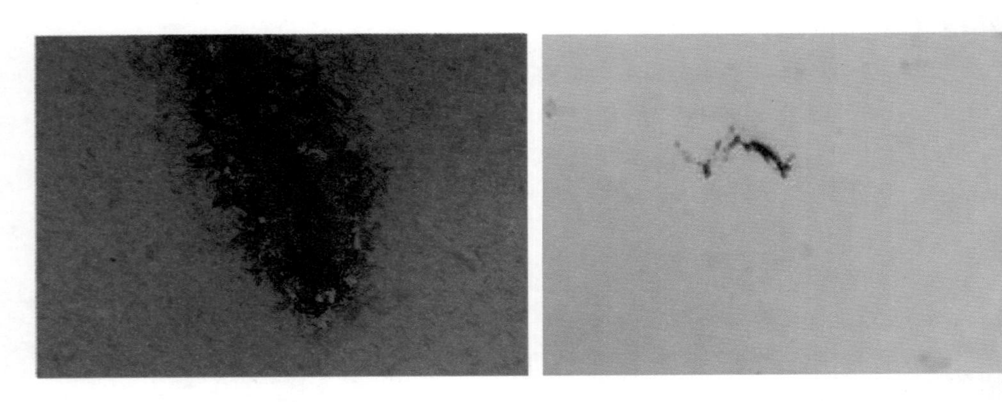

图 3-26　裂纹两侧组织（500 ×）　　图 3-27　非金属夹杂物（100 ×）

3. 失效原因

根据上述检查结果可知，齿轮齿面磁痕是由氧化铝类夹渣造成的裂缝类缺陷，该类缺陷尺寸较大，深度不一，属原材料缺陷，且在热处理前既已露头。

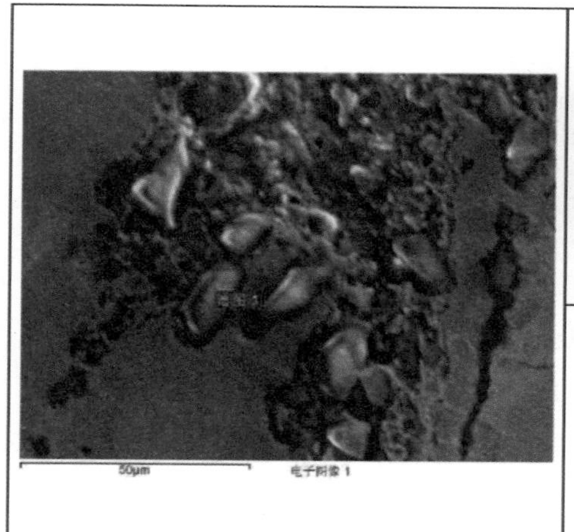

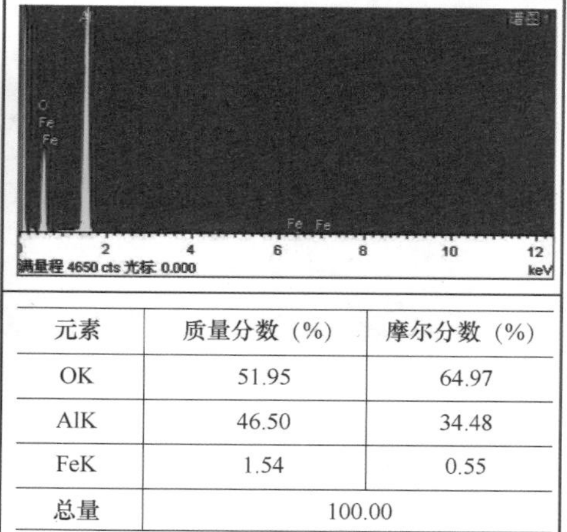

元素	质量分数（%）	摩尔分数（%）
OK	51.95	64.97
AlK	46.50	34.48
FeK	1.54	0.55
总量	100.00	

图 3-28　裂缝处能谱分析

为了减少锻件中的夹杂物，首先必须从源头上控制钢液冶炼浇注过程中的夹杂物数量，在钢液凝固过程中使夹杂物尽量上浮到钢锭冒口位置；其次，通过纯洁炉料，仔细精炼，充分镇静等方法排除一次夹渣的产生；最后，采用合理的锻造工艺使锻件内粗大的夹杂物减少，并通过压力作用使夹杂物分散分布，从而减少其对锻件的危害。

案例 14　机车齿轮开裂

1. 实例简介

某厂生产的某型机车齿轮材质为 20CrMnMo，制造工艺为：锻造→正火→半精车→滚齿→渗碳→淬火 + 低温回火→磁粉检测；据机务段反馈，机车在运行时发生电动机报警，拆解齿轮箱后发现齿轮已从电动机轴上脱落，至此总运行里程共计 5 万公里。齿轮实物照片如图 3-29 所示：裂纹垂直于单个齿底径向扩展，外形笔直，贯穿整个齿圈。

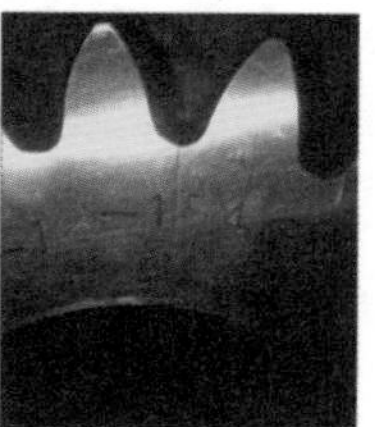

图 3-29　ND5 主动齿轮实物照片

断口实物照片如图 3-30 所示：①断面贝纹线清晰可见，呈典型的疲劳断裂特征；②根据贝纹线扩展特征可判断疲劳源位于图中虚线箭头处，即距离齿轮一侧端面约 15mm 的齿底渗碳层区域；③扩展区贝纹线间距较大，存在明显的二次疲劳沟线，且瞬断区约占断口面积的30%，说明齿轮断口处的名义应力很大。

图3-30　断口实物照片

2. 测试分析

如图3-31所示，疲劳源恰好位于齿底表面，该区域尺寸约为470（μm）×56（μm）。能谱分析发现源区为氧化铝夹渣，见图3-33。

此外，齿底渗碳层整体呈沿晶脆性断裂特征，晶界上分布着细小弥散的颗粒状碳化物，见图3-32。这是因为齿轮渗碳后最表层碳当量多为过共析成分，待其预冷时渗碳体将优先沿奥氏体晶界析出。按正常工艺淬火加热时，过共析钢的组织为奥氏体+未溶渗碳体，淬火后的组织则是马氏体+渗碳体，且颗粒细小的渗碳体将均匀地分布在马氏体的基体上（包括晶界），这也是渗碳区断口常呈沿晶脆性断裂的主要原因之一。

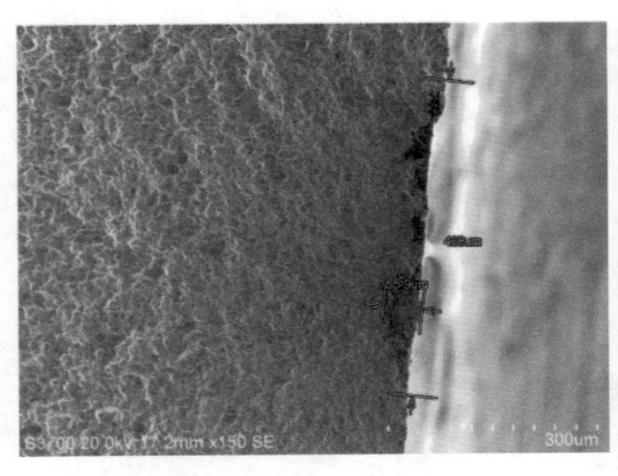

图3-31　裂源部位微观形貌

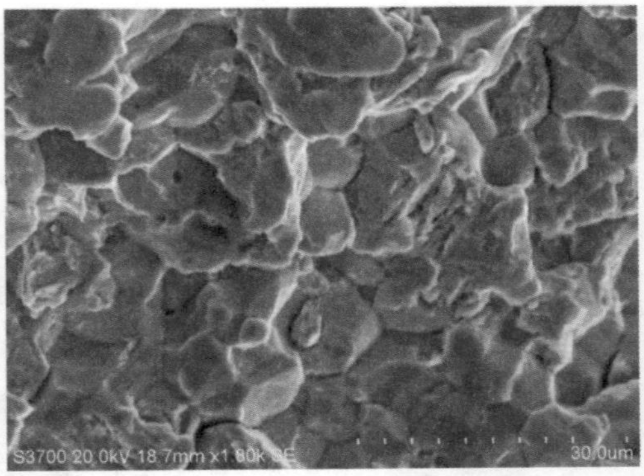

图3-32　渗碳区微观形貌

此外，依据TB/T 2254—1991《机车牵引用渗碳淬硬齿轮金相检验标准》对齿轮的齿块进行金相检查，结果满足相关技术规范，说明热处理工艺正常。

3. 失效原因

齿轮热处理工艺正常，裂纹萌生于齿底部位的氧化铝夹渣处，夹渣尺寸较大，且已露头，相当于存在一个预制裂纹，极大地降低了该处的疲劳强度。而齿轮就像一个悬臂梁，受载以后，齿根附近承受的弯曲应力最大，当局部弯曲应力的数值超过疲劳极限时将萌生裂纹，裂纹产生后在较大交变载荷的作用下发生快速疲劳扩展直至断裂。

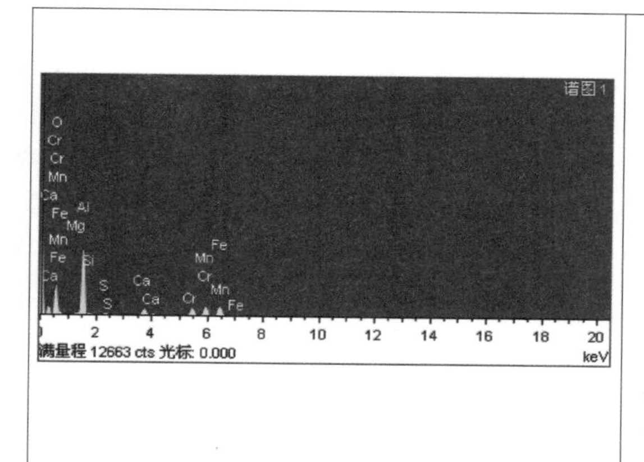

元素	质量分数（%）	摩尔分数（%）
OK	31.28	51.60
MgK	0.66	0.71
AlK	27.92	27.31
SiK	0.51	0.48
SK	0.36	0.30
CaK	3.45	2.27
CrK	8.95	4.54
MnK	11.67	5.61
FeK	15.20	7.18
总量	100.00	

图 3-33　裂源部位能谱分析

案例 15　大型齿轮心部缺陷

1. 实例简介

某齿轮厂生产的大型齿轮为单件定做产品，齿轮毛重 8t，齿宽 380mm，径向尺寸为 Φ410mm ~ Φ1500mm，材质为 20CrNi2Mo，制造工艺为：原材料→锻造（锻造比 >5）→正火→粗车→滚齿→渗碳→淬火 + 低温回火→精磨。成品实物照片如图 3-34 所示，采用超声检测时发现吊装孔附近存在环形分布的缺陷，右边图片为线切割切取的待检试样。值得提出的是，该齿轮在锻造成形之后热处理之前进行第一次超声检测时并未发现异常，而此时齿轮仍处于热态（外表面温度仍有数十摄氏度），且齿坯端面粗糙度值为 1.6μm，因此可排除表面粗糙或形状不规则等导致的误判。

图 3-34　齿轮实物照片

2. 测试分析

（1）超声检测　为了确定齿轮内部缺陷的分布情况，特对图3-34中右侧试块再次进行超声检测。结果发现：缺陷主要分布于图中白色漆线区域，尤其红色虚线方框处更为集中，距离端面约120～160mm，基本位于齿轮心部位置。值得注意的是，该缺陷在四周纵向面进行超声检测时无法探得。因此，我们断定：齿轮心部存在平行于端面的面状缺陷。根据齿轮的锻造成形工艺可知，其变形方向应与齿轮端面平行，即缺陷与锻造流线同向。

（2）低倍检查　沿图3-34中白色漆线处线切割取样进行低倍形貌检查，如图3-35所示，酸浸试片上除个别地方（见图中箭头处）出现细小“发纹”外，并未发现其他明显缺陷，这可能是由于缺陷主要集中于漆线内部区域所致。仔细观察发现，缺陷较为短小，尺寸约为1～3mm，基本与齿轮端面平行，疑似白点类缺陷特征。

图3-35　低倍形貌

（3）拉伸试验　为了进一步验证缺陷类型，遂沿图3-34中缺陷较为集中的红色虚线方框处切取方形拉棒一根，并在SHT4605型60t拉伸试验机上将其拉断。断裂处宏观照片如图3-36所示，断口整体呈台阶状，且每一台阶上均出现垂直于拉应力方向的圆形斑点，斑点尺寸大小不一，具有白点特征。侧视图显示断口周围也出现多个平行于端面的细小裂缝，且上述缺陷恰好位于距离端面的120～160mm范围内，这与超声检测结果完全一致。

图3-36　断裂处宏观照片

（4）微观形貌分析　将图3-36中断口采用无水乙醇超声清洗后放入S－3700N扫描电子显微镜进行微观形貌观察，如图3-37～图3-40所示：

1）斑点表面颜色深浅不一，断裂机制全然不同，且各自有明显的边界。

2）Ⅰ区为白点核，裂纹首先在这里萌生。其表面凹凸不平，没有棱角，凸起部分的表面均为曲面，整体表现为“浮云状”特征，这是因为白点产生后，又经过热处理或热加工的结果。

3）Ⅱ区呈放射状扩展特征，这是因为在正应力作用下，裂纹将以前者为源，均匀向外扩展，从而形成一个与拉应力方向垂直的圆形斑点。

4）当3）中圆形斑点扩展至一定程度（数量和尺寸）时，截面将无法承受拉伸载荷作用，随即发生一次性断裂，因此Ⅲ区表现为正断型拉伸断口特征，微观形貌呈等轴韧窝状。

众所周知，当白点刚开始出现时，其尺寸是非常小的用探测设备通常难以检测到，但是随着氢向微孔隙中的聚集，微孔隙中的氢压强度会越来越高，白点裂纹尖端附近的拉应力持续增大从而导致白点出现扩展。

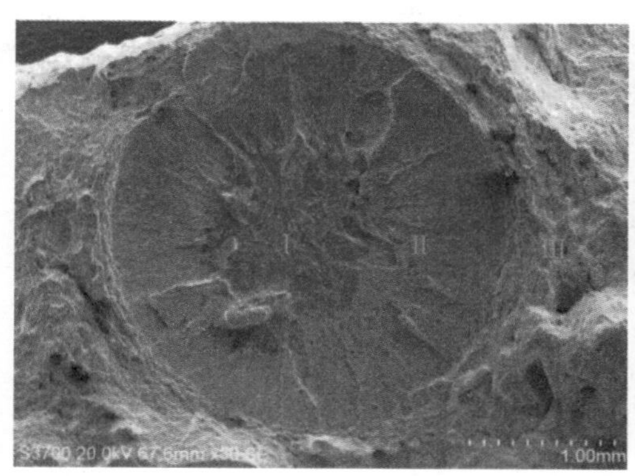

图3-37　白点微观形貌

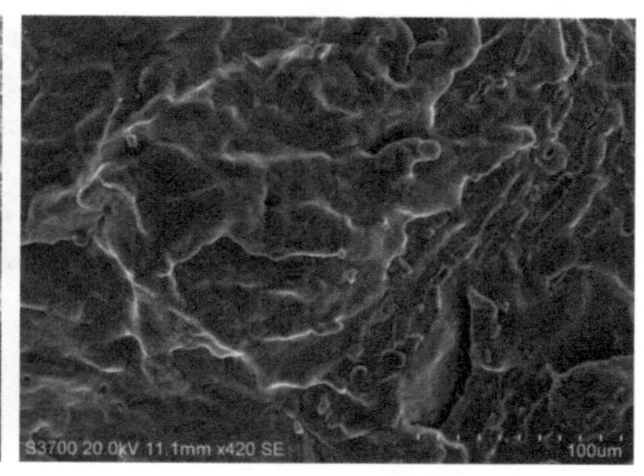

图3-38　Ⅰ区微观形貌

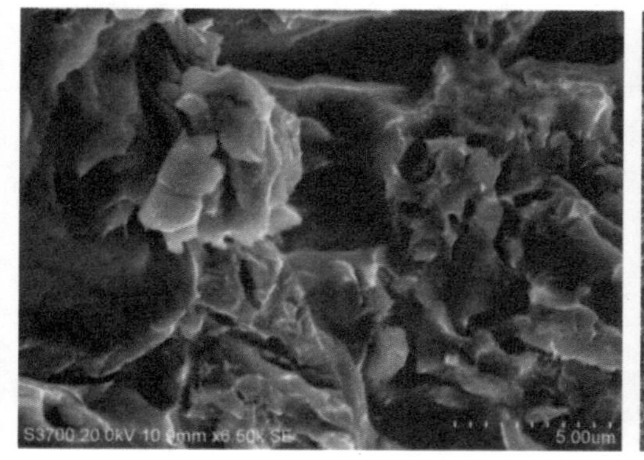

图3-39　Ⅱ区微观形貌

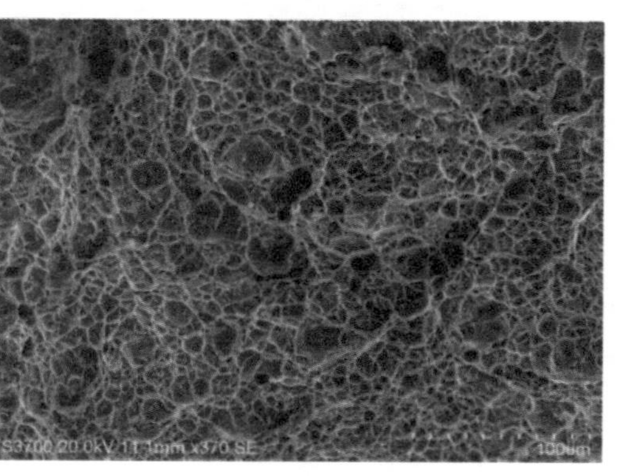

图3-40　Ⅲ区微观形貌

（5）化学成分检查　在上述方形拉棒尾端取样进行化学成分检查，其结果见表3-2，由表可知齿轮成分满足技术要求，H含量较低可能是因为取样位置远离缺陷集中区。

表3-2　化学成分（质量分数）　（%）

试　样	C	Si	Mn	P	S	Cr	Ni	Mo	H
齿　轮	0.20	0.23	0.54	0.008	0.010	0.51	1.75	0.24	0.22
技术要求	0.17～0.23	0.20～0.35	0.40～0.70	≤0.030	≤0.030	0.35～0.65	1.60～2.00	0.20～0.30	—

（6）显微组织分析　对齿轮不同部位通过Observer. A1m型显微镜进行金相检查发现：①齿轮端面组织以贝氏体为主，奥氏体晶粒度约为8.5级，见图3-41；②齿轮心部存在成分偏析，合金元素含量较高的区域组织以贝氏体为主，反之则以铁素体为主，铁素体晶粒度约为9级，见图3-42～图3-44。此外，心部硬度为198HBW10/3000。

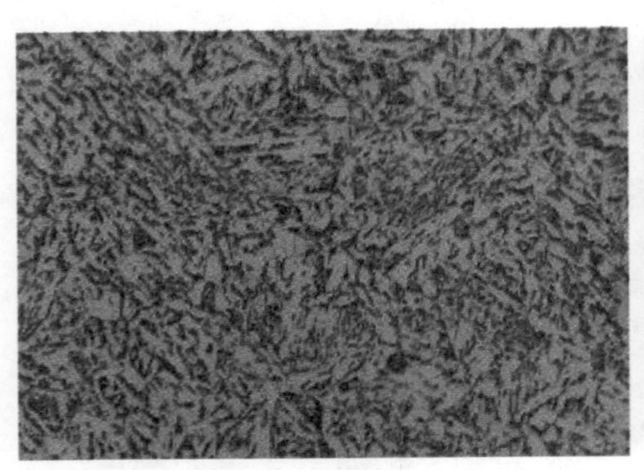

图3-41　齿轮端面组织（500×）

图3-42　齿轮心部组织（100×）

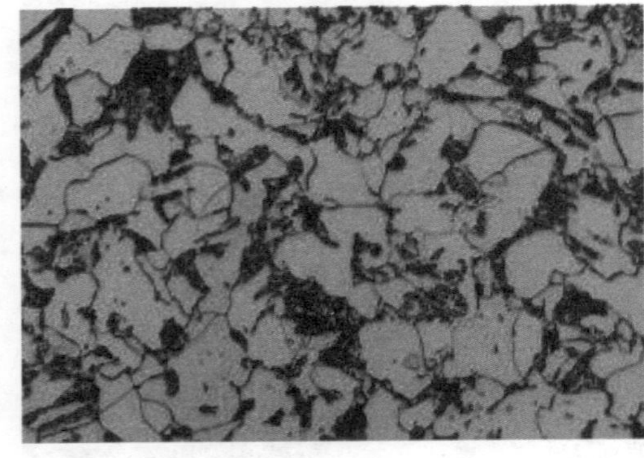

图3-43　图3-34中Ⅰ区组织（500×）

图3-44　图3-34中Ⅱ区组织（500×）

3. 失效原因

综合上述检验结果：大型齿轮心部为白点类缺陷。通常，白点仅见于有效截面超过40mm的锻件或轧件中，锻件尺寸越大，越容易产生白点，且白点大多存在于锻件心部

或 1/3R ~ 2/3R 位置。由超声检测可知本案例中缺陷恰好集中分布于齿坯心部位置。其次，白点的产生时间常常发生在锻件加工完成以后的几小时到几十小时，有时甚至需要更长的时间。其萌生温度一般低于 200℃，且在常温状态 20℃左右时白点发生的概率最高。这是因为氢原子在 200℃以上时其能量较高不易在微孔隙中形成高强的氢压，因此也不能够萌生白点，而在低于 -50℃的温度时，氢原子扩散能力极低也难以扩散到微孔隙中从而形成高强的氢压，因此可以说白点在室温条件下最容易萌生长大。而前文中所述锻坯在第一次超声检测时并未发现异常现象，这主要缘于如此大尺寸的齿坯当其外表温度尚有数十摄氏度时，其心部温度定高于 200℃，该温度下白点尚未形成。

总之，白点的产生是由于钢中氢和残余应力共同作用的结果，是钢中常见的一种冶金缺陷。本案例中齿轮尺寸大，锻压及热处理工艺不易控制，这都增大了其出现白点的可能性，而大型锻件中一旦出现白点，整个产品将予以报废。

4. 改进方案

1）炼钢原料严格控制废钢比例，以防止其表面的铁锈（xFeO · Fe_3O_4 · $2H_2O$）混入。

2）南方地区湿气大，尤其阴雨季节，应对钢包、中间包等进行彻底烘干。

3）尽量去除脱氧剂、保温剂、造渣剂［$Ca(OH)_2$］、保护渣等过程料中的水分。

案例 16 从板开裂

1. 实例简介

某公司生产的从板材料为铸造 E 级钢（ZG25MnCrNiMo），最终热处理工艺为淬火 + 高温回火（调质处理），使用过程中从板发生断裂。断口宏观形貌如图 3-45 所示，整个断面无明显集中裂源，无塑性变形痕迹，呈典型的石状脆性断裂特征；从色泽上可将其划分为无金属光泽的灰白色断口和具有氧化特征的黑色断口两部分；通常，石状断口上粒状断面的尺寸恰好同钢在高温加热时奥氏体晶粒大小吻合，其在断裂时裂纹也是沿这种晶界优先形成和扩展的，同随后热处理过程中由于重结晶形成的奥氏体晶粒度无关。因此，从断面可大致看出原始奥氏体晶粒大小达 5mm 左右，这说明从板过热严重。

图 3-45 从板断口宏观形貌

2. 测试分析

（1）微观形貌和能谱分析

对清洗后的断口进行微观形貌观察，黑色断面表面被氧化物覆盖，形貌难以辨别。灰白色断面微观形貌如图3-46所示，初生奥氏体的晶间棱面清晰可见，晶粒尺寸为毫米级别。值得提出的是，放大图显示部分晶间棱面上存在大量“小坑”类缺陷，但其显然不同于传统意义上由过热引起的晶间棱面上的韧窝形态。此外，还有部分棱面上出现大量沿一定位向分布的小刻面，小刻面平滑、无异物。

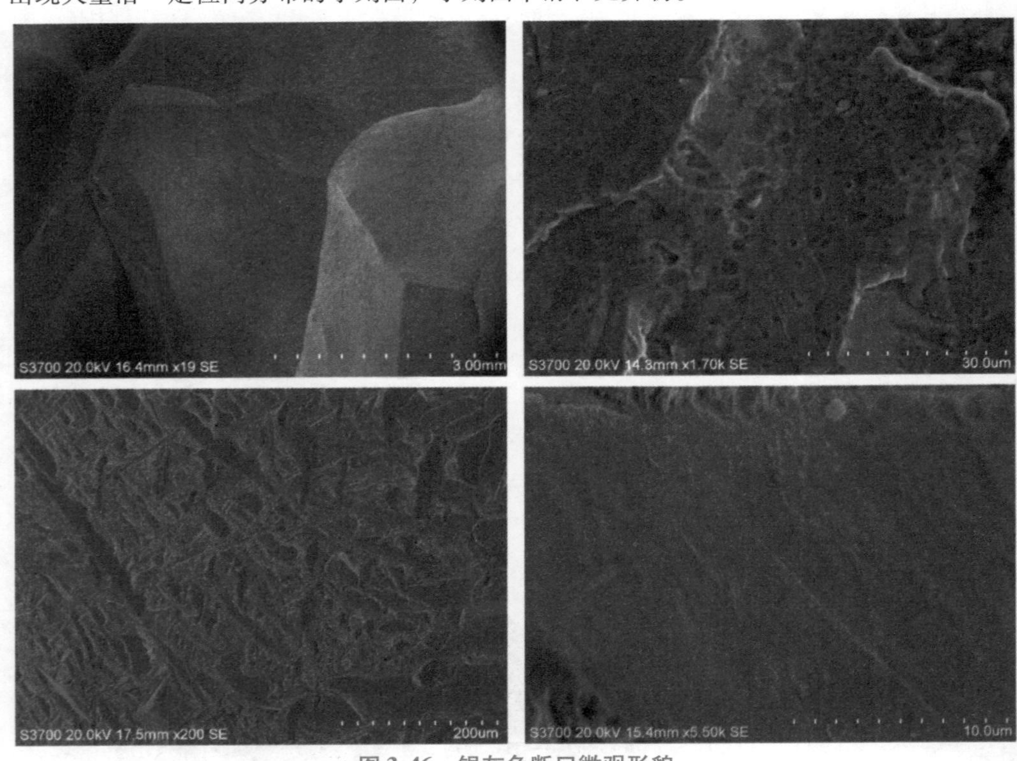

图3-46　银灰色断口微观形貌

能谱分析发现：晶间棱面处Al含量高达1%，见图3-47。

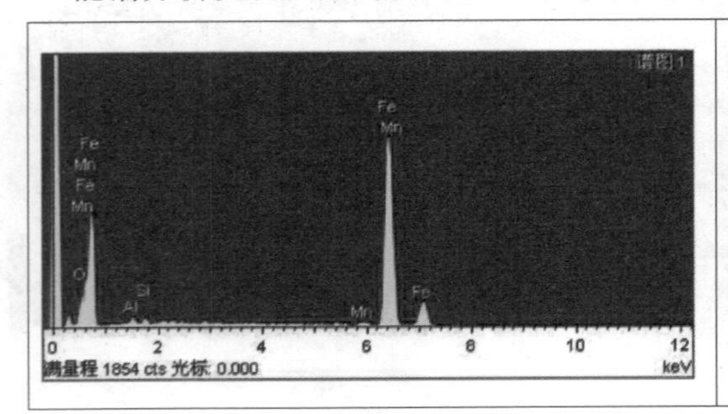

元素	质量分数（%）	摩尔分数（%）
OK	6.92	20.28
AlK	1.06	1.84
SiK	0.76	1.27
MnK	1.56	1.33
FeK	89.70	75.29
总量	100.00	

图3-47　晶界能谱分析

（2）化学成分检查　由表3-3可知，从板Al含量为0.16%，而众所周知，当钢中采用铝、钛和锆这些微量元素时，对于细化钢的奥氏体晶粒度，改善晶界状态，提高钢的强韧性、热强性以及降低钢的过热敏感性等都具有重要的作用。但必须控制微量元素的含量在一定的范围内，当低合金钢中残留铝含量在0.06%以上，残留钛在0.1%以上时，反而会促进钢中的晶界脆化，形成晶间棱面断口。即不但不能提高钢的过热温度，反而使钢形成石状断口的倾向增加。

表3-3　从板化学成分（质量分数）　（%）

C	Si	Mn	P	S	Cr	Mo	Ni	Al
0.25	0.39	1.34	0.022	0.011	0.44	0.21	0.37	0.16

（3）显微组织分析　在断面下方取样进行金相检查，从图3-48和图3-49可看出裂纹沿初生奥氏体晶界扩展，两侧组织为保留马氏体位向的回火索氏体，板条马氏体束的位向粗大，存在过热。

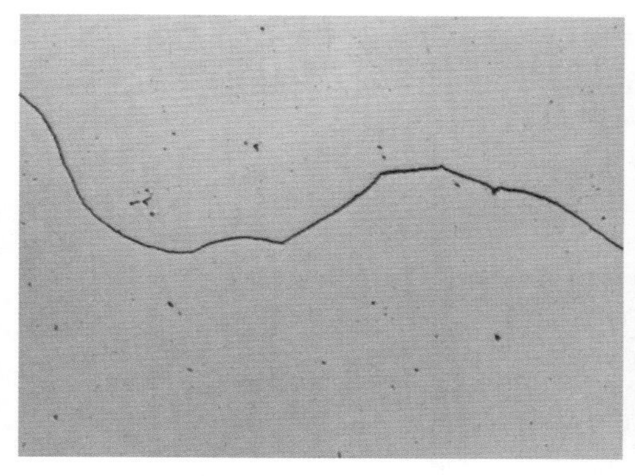

图3-48　裂纹形貌（10×）

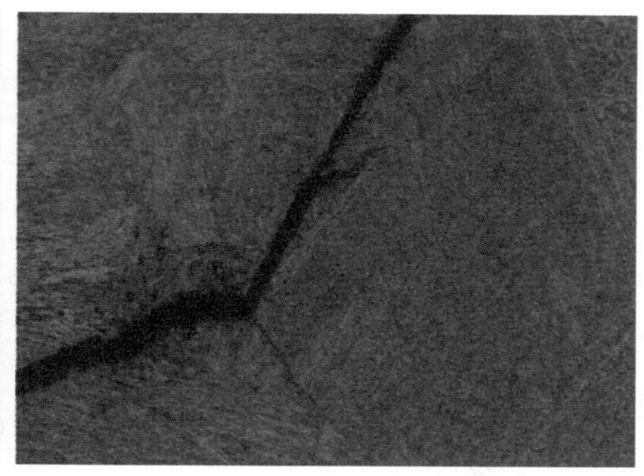

图3-49　裂纹两侧组织（200×）

3. 失效原因

根据上述检查结果可知：①从板存在过热现象；②微量元素Al含量严重超标。因此可综合判定：从板出现岩石状断口主要与Al含量超标有关。

4. 改进方案

1）对产品化学成分尤其微量元素的含量进行严格控制。

2）改善热处理工艺，降低淬火温度或缩短淬火保温时间，避免出现过热、过烧组织。

案例17　闸片托开裂

1. 实例简介

某厂试制的闸片托采用铸造成形工艺，材料为QT500-7，成品在安装过程中约20%

发生断裂（同批次产品共计40余件）。图3-50所示为闸片托的实物照片，断裂均发生于图中方形孔处，现场调研发现，安装过程中方形孔需过盈插入铜质镶块。此外，闸片托整体壁厚较薄。

图3-50　闸片托实物照片

图3-51为闸片托开裂处局部宏观形貌，从图中可得出以下结论：①裂纹发生于方形孔处，扩展范围较广，几乎延伸至闸片托的整个宽度方向；②方形孔边缘残留有明显的镶块材料，显示为周向的铜黄色；③值得一提的是，对开裂闸片托轻轻敲击，裂纹尾端便发生掉块现象，断口呈亮晶瓷状特征，说明闸片托材料脆性很大。

图3-51　闸片托开裂处局部宏观形貌

图3-52为闸片托断口宏观形貌，从图3-52可看出：①整个断口呈一次性脆性断裂特征，断面干净、无异物附着；②根据放射状裂纹的收敛方向可判断图中红色虚线处为裂源。

图3-52　闸片托断口宏观形貌

2. 测试分析

（1）化学成分分析　在闸片托上取样进行化学成分检查，结果见表3-4，碳含量远低于技术要求，硅含量略低于下限，稀土元素含量不及要求的一半。

表3-4　闸片托化学成分（质量分数）　（%）

试样名称	C	Si	Mn	P	S	Re	Mg
闸片托	3.11	2.33	0.16	0.016	0.005	0.015	0.038
技术要求	3.55～3.85	2.34～2.86	<0.6	<0.08	<0.025	0.03～0.05	0.02～0.04

（2）微观形貌检查　将图3-52中断口超声清洗后进行微观形貌观察，如图3-53所示，断面无夹渣、疏松等铸造缺陷，整体以解理断裂为主，球状石墨清晰可见。

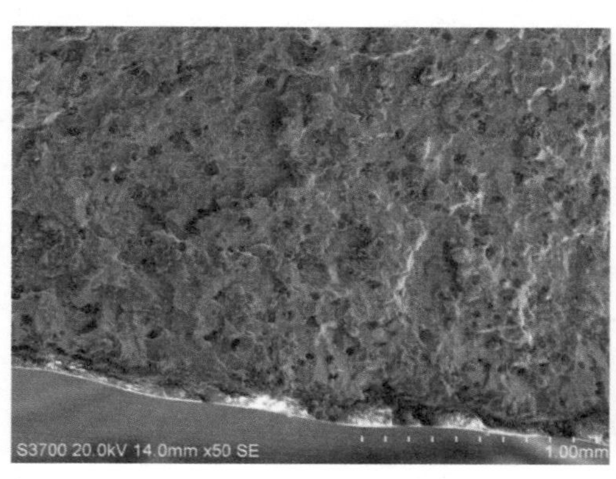

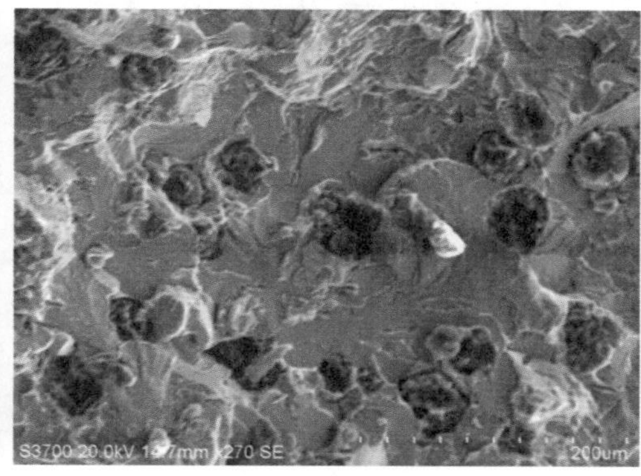

图3-53　裂源附近微观形貌

（3）显微组织分析　沿图3-52中蓝色虚线取样进行显微组织分析，从图3-54～图3-57可得出以下结论：①裂源处无铸造缺陷，石墨球化级别和球径大小均合格；②值得注意的是，闸片托单位面积的石墨球个数较少（<150个/mm^2）；③裂源和基体组织均为珠光体+约10%莱氏体，并非QT500－7所对应的正常组织（铁素体+珠光体），而莱氏体为硬脆相，极大地降低了基体的韧性指标，这也是压装过程中穿孔处发生批量开裂的直接原因。鉴于组织的影响，闸片托基体硬度高达302HBW10/3000，远大于技术要求（170～230HBW）。

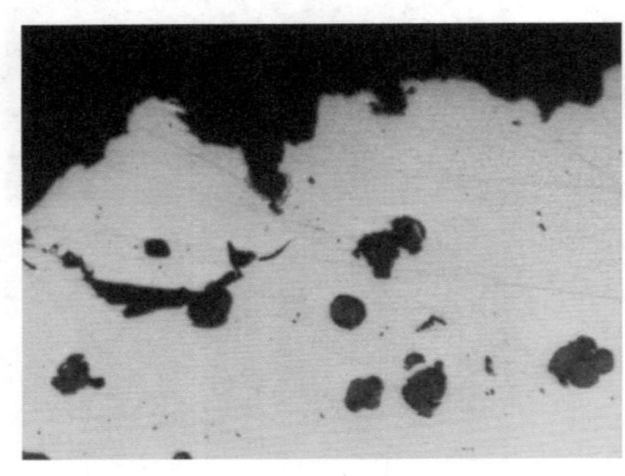

图3-54　裂源处石墨情况（100×）

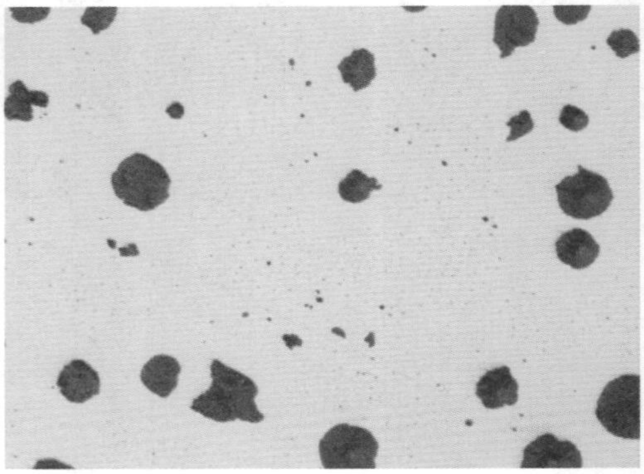

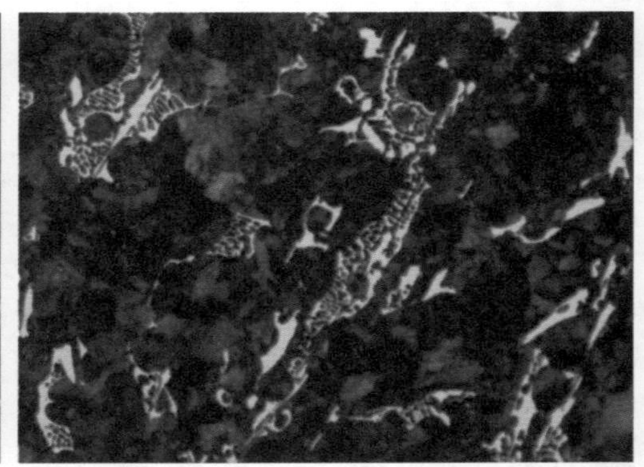

图3-55　基体石墨（100×）

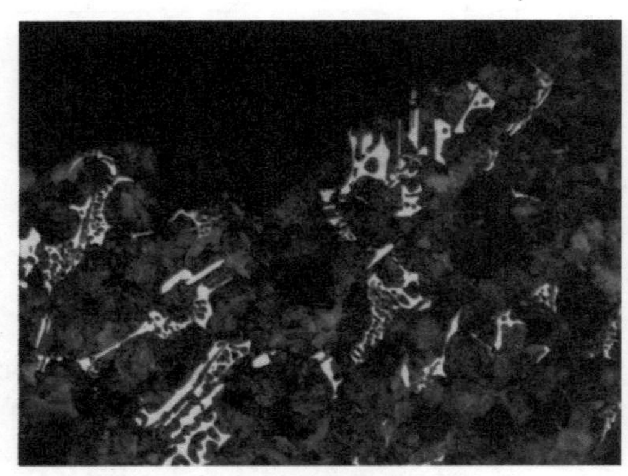

图3-56　裂源处组织（100×）

图3-57　基体组织（100×）

3. 失效原因

根据上述检查结果可知，该批次闸片托组织出现异常是其发生批量失效的直接原因，那么究竟是何种因素使得闸片托组织出现异常呢？

众所周知，各种成分含量对球墨铸铁的生产有着显著的影响，一般遵循高碳、低硅、大孕育量。较高的碳当量有利于石墨的形成，增加铸态铁素体的含量和减少白口倾向；但碳当量过高会出现石墨漂浮，影响石墨形态。而本案例中碳含量远低于技术要

求，硅含量处于下限，因此，闸片托碳当量很低，增加了白口倾向，同时这也是基体单位面积的石墨球数偏低的主要原因。其次，一定含量的稀土元素在球墨铸铁中具有促进石墨化、增加石墨球数、减少或消除薄壁件白口的作用，本案例中极低的稀土含量进一步促进了白口化。再次，闸片托整体壁薄，本身凝固时具有较大的冷却速度，使基体容易产生白口。

综上所述，造成闸片托断裂的直接原因是组织出现白口化，根源则是碳、硅、稀土等几种重要的化学元素含量不满足技术要求所致。

第 4 章　热加工因素为主引起的失效

4.1　铸造缺陷为主引起的失效

铸造缺陷常见的有气泡、疏松、缩孔、夹杂、偏析、铸造裂纹和组织缺陷等。本节区别于第 2 章，重点偏向于对浇注过程中形成缺陷的阐述。

案例 18　铁裙开裂

1. 实例简介

某型铁裙材质为 QT700-2，钢顶与铁裙之间通过螺栓连接，使用约半年后铁裙发生断裂，断面位于铁裙铸造分型面处，实物照片见图 4-1。断面处对称分布有四个螺栓孔，为了便于描述，特将其分别编号为 1#、2#、3#和 4#。仔细观察发现，1#、4#螺栓孔的孔壁极薄，厚度 <1mm，螺栓已完全脱落，且 4#螺栓孔附近存在较大范围的疏松缺陷；2#、3#螺栓孔的孔壁较厚，但对应的螺栓及套管均发生剪断。

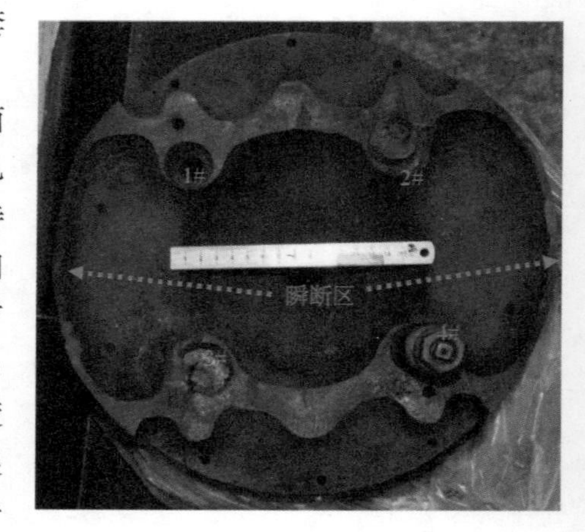

图 4-1　断口宏观形貌

断口局部放大形貌如图 4-2 所示：①断面多处被磨光，但贝纹线依稀可见，扩展方向见图中虚线箭头，整个断口呈典型的疲劳断裂特征；②1#、2#螺栓孔之间和 3#、4#螺栓孔之间均存在明显的疲劳台阶，此为两侧疲劳裂纹扩展交汇形成，根据疲劳断裂特性可初步判定：铁裙的疲劳源位于四个螺栓孔区域，属多源疲劳；③尽管 1#和 4#螺栓孔处均存在疏松，但根据贝纹线收敛方向可知，1#螺栓孔裂源应位于薄壁处而 4#螺栓孔疏松区则为明显的疲劳源，2#、3#螺栓孔附近由于表面磨损严重，形貌难以辨别。

2. 测试分析

通过宏观分析可知，4#螺栓孔处疲劳源为疏松类铸造缺陷，故仅对 1#、2#和 3#螺栓孔疑似裂源部位进行金相检查，以确定其裂源性质。沿图 4-2 中虚线处取样进行金相检查，结果如下：

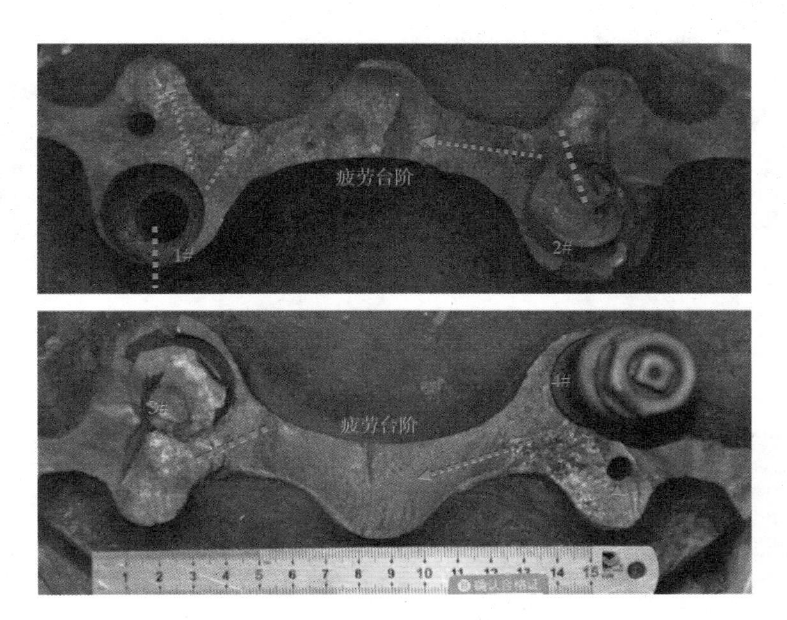

图4-2　断口局部放大形貌

1）1#螺栓孔裂源处石墨球化良好，未见恶化层；壁厚仅为0.5mm，但脱碳层深度达0.2mm，约占整个截面的2/5，大大降低了该处的疲劳强度，见图4-3和图4-4。

2）2#和3#螺栓孔疑似裂源处密集分布着大量疏松类孔洞，孔洞已露头于断面，且孔壁多存在脱碳现象，见图4-5～图4-7。这表明2#和3#螺栓孔处疲劳源的性质同4#螺栓孔。

3）基体石墨情况、组织和硬度见图4-8和表4-1，满足相关技术规范。

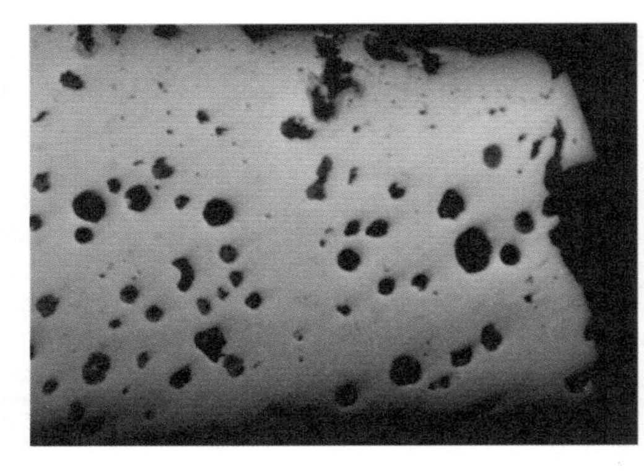

图4-3　1#螺栓孔裂源处石墨（100×）

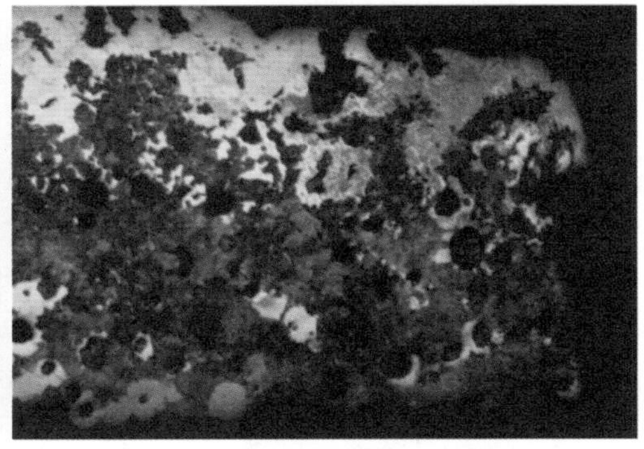

图4-4　1#螺栓孔裂源处组织（100×）

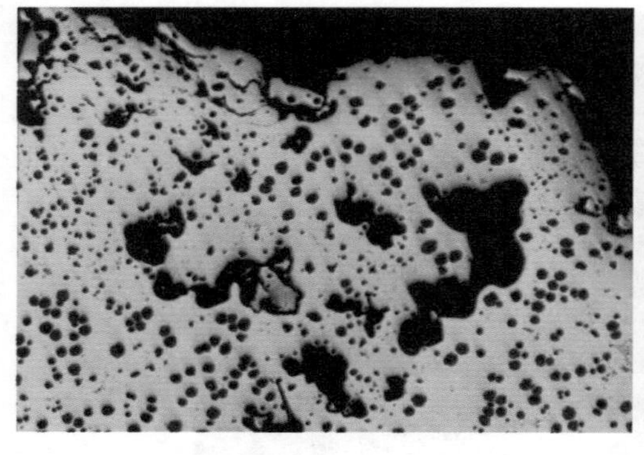

图 4-5　2#螺栓孔裂源处石墨（15×）

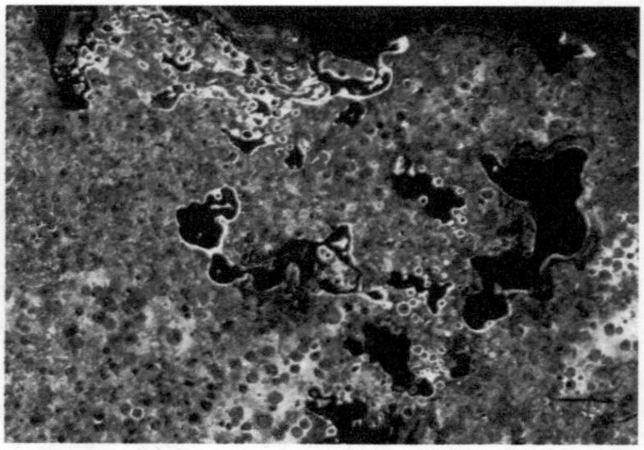

图 4-6　2#螺栓孔裂源处组织（15×）

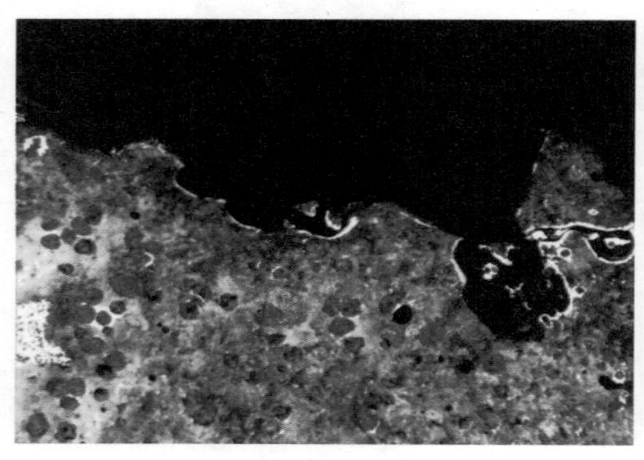

图 4-7　3#螺栓孔裂源处组织图（25×）

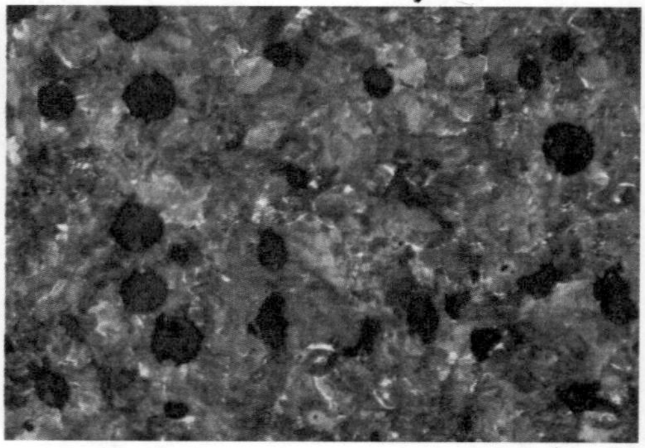

图 4-8　基体组织（100×）

表 4-1　铁裙金相组织和硬度

试样名称	球化级别	球径大小	基体组织	硬度　HBW10/3000
铁　裙	2 级（≥90%）	6 级	珠光体+约 1%铁素体	249
技术要求	≥85%	5~7 级	珠 90	225~305

3. 失效原因

根据以上检查结果可知，铁裙的断裂发生于铸造分型面处，属多源疲劳断裂，裂源分别位于四个螺栓孔附近，其中 1#螺栓孔裂源处孔壁薄、脱碳深、强度低；2#、3#和 4#螺栓孔裂源均为疏松类铸造缺陷。结合铁裙结构及受力情况可判定：断裂主要缘于分型面上的螺栓孔附近存在大量疏松类铸造缺陷所致。

众所周知，疏松是铸件凝固缓慢的区域因微观补缩通道堵塞而在枝晶间及枝晶的晶壁之间形成的细小空洞。本案例中铸件壁厚，且疏松多出现于内孔表面附近，因此不易被发现而流入成品，降低了零件的力学性能和使用性能。尤其密集分布的疏松类缺陷，一方面严重地割裂了基体的连续性，另一方面其周围多为铁素体组织，使强度大幅

度下降。在使用时，缺陷处将形成应力集中，造成早期的裂纹萌生和断裂失效。

4. 改进方案

1）合理设置冒口系统和冷铁，或改用补缩效率高的保温冒口、发热冒口等。

2）改进铸件结构设计，减小铸件壁厚差，尽量避免形成孤立热节。

3）适当增加螺栓孔壁的厚度，控制脱碳层深度，以提高其疲劳强度。

案例 19　悬挂梁开裂

1. 实例简介

悬挂梁材料为 B 级铸钢（ZG25MnNi），铸造时采用上、下箱结构。图 4-9 为悬挂梁三维示意图。根据其在服役过程中的安装结构可知：电动机安装于两端，悬挂梁整体呈三点弯曲受力特征。某线路悬挂梁在运行 48 万 km 后检修时发现图 4-9 中红色箭头所指区域存在裂纹，该处恰好为拉应力区。

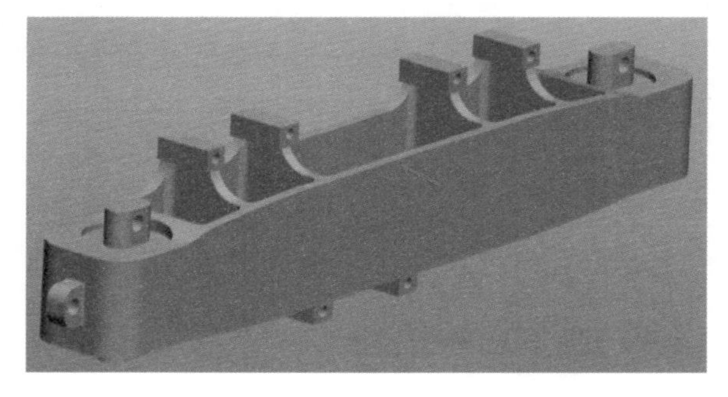

图 4-9　悬挂梁三维示意图

图 4-10 为悬挂梁实物照片，图 4-10a 中红色虚线方框对应开裂部位，裂纹放大形貌如图 4-10b 和图 4-10c 所示，裂纹扩展范围较广（约 120mm）。仔细观察发现，腹板内、外侧裂纹形貌稍有不同：腹板外侧裂纹外形笔直，而腹板内侧距离端面约 10mm 处，裂纹存在转角现象。根据裂纹扩展特征可推测，裂源可能位于转角处（即图 4-10c 中虚线区域）。

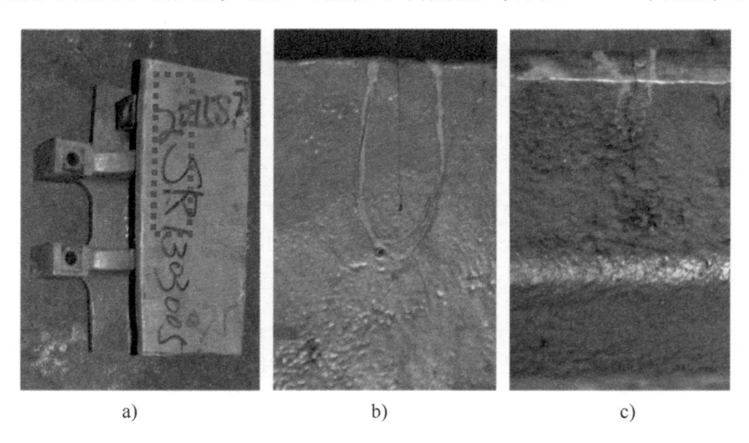

a)　　b)　　c)

图 4-10　悬挂梁实物照片

a）悬挂梁开裂部位　b）腹板外侧裂纹形貌　c）腹板内侧裂纹形貌

图4-11为悬挂梁断口宏观形貌。由该图可知：断面扩展区平坦，贝纹线清晰可见，扩展方向如图中红色虚线箭头所示，整体呈典型的疲劳断裂特征。根据疲劳裂纹扩展特征可判断：裂源位于图中红色虚线区域。对比发现该位置与上述推断一致，转角处即为裂源。此外，裂源表面粗糙，形状不规则，疑似某种铸造缺陷。

图4-11　断口宏观形貌放大图

2. 测试分析

（1）化学成分分析　在悬挂梁上取样进行化学成分检查，结果见表4-2，满足技术规范。

表4-2　悬挂梁化学成分（质量分数）　（%）

试样名称	C	Si	Mn	P	S	Ni
悬挂梁	0.27	0.35	0.84	0.028	0.015	0.35
技术要求	≤0.28	≤0.40	≤1.00	≤0.040	≤0.040	≥0.30

（2）力学性能检查　远离开裂处在图4-10a中蓝色虚线方框处切取一拉三冲试样进行力学性能检查，结果见表4-3，满足技术要求。

表4-3　悬挂梁力学性能

试样名称	R_m/MPa	$R_{p0.2}$/MPa	A（%）	Z（%）	KV_2(−7℃)/J	硬度　HBW10/3000
悬挂梁	511	336	26	42	32、38、40	155
技术要求	≥485	≥260	≥24	≥36	≥20	—

（3）微观形貌检查　从图4-12和图4-13可看出：裂源位于腹板内侧表面部位，该处呈树枝晶状特征，树枝晶表面较为圆滑，其枝晶尖端相连，具有疏松类缺陷特征；扩展区疲劳条带清晰可见，条带间距密集，结合其运行里程可判断：悬挂梁的断裂属于低应力疲劳断裂。

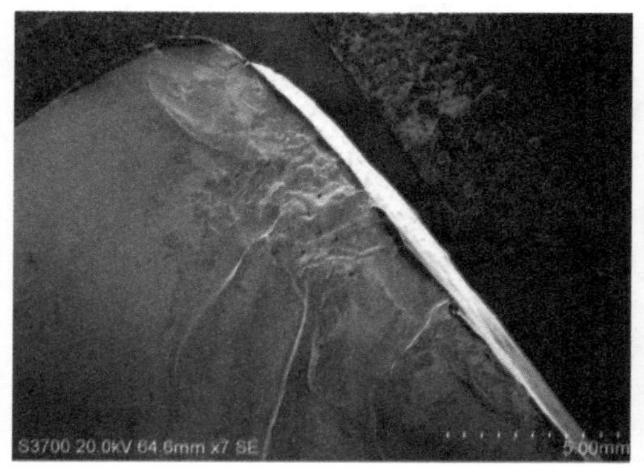

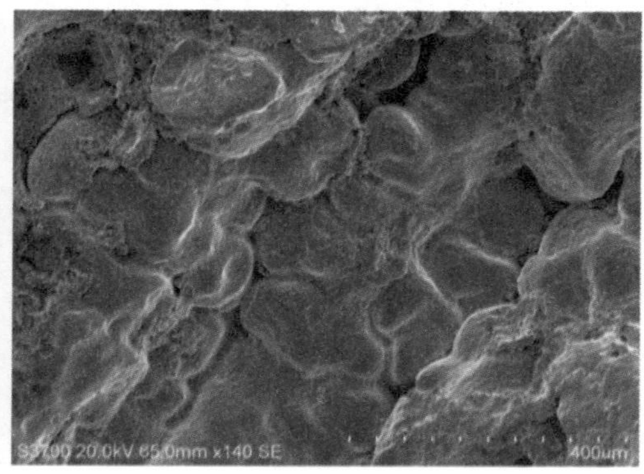

图 4-12　裂源附近微观形貌

（4）显微组织分析　沿图4-11中蓝色虚线处取样进行显微组织分析，图4-14和图4-15为裂源处及裂源附近抛光态形貌。由图可知：裂源处存在多个孔洞类缺陷，有些已露头于表面，这与微观形貌吻合；此外，裂源附近多处存在疏松类铸造缺陷。

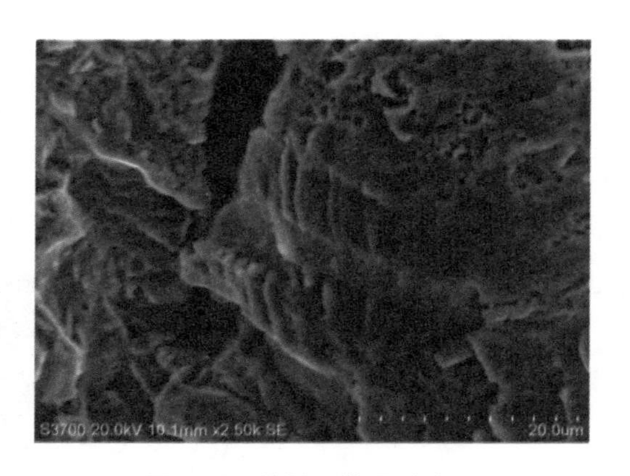

图 4-13　扩展区微观形貌

图4-16显示裂源处组织为铁素体，且铁素体晶粒粗大，存在过热现象。图4-17显示基体组织为铁素体+略呈网状珠光体，评定其级别为堆垛正火3级。

图 4-14　裂源处抛光态形貌（15×）

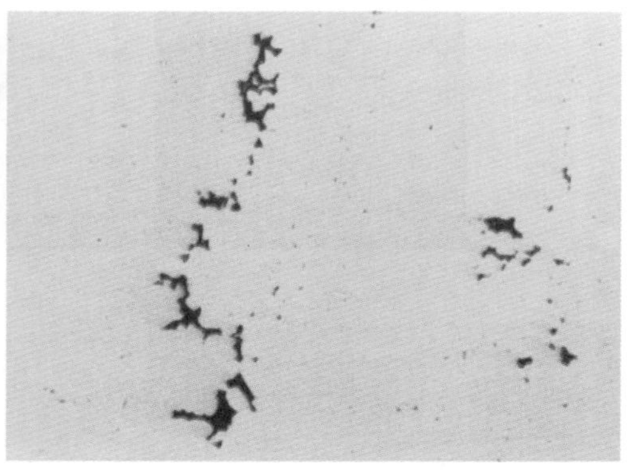

图 4-15　裂源附近抛光态形貌（30×）

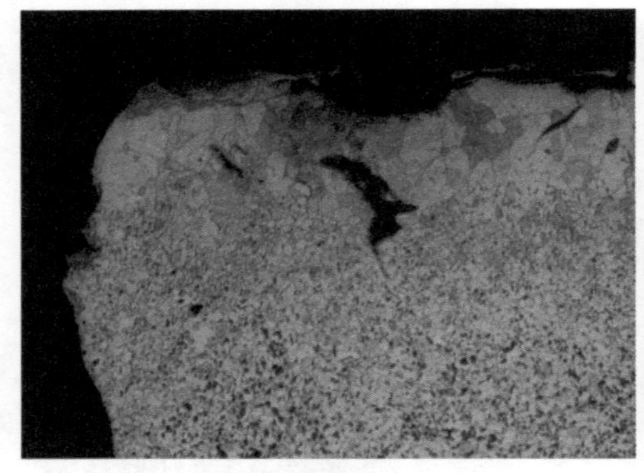
图 4-16　裂源处组织（50×）

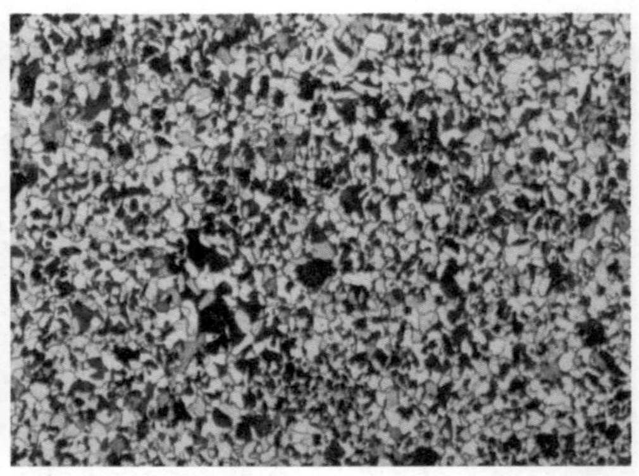
图 4-17　基体组织（100×）

（5）磁粉检测　鉴于上述检查结果，特对悬挂梁裂源附近表面进行磁粉检测试验，图 4-18a 显示裂源附近表面粗糙，应为原始铸造表面；经与检测人员沟通，此类坑状缺陷的存在将严重影响测试结果，须对其表面进行打磨。打磨约 1mm 后表面形貌见图 4-18b，对该表面进行磁粉检测检查发现："线状缺陷"断续分布，间隔 < 2mm，总长度达 30mm 左右，结合腹板壁厚（≤16mm）依据 GB/T 9444—2007 评定其级别为 5 级。

a)　b)　c)

图 4-18　悬挂梁裂源附近形貌
a）表面形貌　b）打磨后形貌　c）磁粉检测形貌

然而该缺陷为打磨后的级别，且缺陷处承受拉应力状态，原始缺陷可能在服役过程中已经发生扩展，故本案例中磁粉检测结果仅供参考。

3. 失效原因

根据上述检查结果可知，此悬挂梁开裂的原因为：悬挂梁本身存在的疏松类铸造缺陷，同时缺陷恰好位于拉应力区，在长期的服役过程中，将以缺陷处为源，发生疲劳扩展。但根据其服役年限及断面形貌可判断：悬挂梁的开裂属于低应力疲劳，只要定期做好排查工作，不会出现断裂等较为严重的后果。

4. 改进方案

优化铸造系统，减少或消除敏感部位的铸造缺陷，对受力敏感部位（拉应力区）进行 100% 射线、磁粉检测。另外，可改进悬挂梁结构，譬如在开裂处附近增设加强板筋等措施。

案例 20　轴箱体开裂

1. 实例简介

轴箱体材质为 B 级铸钢（ZG25MnNi），某线路在进行夜间普查时发现 1 件轴箱体出生开裂，总走行里程约 50 万公里。轴箱体采用砂型铸造，实物照片如图 4-19 所示，工艺设计为上、下两箱，其中两个保温冒口设置在两端叠层橡胶弹簧座部位。按照技术条件要求，首批轴箱体进行 100% 射线检测，批量生产后按 10% 的比例进行射线检测，100% 进行磁粉检测，出现裂纹的区域属检测部位。经查对检测记录发现，出现问题的轴箱体通过了磁粉检测，表面没有缺陷，说明缺陷存在于铸件内部。

开裂部位见图 4-19 中箭头处，位于弹簧座对面侧板上，该处表面无损伤痕迹，外形圆滑，不存在应力集中现象，且与保温冒口之间有一定距离。根据产品结构及服役条件可知，轴箱体在无外载荷作用下，叠层弹簧端受最大拉应力，其下方（开裂处）则受压应力，但在长期服役过程中，由于振动、颠簸等客观因素，开裂处可能承受交变载荷，但力值很小。

图 4-19　轴箱体实物形貌

图4-20为轴箱体开裂处实物照片。由图可知，侧板内壁近表面呈排分布着数个孔洞类缺陷，根据裂纹收敛方向可判定，裂源即为上述缺陷。此外，扩展区平整，贝纹线依稀可见，呈典型的疲劳断裂特征。

图4-20　开裂处实物形貌

根据断口形貌和受力特征可推测该断口应为低应力高周疲劳断裂。

2. 测试分析

（1）化学成分分析　远离开裂处取样进行化学成分检查，结果见表4-4，满足标准要求。

表4-4　轴箱体化学成分（质量分数）　（%）

样品名称	C	Si	Mn	P	S	Ni	Cu
轴箱体	0.25	0.34	0.80	0.024	0.025	0.30	0.03
技术要求	≤0.28	≤0.40	≤1.00	≤0.040	≤0.040	≥0.30	≤0.30

（2）力学性能检查　沿图4-19中虚线方框处在轴箱体侧板上取样进行力学性能检查，结果见表4-5，塑性指标略低于技术要求。

表4-5　轴箱体力学性能

样品名称	R_m/MPa	$R_{p0.2}$/MPa	A（%）	Z（%）	KV_2（−7℃）/J	硬度　HBW10/3000
轴箱体	526	307	21.5	32	28、36、28	140
技术要求	≥485	≥260	≥24	≥36	≥20	—

（3）微观形貌分析　图4-21为上述拉伸断口的微观形貌。由图可知：断口多处存在气泡类缺陷，气泡壁光滑，有褶皱，呈现水的波纹状特征。

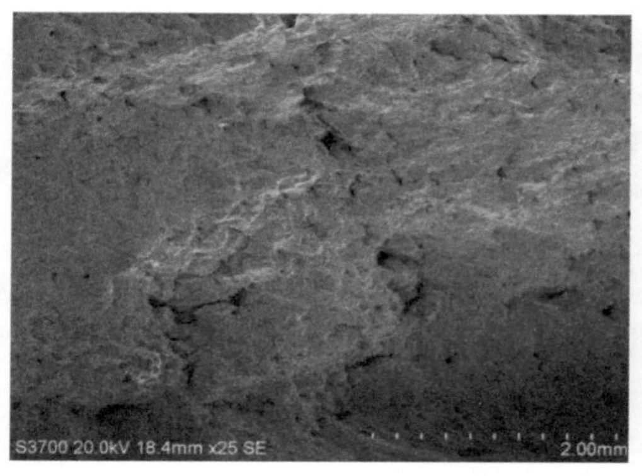

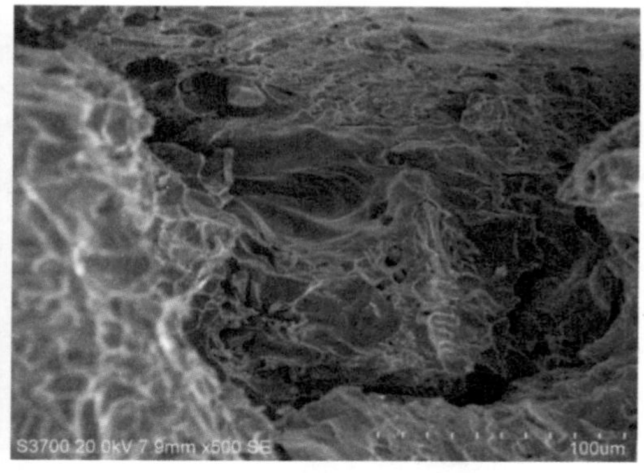

图 4-21　拉伸断口微观形貌

根据 TB/T 2942—2015 中规定：力学性能测试时缺陷试样除外。因此，在轴箱体上重新切取试样进行二次测试，结果满足技术要求。

裂源处微观形貌如图 4-22 所示。轴箱体缺陷处孔壁较为光滑，内无填充物，形貌较不规则且具有流变痕迹，整体具有气孔类缺陷特征。

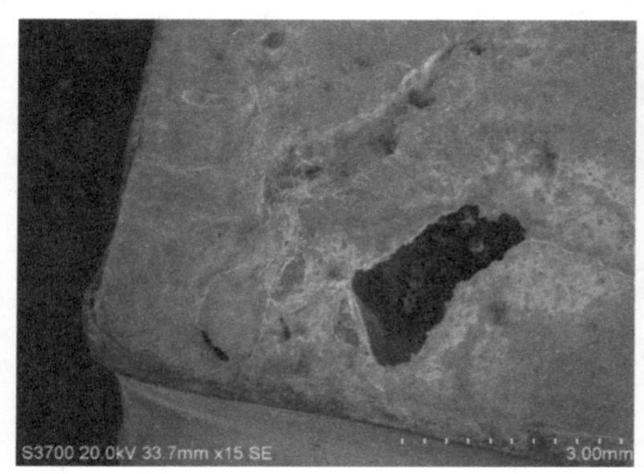

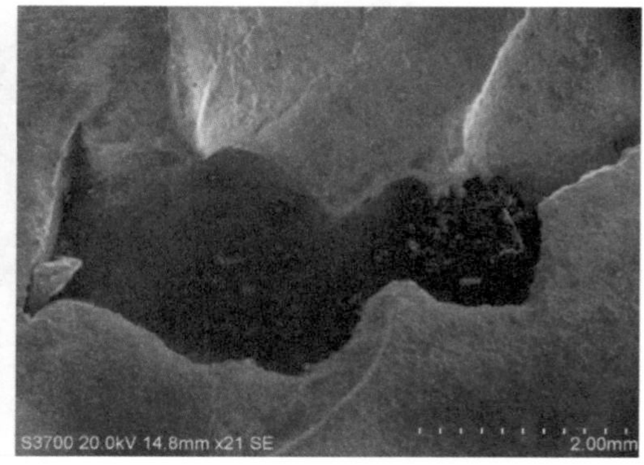

图 4-22　裂源处微观形貌

（4）显微组织分析　对轴箱体裂源处进行金相分析，抛光态形貌显示裂源下方存在“洗耳球”状孔洞类缺陷，缺陷表面平滑，见图 4-23。值得注意的是，裂源表面出现柱状晶组织，结合低倍腐蚀形貌可知：该处具有补焊特征，见图 4-24 和图 4-25。

基体组织为铁素体 + 珠光体，局部具有铸态组织遗传特征（重结晶铁素体），见图 4-26。此外，非金属夹杂物评定级别为Ⅰ、Ⅲ型粗系 1.0 级，细系 1.5 级，原材料洁净度良好。

3. 失效原因

综上所述，轴箱体的开裂主要缘于侧板近表面存在大量的气孔类缺陷，且缺陷处存在焊补特征，但未能消除气孔。因此，在长期服役过程中，以气孔缺陷处为源发生疲劳扩展。

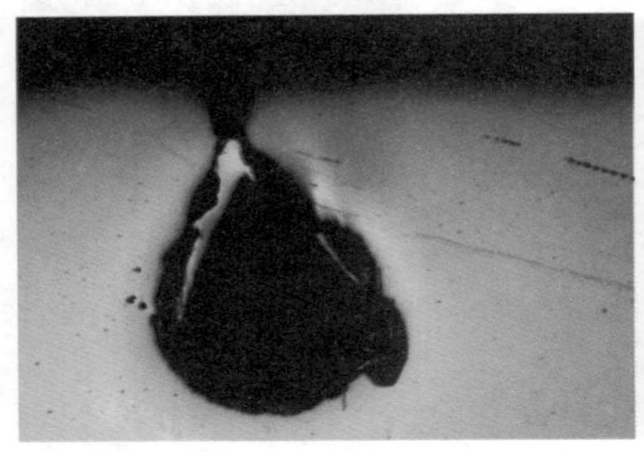

图 4-23　裂源处抛光态形貌（15×）

图 4-24　裂源处组织（100×）

图 4-25　裂源处低倍腐蚀形貌

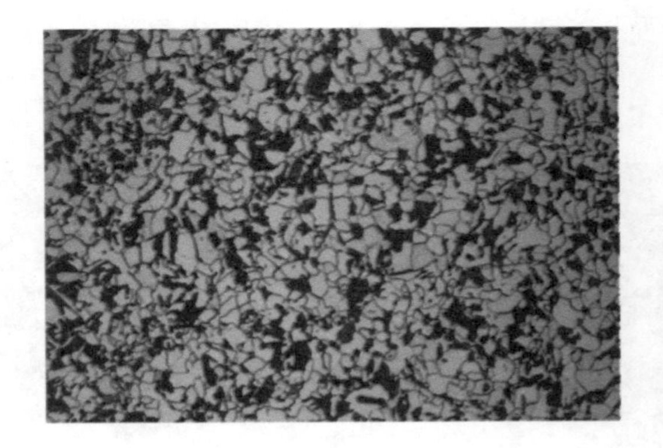

图 4-26　基体组织（100×）

4. 改进方案

1）优化铸造系统，降低或消除敏感部位的气孔缺陷，对受力敏感部位进行100%射线、磁粉检测。

2）补焊时，确保将铸造缺陷完全消除；补焊后，对该区域再次进行射线、磁粉检测。

3）对补焊区域进行二次热处理，以消除组织的不均匀性。

案例 21　销座开裂

1. 实例简介

销座材质为QT700-2，制造工艺为：铸造→调质→切削加工。对运行50万km的销座进行湿法荧光检测时，发现表面存在裂纹。销座实物照片如图4-27所示，整体为对称结构，裂纹见图中标记处，几乎位于销孔的对称中心区域。值得提出的是，销座工艺

设计为上、下两箱，开裂恰好发生于两箱之间的分型面附近（即披缝处）。此外，销座内孔附近已被检修人员打磨，裂纹已裂穿盘面延伸至底面圆孔处。

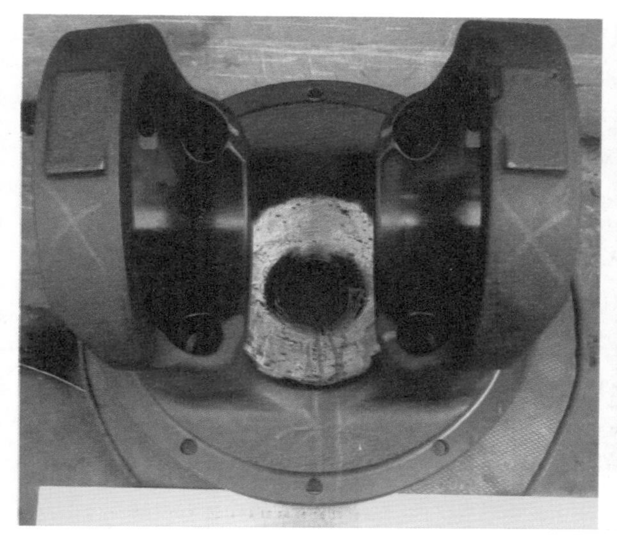
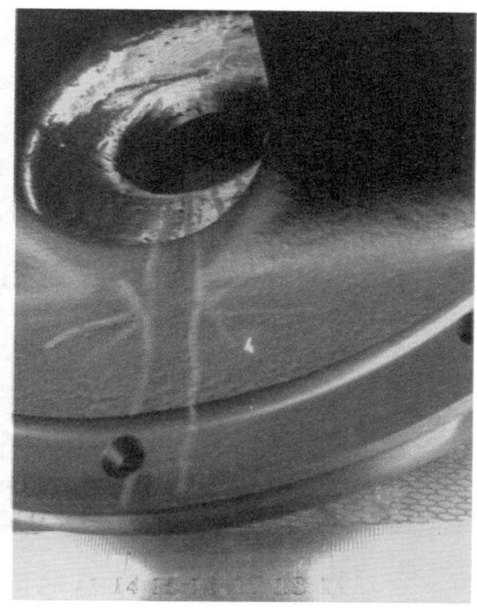

图 4-27　销座宏观形貌

平行于裂纹进行切割并将断口打开，断口宏观形貌如图 4-28 所示：

1）断面平整，贝纹线依稀可见，呈典型的疲劳断裂特征；

2）根据裂纹收敛方向可知：疲劳源见图中箭头处，位于铸件表面，为半圆形黑斑，表面具有氧化特征。

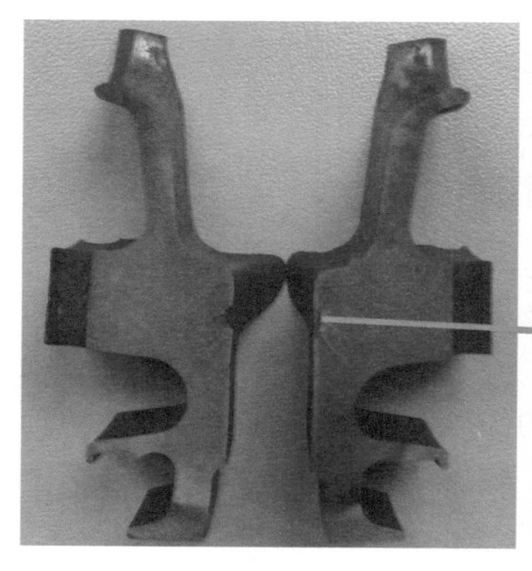
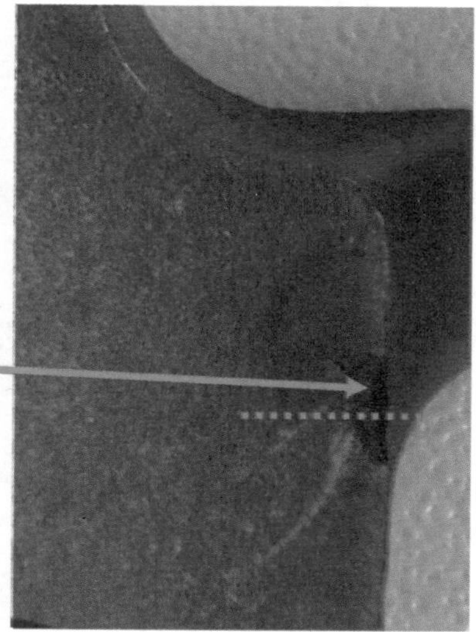

图 4-28　断口宏观形貌

2. 测试分析

（1）微观形貌和能谱分析　断口微观形貌和能谱分析结果如图4-29～图4-32所示：①源区尺寸约为4mm×2mm，表面较为粗糙，未见石墨存在，推测该处基体被氧化物覆盖；②能谱证实源区表面以氧化铁为主；③对比发现断面扩展区球状石墨清晰可见。

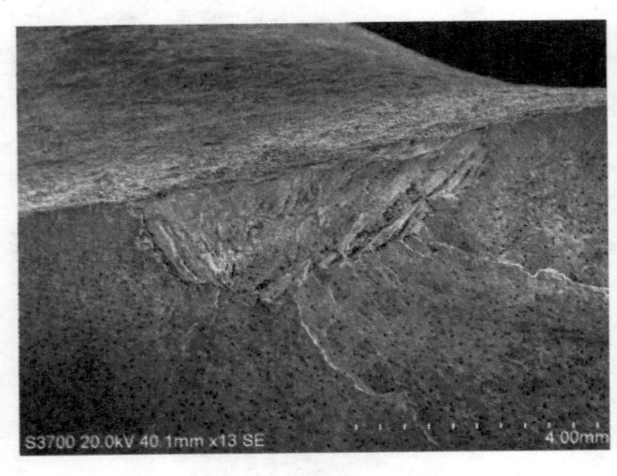

图4-29　断口微观形貌

S3700 20.0kV 39.6mm x370 SE　100μm

图4-30　裂源处微观形貌

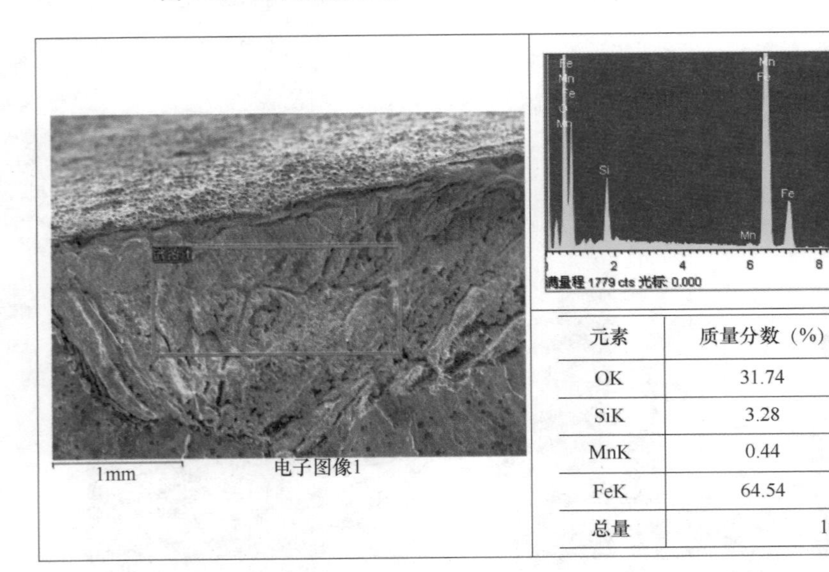

元素	质量分数（%）	摩尔分数（%）
OK	31.74	60.77
SiK	3.28	3.57
MnK	0.44	0.25
FeK	64.54	35.41
总量	100.00	

图4-31　裂源能谱分析

（2）显微组织分析　沿图4-28中虚线处线切割取样进行金相分析，如图4-33～图4-35所示：

1）裂源处石墨球化良好，球径大小约为30～60μm；仔细观察发现，源区表面覆盖有一层厚约10μm左右的氧化皮，这与宏观分析、微观分析一致。

2）组织显示源区存在深约150μm左右的脱碳层，与铸件表面相当，说明裂纹形成

于调质处理前的铸造过程。

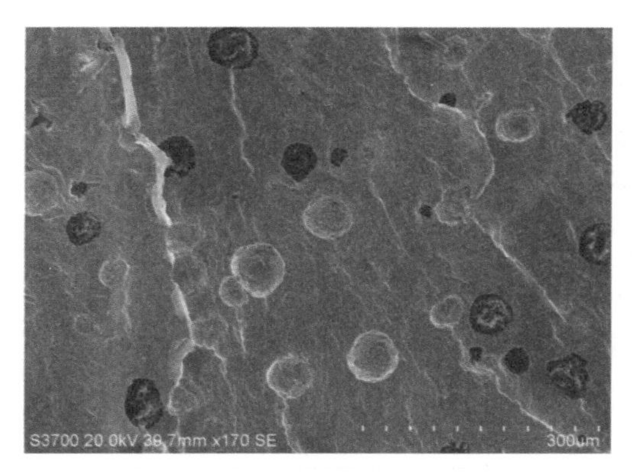

图 4-32　扩展区微观形貌

3）基体组织为回火索氏体 + 铁素体（体积分数 <1%）。

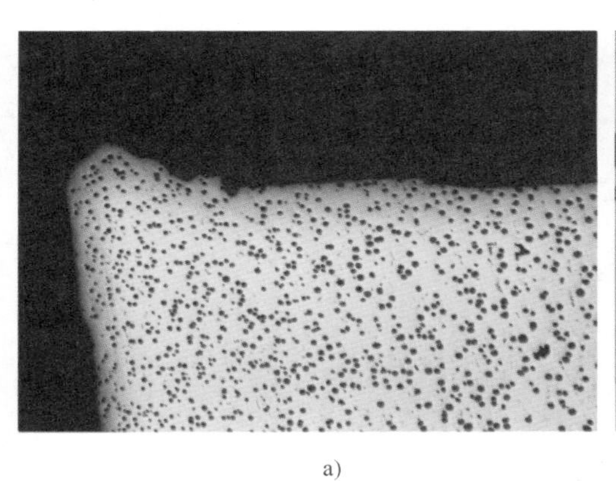

a）

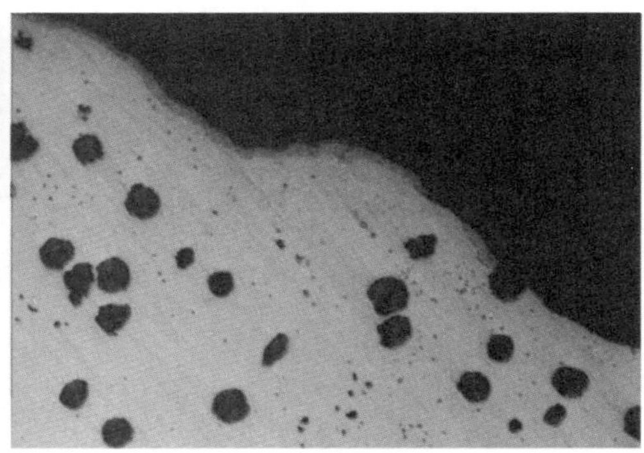

b）

图 4-33　裂源处抛光态形貌

a）15 ×　b）100 ×

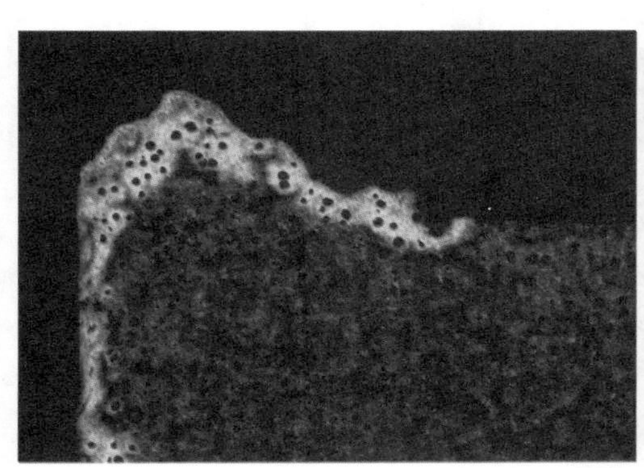

图 4-34　裂源处组织（25 ×）

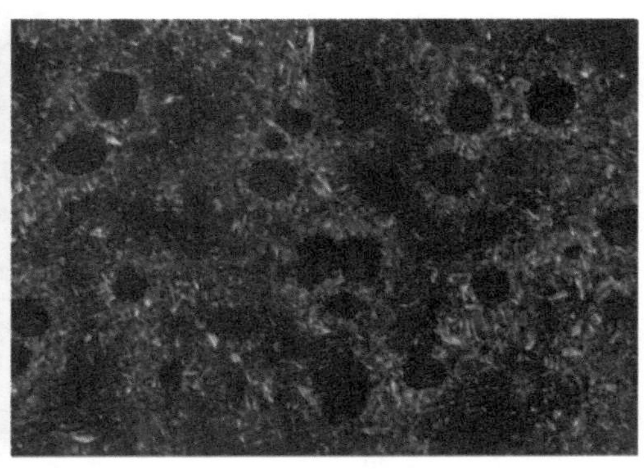

图 4-35　基体组织（100 ×）

3. 失效原因

开裂发生于销座披缝处，断面呈典型的疲劳断裂特征，疲劳源位于铸件表面且氧化、脱碳程度与铸件外表面相当，为铸造热裂纹。

通常情况下，由于披缝较薄，浇注完毕后很快凝固成薄片，类同冷铁一样，对铸件起了激冷作用；另外，当披缝垂直于铸件收缩方向时，就会阻碍铸件收缩，可导致裂纹的产生。

4. 改进方案

在砂型铸造中采用尽量减少披缝或减小披缝厚度的措施。

4.2 锻造缺陷为主引起的失效

通过锻造和轧制工序，通常可以改善或消除金属铸态的某些缺陷组织（如疏松、气泡等），但如果工艺不当，便会产生缺陷组织。这些缺陷可分为内部组织缺陷和表面缺陷。其中内部缺陷如魏氏组织、网状碳化物、带状组织、过热、过烧等；表面缺陷主要有表层脱碳、折叠、划痕、结疤、分层、表面裂纹等。本章主要围绕常见的锻造裂纹、折叠、表层脱碳等几方面展开论述。

案例22 车轴断裂

1. 实例简介

车轴材质为40Cr，制造工艺为：原材料→锻造→正火→调质→感应淬火，其中正火和调质在保护气氛中进行。

车轴断裂处宏观形貌如图4-36所示：

1）断面较为平整，垂直于车轴轴线方向，断口对应的外圆表面粗糙且显示为暗灰色，未见精加工痕迹。

2）断口呈典型的扭转断裂特征，边缘多处存在台阶，可能为疲劳扩展交汇而成。然而，断面尤其近外圆面区域表面多被磨光，并未发现明显的贝纹线特征。

3）从断面色泽上看，近表面局部区域呈蓝紫色、浅黄色或黄色，说明断口在扭转过程中局部

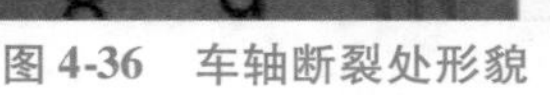
图4-36 车轴断裂处形貌

温度达 200～300℃。

4）仔细观察发现，断口中心约 $R/4$ 范围表现为粗糙的小凸台，为瞬断区；距中心 $R/4$～$R/2$ 区域呈青灰色，类似金属正断色；$R/2$ 至外圆表面则显示金属光泽，具有严重磨损变形的迹象。

5）侧视图显示断口边缘多处呈台阶状特征，与前述相符；其次，外表面存在一条与横截面（最大切应力方向）呈 45°的粗大裂纹，由外向内扩展，类似脆性材料扭转断裂特征，这与表面采用感应淬火工艺有关。

2. 测试分析

（1）微观形貌分析　对图 4-36 中 1、2、3、4 部位进行微观形貌观察，从图 4-37～图 4-40 可看出：1 处表面磨损严重，形貌难以辨别；2 处呈拉长的剪切韧窝；3 处则以扇形解理和等轴韧窝为主，说明该处承受的扭转应力已然很小；4 处（凸台）显示明显的扭转痕迹，但从韧窝形态可知变形量不是很大。

综上所述，断面微观形貌除磨光区域外，多呈韧窝状显微特征，未见明显的疲劳扩展痕迹，这与宏观检查相符。

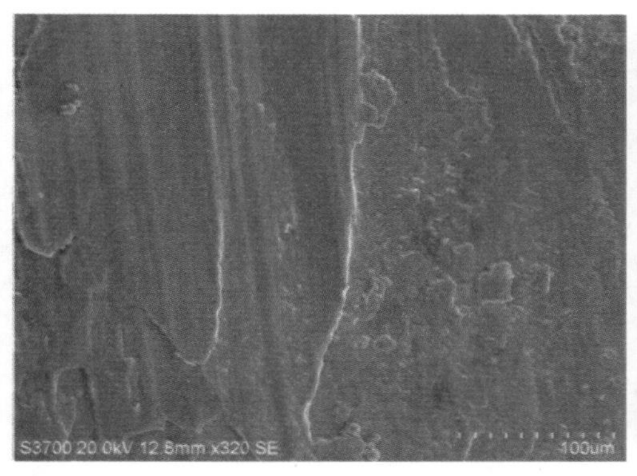

图 4-37　1 处微观形貌

图 4-38　2 处微观形貌

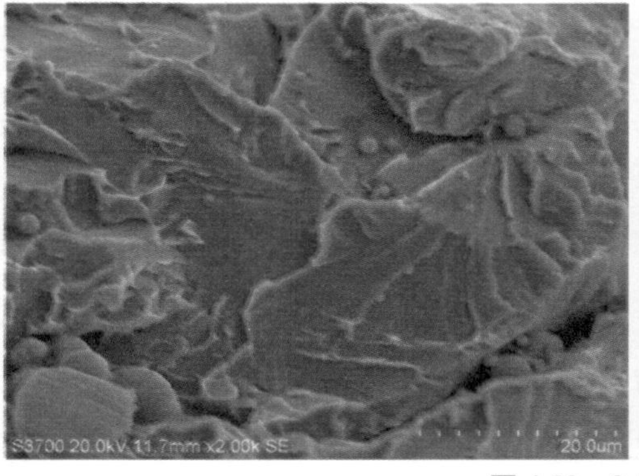

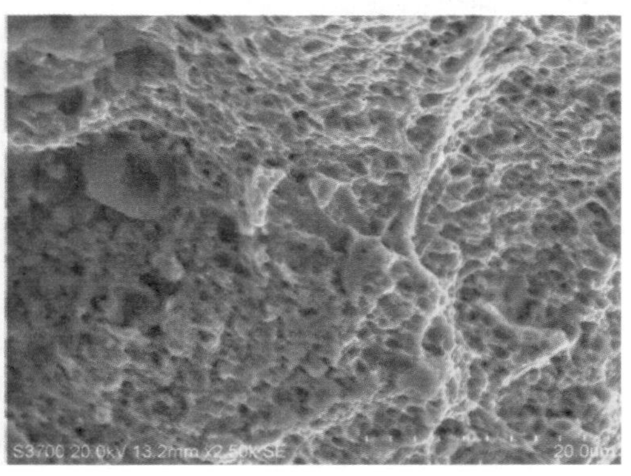

图 4-39　3 处微观形貌

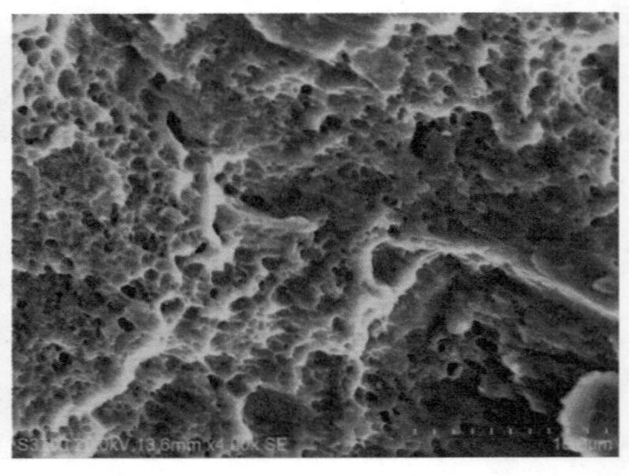

图 4-40　4 处微观形貌

（2）化学成分分析　表 4-6 显示车轴化学成分合格。

表 4-6　车轴化学成分（质量分数）　（%）

试样名称	C	Si	Mn	P	S	Cr
车　轴	0.41	0.23	0.69	0.017	0.006	0.93
技术要求	0.37～0.44	0.17～0.37	0.50～0.80	≤0.035	≤0.035	0.80～1.10

（3）显微组织分析　对车轴断口处不同部位取样进行金相检查，如图 4-41 所示：断裂处表面主要呈现两种组织形态，其一为一定深度的托氏体组织，其二为局部出现深约 100μm 的铁素体全脱碳层。硬度梯度也可证实，车轴总脱碳层深度最大处约为 500μm。结合车轴的制造工艺、断裂处表面形貌及脱碳层深度可知脱碳应形成于锻造过程，且后续的切削加工不均匀。

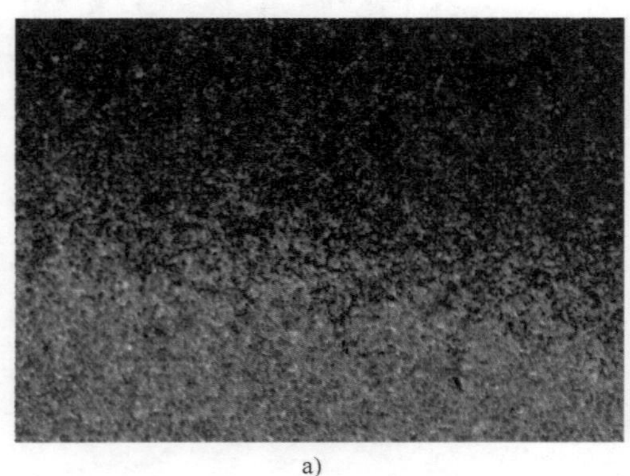

a)

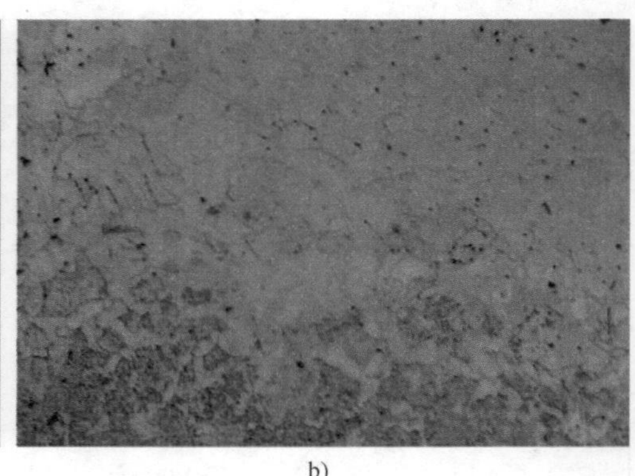

b)

图 4-41　车轴表面组织

a）100×　b）500×

图 4-42 显示托氏体下方次表层为正常的感应淬火组织，根据 JB/T 9204—2008《钢件感应淬火金相检验》评定其显微组织级别为 5 级（细马氏体，对应晶粒度 9～10

级）。此外，基体组织为回火索氏体 + 极少量条块状铁素体（见图 4-43），硬度为 223HBW10/3000。

图 4-42　车轴次表层组织（500×）

图 4-43　车轴心部组织（500×）

3. 失效原因

根据上述检查结果可知：车轴断面呈扭转断裂特征，断面无明显疲劳痕迹，裂纹起源于车轴外圆表面，但近外圆表面磨损严重，形貌无法观察，断口其余部位均以韧窝状显微形貌为主，整体具有过载特征。

反之，假设车轴的断裂为低应力扭转疲劳，一方面断面会有较为明显的贝纹线，另一方面断面显微形貌不以韧窝为主，则裂纹的萌生主要与表层较厚的脱碳层有关。结合车轴制造工艺可知，脱碳层形成于锻造过程，而在后续加工时未将其完全去除，且不同部位加工量存在差异。服役过程中，一方面由于外圆面处扭转应力最大，另一方面脱碳尤其是全脱碳使得表面疲劳强度大大降低。这将导致车轴外圆面在交变载荷作用下极易发生屈服而萌生裂纹，裂纹萌生后近表面处发生快速疲劳扩展，至剩余截面不足以承受扭转载荷时，发生一次性扭转断裂，这也是整个断面以韧窝状形貌为主的原因。

4. 改进方案

1）车轴在锻造处理后留有足够的加工余量，以使脱碳层可以在后续加工时全部被去除。

2）热处理后对产品表面进行精加工，降低其表面粗糙度值。

3）成品可通过表面硬度检测的方法进行全检。

4）对车轴等易耗、易损件定期检修，发现问题立即更换，以免造成重大事故。

案例 23　牵引杆开裂

1. 实例简介

牵引杆材质为 42CrMo，制造工艺为：原材料→锻造→钻孔→调质→粗车，粗车时发现杆身大直径段表面存在环状裂纹，如图 4-44 所示。根据牵引杆制造工艺及其结构特征可初步推断：该裂纹应起始于牵引杆内部。

图 4-44　牵引杆宏观形貌

将开裂的牵引杆用小锤轻轻敲击，即刻断成两截。断裂处宏观形貌如图 4-45 所示，由图可知：

1）断面与牵引杆杆身轴线方向约呈 30°角，且整体被灰色氧化物覆盖。

2）仔细观察发现，以台阶处（淡黄色水锈）为界，断口由两部分组成，为了便于描述，特将台阶上方断裂处命名为断口 1，下方命名为断口 2。

3）根据裂纹扩展方向可判断：断口 1 起裂于牵引杆孔底附近，裂纹呈弧形扩展；断口 2 则以断口 1 末端为源，呈一次性开裂特征，约占整个断面的 20%。

图 4-45　牵引杆断裂处宏观形貌

2. 测试分析

对图 4-45 中两处断口进行金相组织分析，结果如图 4-46 ~ 图 4-48 所示。

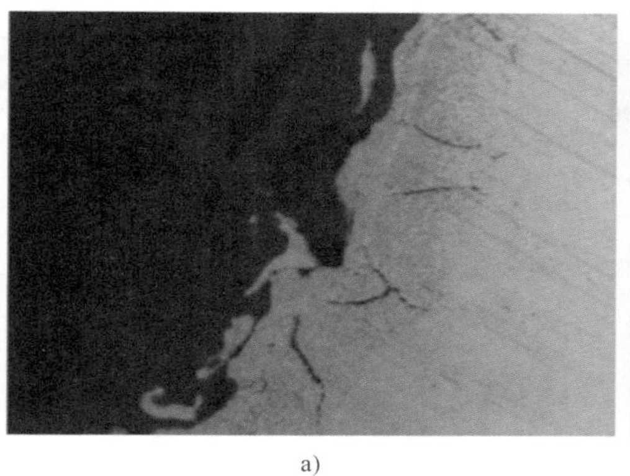

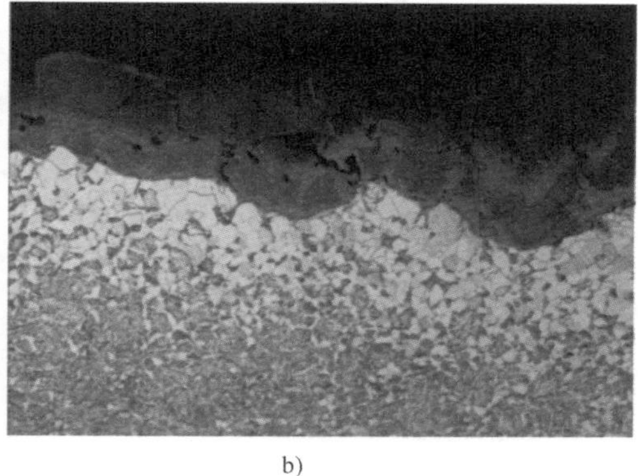

a)　　　　b)

图 4-46　断口 1 起裂处形貌和组织

a）抛光态形貌（500×）　b）组织（100×）

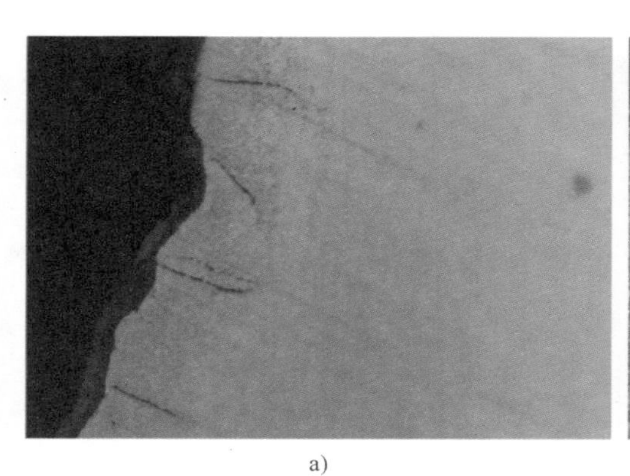

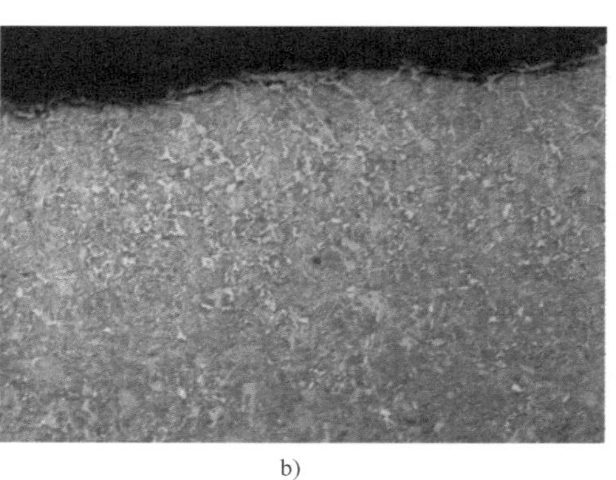

a)　　　　b)

图 4-47　断口 1 末端形貌和组织

a）抛光态形貌（500×）　b）组织（100×）

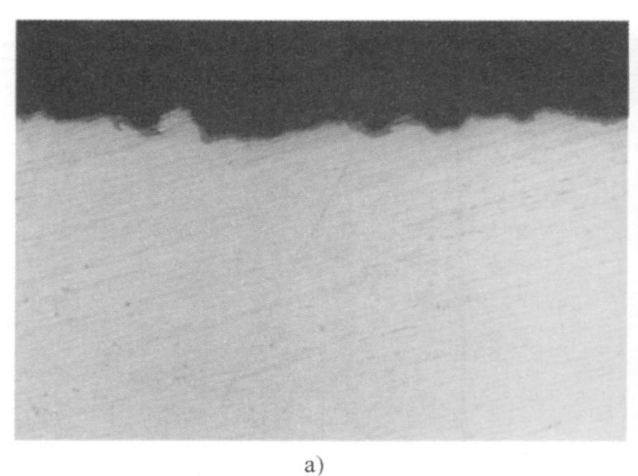

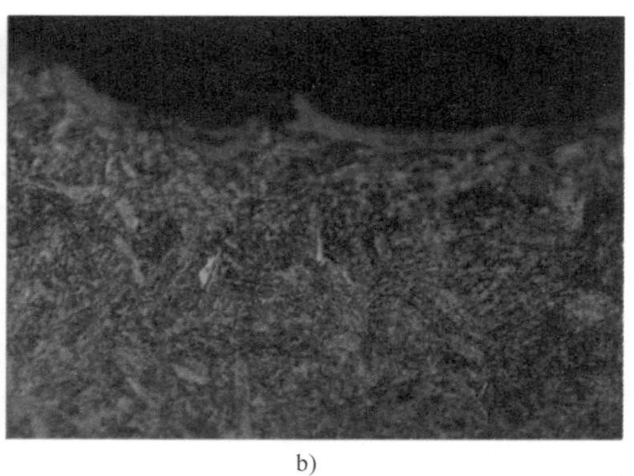

a)　　　　b)

图 4-48　断口 2 形貌和组织

a）抛光态形貌（200×）　b）组织（500×）

断口1起裂处表面覆盖厚约150μm的氧化皮，与宏观形貌相符。值得注意的是，氧化皮下方出现了内氧化及高温氧化质点，表面组织为铁素体，脱碳现象严重，说明断口1形成于锻造过程。断口1末端氧化皮厚度大幅度减小，但内氧化和氧化质点依然存在，组织为回火索氏体+断续网状分布的铁素体，可见其脱碳程度也明显减弱。综上所述，断口1整体具有锻造裂纹的特征。

断口2表皮下方无内氧化和氧化质点，组织为回火索氏体，未见氧化、脱碳现象，具有淬火裂纹特征。

此外，牵引杆非金属夹杂物评定级别为：$B_{TiN}1$、$D_{TiN}0.5e$、D0.5，原材料洁净度一般。

3. 失效原因

牵引杆在调质处理前既已存在锻造裂纹，裂纹起始于孔底边缘且深度较大，近乎延伸至杆身表面。调质过程中，以锻造裂纹尾部为源，产生淬火裂纹，致使裂纹露头于杆身，并在粗车时被发现。

通常，锻造裂纹的产生主要缘于原材料缺陷和锻造工艺不当两个方面。属于前者的有残余缩孔、钢中夹杂物、夹渣等冶金缺陷；属于后者的有加热不当、变形不当、锻后冷却不当和未及时热处理等。有些情况下裂纹的产生可能同时含有几方面的原因。本案例中牵引杆在锻造后进行了中心钻孔，因此，其真正的起裂部位很可能已被加工去除，但根据断面纹路依旧可看出锻造裂纹起裂处应呈等径环形状，结合产品结构及断口形貌可判断，牵引杆锻造裂纹的形成可能属于后者。

案例24　轴承滚柱表面裂纹

1. 实例简介

某公司生产的轴承滚柱制造工艺为：线材→冷镦成形→切削加工→渗碳+回火→淬火+回火→磨削加工→涡流检测→检查入库。供货后被客户方质检人员发现某编号的轴承滚柱一端存在疑似裂纹，轴承实物照片及缺陷形貌见图4-49。疑似裂纹位于滚柱大头端，呈L形，外形较为“绵软”，不具备应力性裂纹特征，且在裂纹附近未发现其他异常缺陷。

将该轴承所有滚柱拆解下来进行磁粉检测，结果显示：除问题滚柱外，其余滚柱均未见裂纹类缺陷，问题滚柱表面磁痕形貌见图4-50。

2. 测试分析

（1）微观形貌分析　将问题滚柱放入扫描电镜中观察微观形貌，如图4-51和图4-52所示，裂纹腔内未见填充物，尾端约2mm范围出现疑似内氧化形貌。

（2）裂纹形貌检查　沿图4-49中虚线处线切割取样进行金相检查，裂纹形貌如图4-53和图4-54所示，裂纹整体似“指甲”覆盖于滚柱表面，放大图显示裂纹两侧存在内氧化特征，结合其制造工艺可知裂纹形成于渗碳前。值得提出的是，对裂纹两侧进行

硬度测试发现，裂纹上方硬度较正常滚柱同一区域高 80～100HV1。

图 4-49　轴承实物照片及缺陷形貌

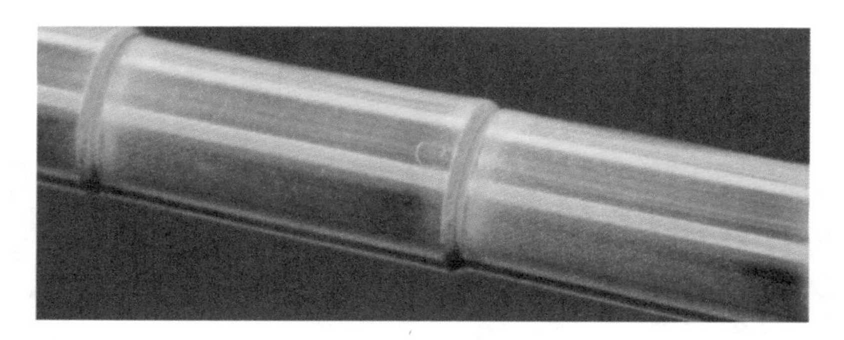

图 4-50　问题滚柱表面磁痕形貌

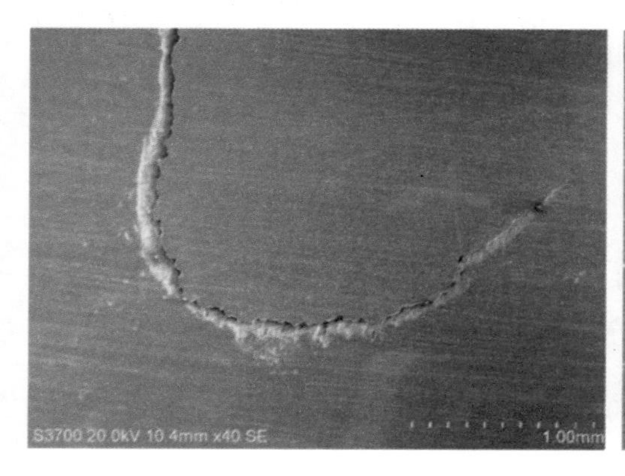

图 4-51　裂纹微观形貌

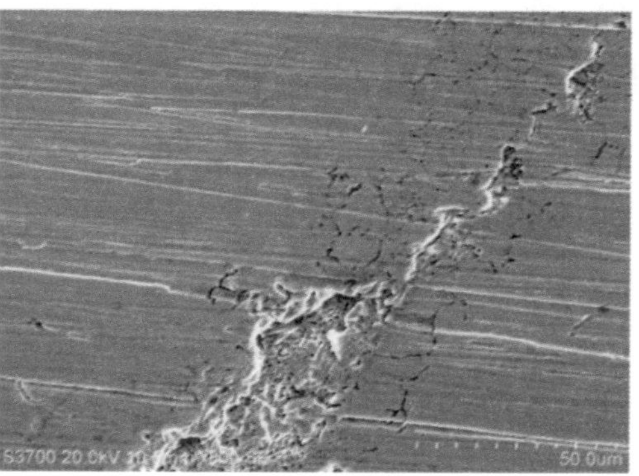

图 4-52　裂纹尾端微观形貌

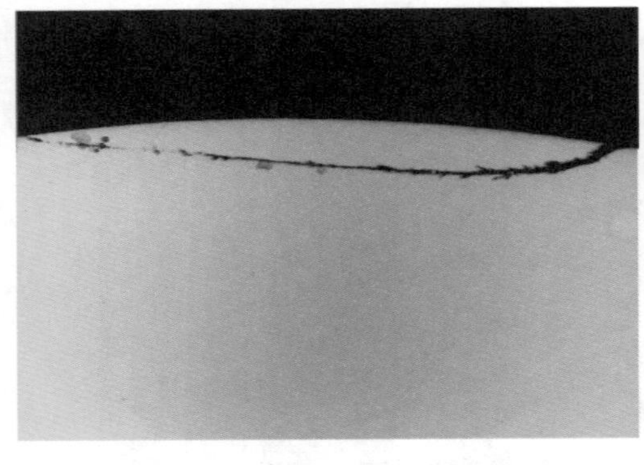

图 4-53　裂纹形貌（25×）

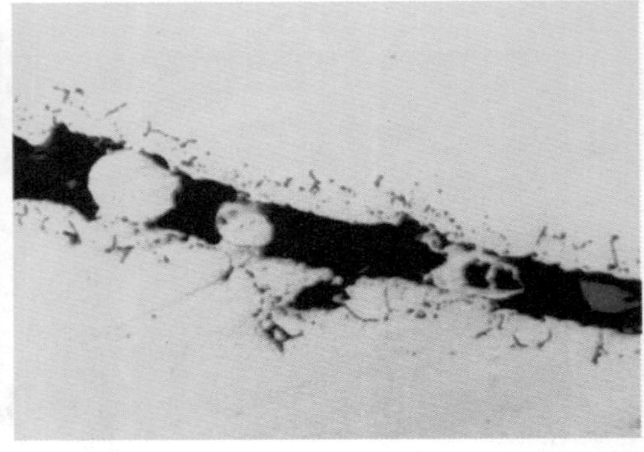

图 4-54　裂纹形貌（500×）

（3）显微组织分析　裂纹处金相组织见图 4-55 和图 4-56，值得注意的是，裂纹上方存在大量略呈网状分布的碳化物组织，且碳化物含量随开口大小呈正比关系。对比发现，基体一侧（裂纹下方）则无此现象发生。这是因为露头的裂纹使得裂纹两侧在渗碳过程中也相当于滚柱表面，随着活性碳原子源源不断的渗入，基体一侧（裂纹下方）不停地向心部扩散，形成碳浓度梯度，而裂纹上方由于体积小，扩散能力受限，碳原子将聚集析出大颗粒及块状碳化物。这也是裂纹上方硬度偏高的主要原因。

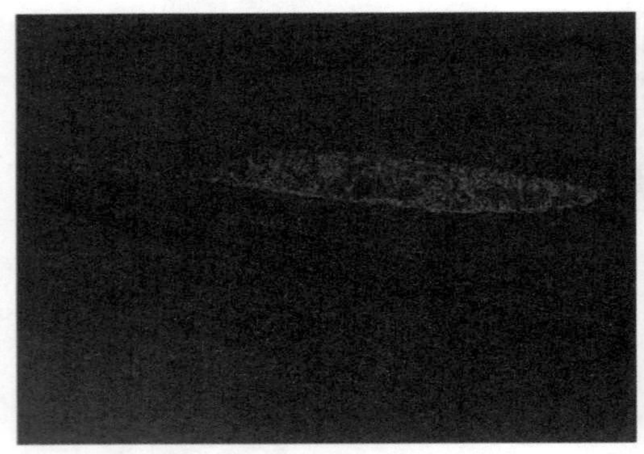

图 4-55　裂纹处组织（25×）

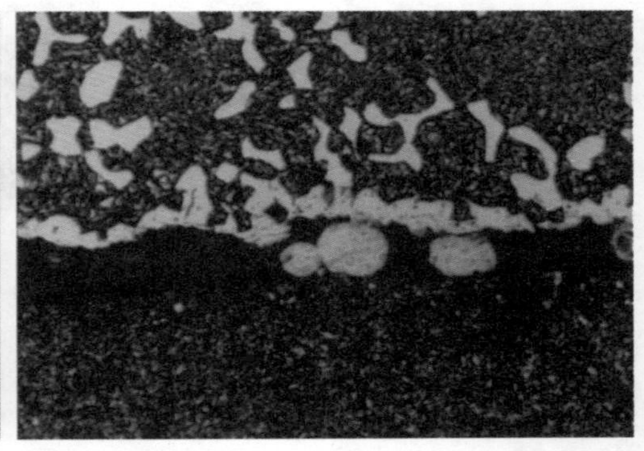

图 4-56　裂纹处组织（500×）

此外，滚柱正常部位表面组织为细针状马氏体＋约 5% 的残留奥氏体＋弥散颗粒状碳化物，硬化层深约为 1.9mm（以 550HV1 为界），见图 4-57 和图 4-58。

3. 失效原因

根据上述检查结果可知，裂纹虽呈 L 形分布，但整体沿线材轴线方向，且在渗碳处理前既已存在。结合滚柱制造工艺可知，裂纹为冷镦时产生的折叠缺陷。

据统计，同批次轴承滚柱仅发现一颗滚柱存在上述现象，属于个例。

图 4-57　正常表面组织（500×）

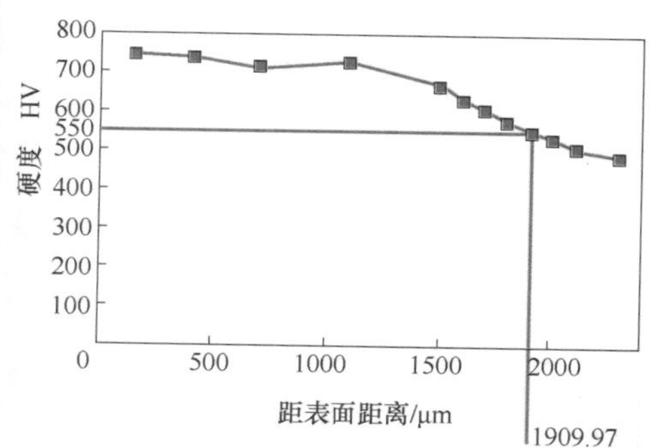

图 4-58　正常表面硬度梯度

案例 25　连杆断裂

1. 实例简介

连杆装车运行约 30 万 km 后发生断裂，如图 4-59 所示：

1）送检部件保存完好，表面无损伤痕迹，裂纹外形平直。

2）断面贝纹线清晰可见，呈典型的疲劳断裂特征，根据贝纹线扩展形貌可知该断面以图 4-59b 中虚线箭头处起源。

3）值得注意的是，与裂源对应的连杆表面存在一个“小坑”类缺陷，疑似物体脱落形成，见图 4-59a 中红色箭头。

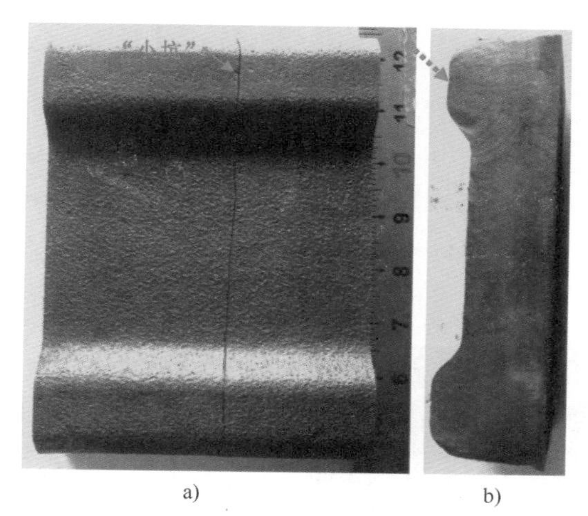

a)　　b)

图 4-59　连杆宏观形貌

a）连杆表面形貌　b）连杆断口形貌

2. 测试分析

（1）微观形貌　对图 4-59 中断裂处进行微观形貌观察，从图 4-60 ~ 图 4-62 可看出：

1）断面贝纹线清晰可见，收敛于连杆表面，裂源处存在深约100μm的坑状缺陷。

2）连杆外表面微观形貌显示：裂源对应处坑状缺陷长约500μm，疑似物体脱落状，表面存在氧化特征。

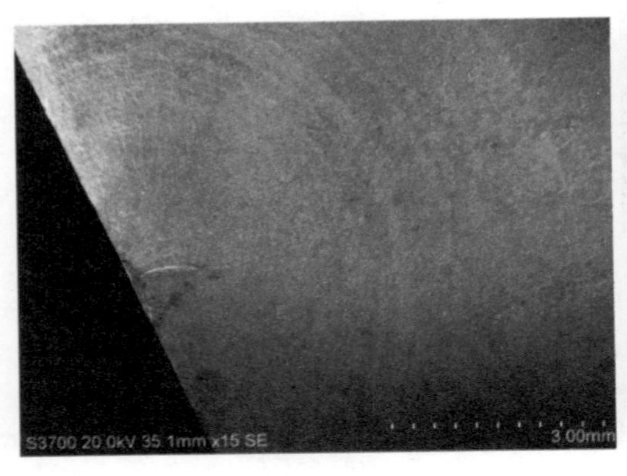

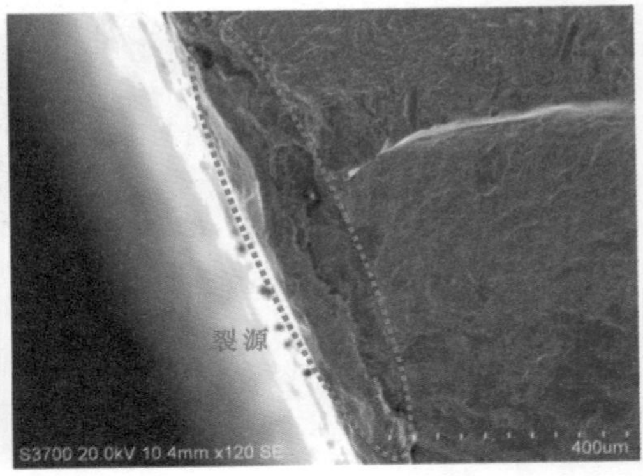

图4-60　断口裂源处微观形貌

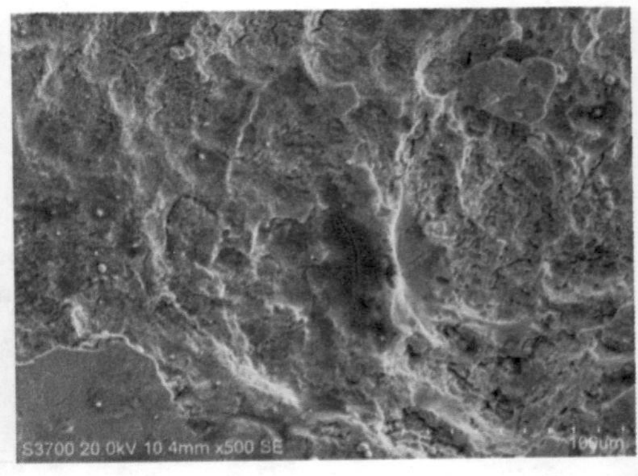

图4-61　裂源对应处的连杆表面微观形貌

元素	质量分数（%）	摩尔分数（%）
OK	18.53	44.22
CrK	1.47	1.08
MnK	1.54	1.07
FeK	78.46	53.64
总量	100.00	

图4-62　裂源对应处的能谱分析

（2）显微组织分析　垂直于断口在裂源处取样进行金相组织检查，抛光态形貌显示裂源处为深约100μm的坑状缺陷，坑内无填充物，表面组织存在流变迹象。仔细观察发现：距离裂源约0.5mm处的表层存在较大尺寸黑色块状异物，周围组织也存在流变现象，能谱显示其成分与裂源处表面类似，均以氧化铁为主，见图4-63和图4-64。

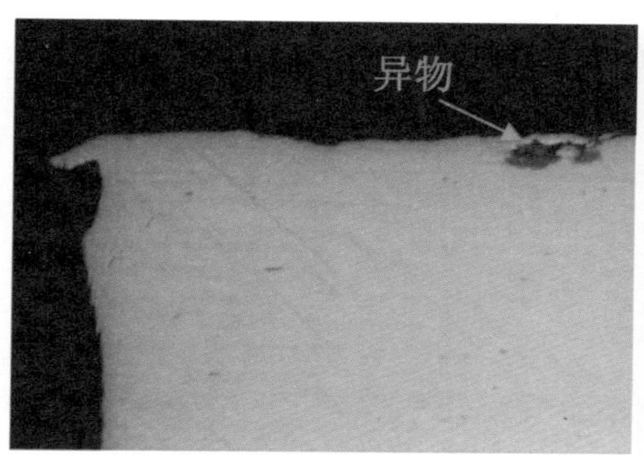

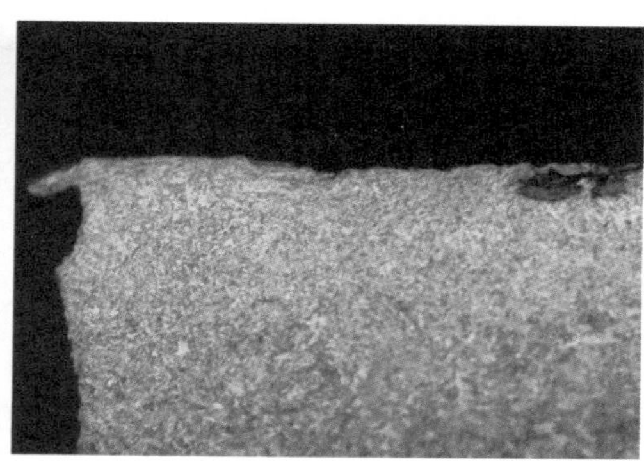

图4-63　裂源抛光态形貌和组织（100×）

元素	质量分数（%）	摩尔分数（%）
OK	29.09	58.24
SiK	1.54	1.76
CrK	5.02	3.09
FeK	64.35	36.91
总量	100.00	

图4-64　近表面异物能谱分析

值得提出的是，对裂源附近进行金相检查发现：连杆表面多处存在折叠类缺陷，见图4-65，此类缺陷特征具体表现为：①均已露头于连杆表面，周围组织变形痕迹明显；②多平行于锻造流线方向；③缺陷处能谱成分同上，以氧化铁为主。

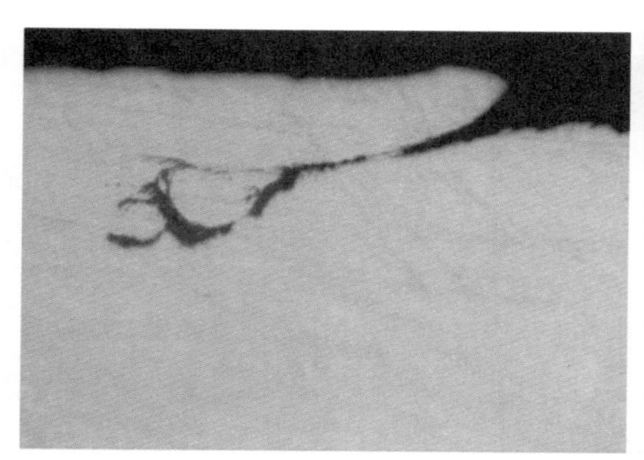

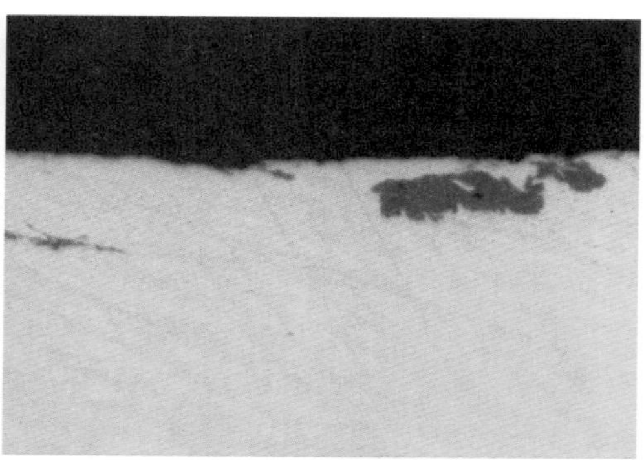

图4-65　裂源附近抛光态形貌（500×）

此外，连杆表面组织存在半脱碳现象，脱碳深度约为1mm，见图4-66和图4-67。

图4-66 连杆表面组织（100×）

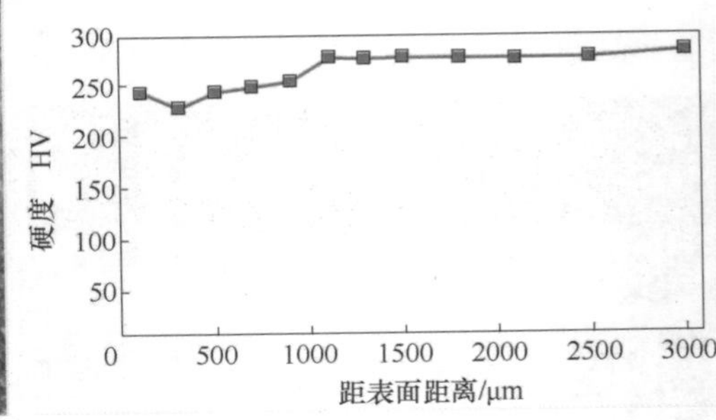

图4-67 连杆表面硬度梯度

3. 失效原因

根据上述检查结果：裂源处为500μm×100μm的坑状缺陷，坑内无填充物，表面具有氧化特征；裂源附近存在大量折叠类缺陷，能谱显示成分同裂源处表面。因此，我们可判定：裂源处应为氧化铁类物质，但因其尺寸远大于其余部位，故由此为源，引发疲劳扩展断裂，同时异物脱落，形成坑状缺陷特征。

 案例26 毂裂纹

1. 实例简介

某厂生产的毂材质为40Cr，制造工艺为：下料→加热→锻造→毛坯粗加工→热处理（调质）→精加工→磁粉检测。某一时间段内集中出现了磁粉检测问题件，比例较高，为批量性事故。鉴于原材料与其他批次产品为同一厂家提供，故根据毂的制造工艺可推测：问题应出在锻造或淬火阶段。

随机抽取两件问题毂进行分析，为了便于分析特将其编号为1#和2#。如图4-68和图4-69所示；两件毂的法兰面上均存在环向分布的裂纹类缺陷，其中1#毂的缺陷范围约占整个环向的1/6，裂纹断续扩展；2#毂的缺陷范围分布于整个环向，裂纹较为连续。此外，裂纹类缺陷距离法兰根部距离约为5～10mm。

2. 测试分析

按图4-69中红色虚线方框处线切割取样进行显微组织分析，检查结果如图4-70～图4-76所示。

1）1#裂纹类缺陷仅存在于浅表层深约200μm的范围内，腔内有氧化填充物，两侧伴有大量的高温氧化质点出现，结合毂的制造工艺可判断：该缺陷属于锻造折叠。从图4-71可看出：上述缺陷两侧组织以铁素体为主，脱碳现象严重，再次证实缺陷是在锻造过程中形成的；此外，1#毂非金属夹杂物评定级别为D0.5，原材料洁净度良好；基体组织为回

火索氏体 + 极少量铁素体，硬度为 257HBW10/3000，奥氏体晶粒度约为 8 级，见图 4-72。

图 4-68 送检毂宏观形貌

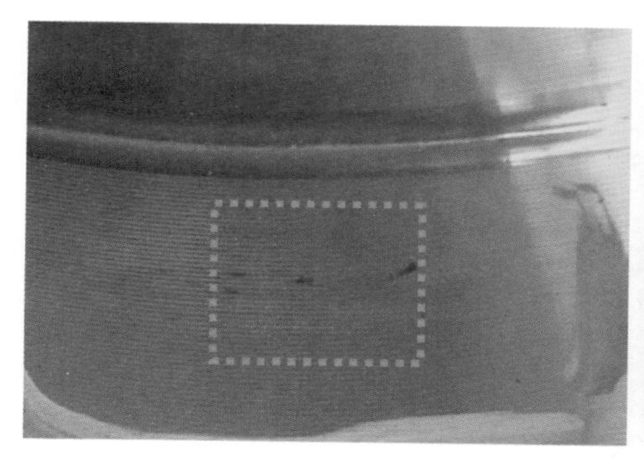

a)

b)

图 4-69 毂缺陷处宏观形貌

a）1# b）2#

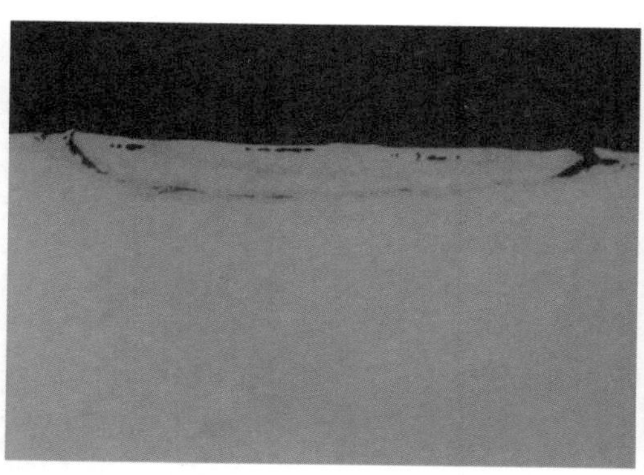

a)

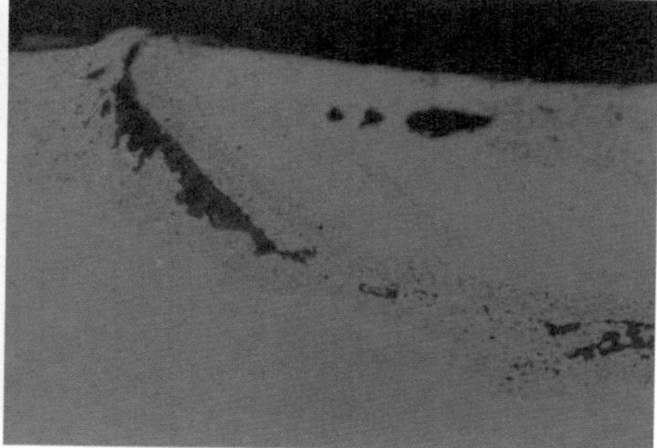

b)

图 4-70 1#毂裂纹形貌

a）50 × b）200 ×

图 4-71　1#毂裂纹处组织（100×）

图 4-72　1#毂基体组织（100×）

2）如图 4-73 ~ 图 4-75 所示，2#裂纹类缺陷分布范围更广、条数更多，整体较为“绵软”，尾部圆钝，无扩展迹象，裂纹两侧形貌和组织特征同 1#毂，也具有锻造折叠特征。此外，非金属夹杂物评定级别为 D0.5，基体组织为回火索氏体，硬度为 285HBW10/3000，奥氏体晶粒度约为 8 级。

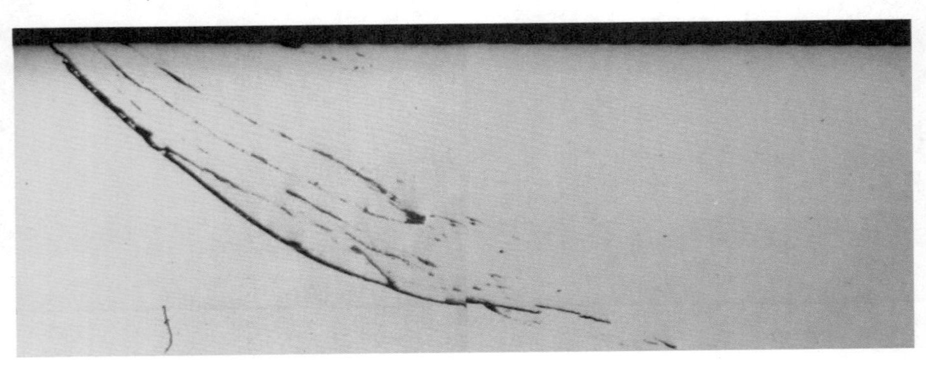

图 4-73　2#裂纹形貌（10×）

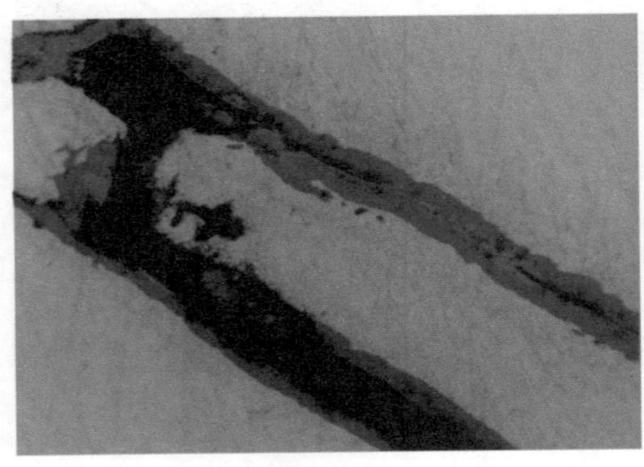

图 4-74　2#裂纹形貌（200×）

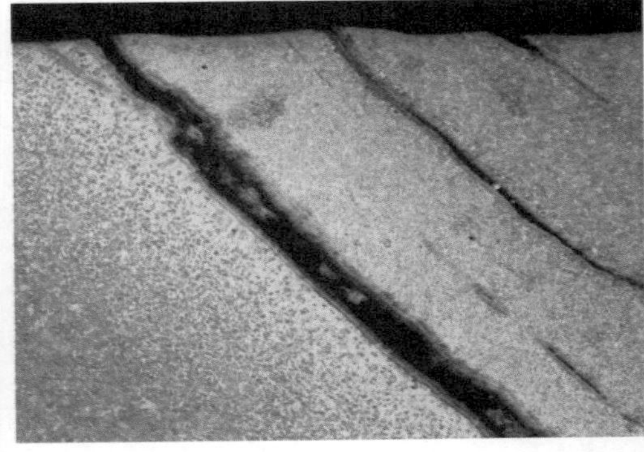

图 4-75　2#裂纹处组织（100×）

3）图4-76为1#和2#毂金相检测试样的低倍腐蚀形貌，由图可知：2#裂纹类缺陷沿锻造流线分布，这也是锻造折叠的一个典型特征。1#缺陷因分布范围很浅，故不易观察。

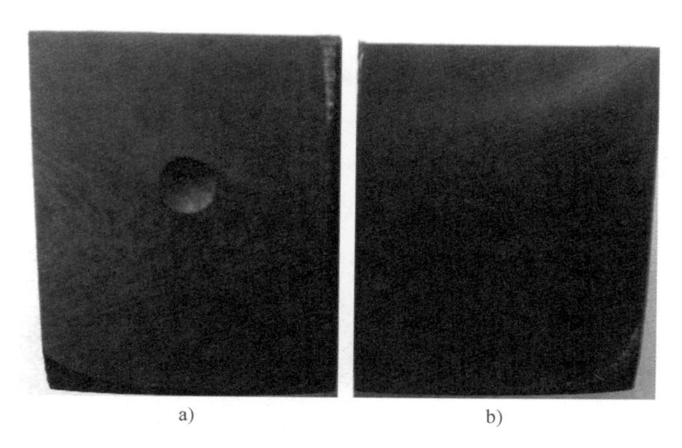

a)　　b)

图4-76　金相检测试样低倍腐蚀形貌

a）1#　b）2#

3. 失效原因

根据对裂纹形态、组织和流线的观察，我们可知：两件毂的环形缺陷均为锻造折叠。众所周知，折叠通常是由于材料表面在前一道工序中所产生的尖角或耳子，在随后的锻、轧过程中压入基体而形成的。因此，该缺陷往往出现于金属锻、轧件的表面上，但因为氧化皮的存在，导致其难以焊合。倘若不在切削加工阶段将其去除，则会在使用过程中由于应力集中造成开裂或疲劳断裂。

4. 改进方案

建议对锻造工艺重新进行评审并现场监控，尽量在前一道工序中避免表面尖角和耳子等的出现，对于后续切削加工不能去除的产品将予以报废。

4.3　焊接及补焊缺陷为主引起的失效

焊接通常是采用熔化焊的方法将两块或两块以上的分离开的金属连接起来。金属的焊接加热与冷却的速度都很大，是在不平衡的热力学条件下进行的，因此常出现组织转变的不均匀性及非平衡态组织。此外，对于尺寸较大的构件，焊接常常只发生在极小的区域内，所以焊接过程中无论是结构应力还是热应力都是很复杂的，与其他热加工工艺相比，焊接也是最容易产生工艺缺陷的一种工艺。

本节主要通过焊接冷、热裂纹，熔合不良，未焊透及焊补等几方面对焊接常见的缺陷进行分析讨论。

 案例27　摇臂开裂

1. 实例简介

某单位生产的摇臂为涡轮增压器组件，由 lever 和 WGV 两个元件焊接而成。摇臂在随车运行1万多公里后，焊接处发生开裂，同批次产品总共开裂两件，比例不足1/1000。

图4-77为摇臂宏观形貌，lever 和 WGV 已被完全分离，由图可知：断面即为两元件的焊接处，初步推测：断裂可能和焊接有关，然而整个断面已被严重擦伤，多处呈金属光泽，因此起裂点无法判别。

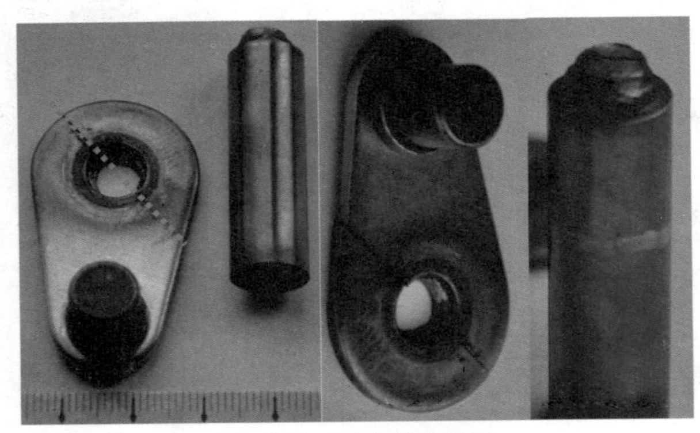

图4-77　摇臂宏观形貌

2. 测试分析

（1）微观形貌分析　图4-78为 lever 件断面的微观形貌，分别对图中1、2、3处典型区域进行放大形貌观察，如图4-79～图4-81所示：①图4-78中1区（即图4-77中光亮区）变形痕迹明显，断面形貌已完全被破坏；②图4-78中2区（即图4-77中未被擦伤的凹坑处）枝晶形貌明显，具有焊接热裂纹特征；③图4-78中3区，该区属于非焊缝区，微观形貌显示该处为熔滴凝固所致，属正常现象。

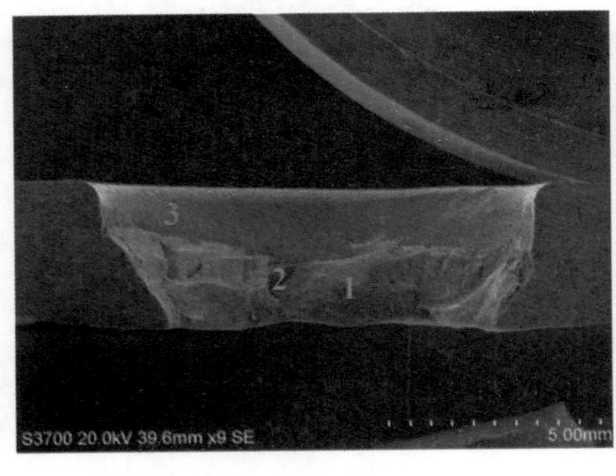

图4-78　lever 微观形貌

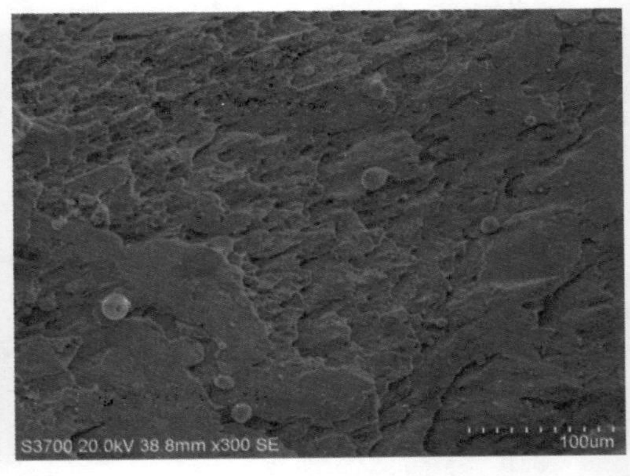

图4-79　图4-78中1区微观形貌

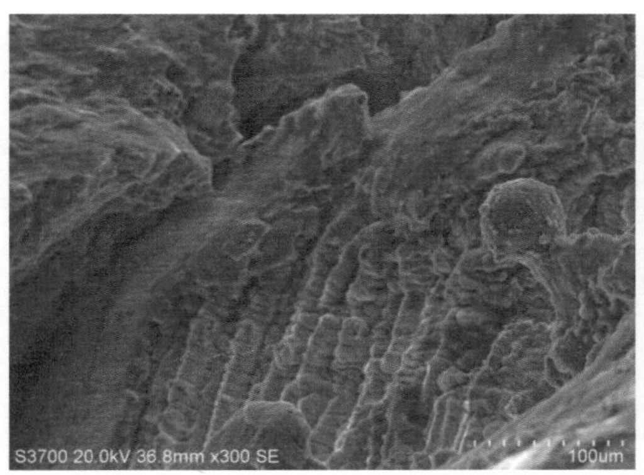

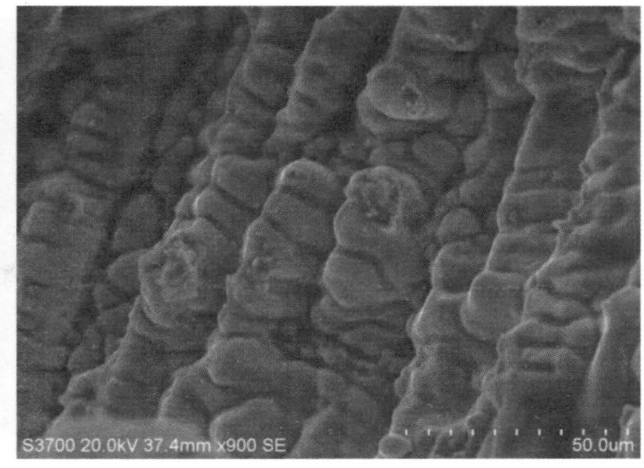

图 4-80　图 4-78 中 2 区微观形貌

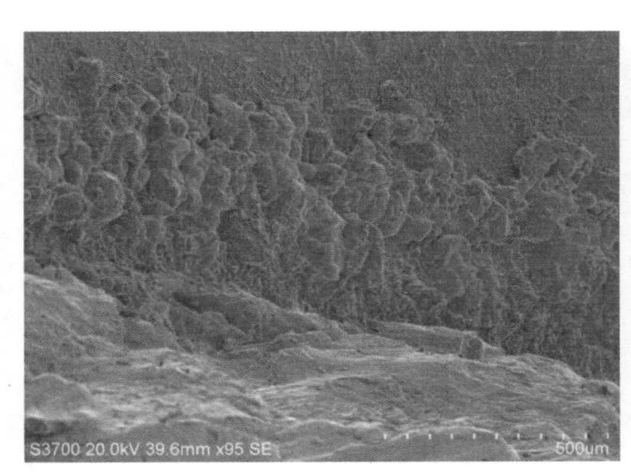

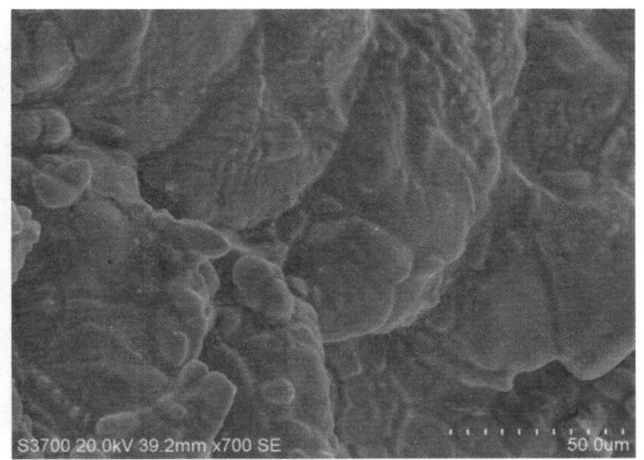

图 4-81　图 4-78 中 3 区微观形貌

（2）显微组织和能谱分析　按图 4-77 中红色虚线处线切割取样，图 4-82 ~ 图 4-84 为 lever 件金相组织，由图可知：①靠近断口区存在粗大的裂纹类缺陷；②热影响区组织为奥氏体基体 + 高温 δ 铁素体；③基体组织为奥氏体，晶粒度约为 8 级。

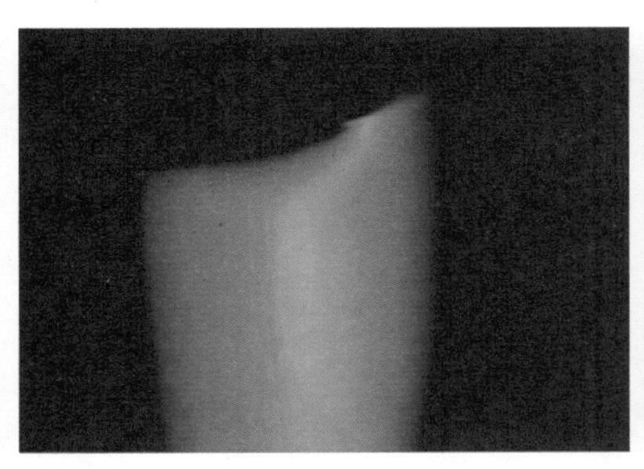

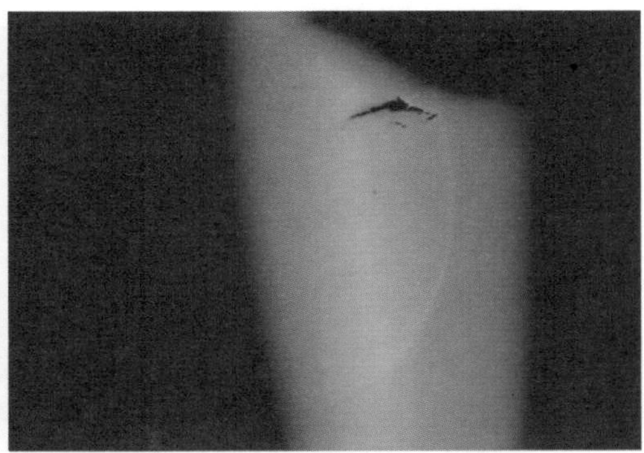

图 4-82　lever 截面抛光态形貌（25 ×）

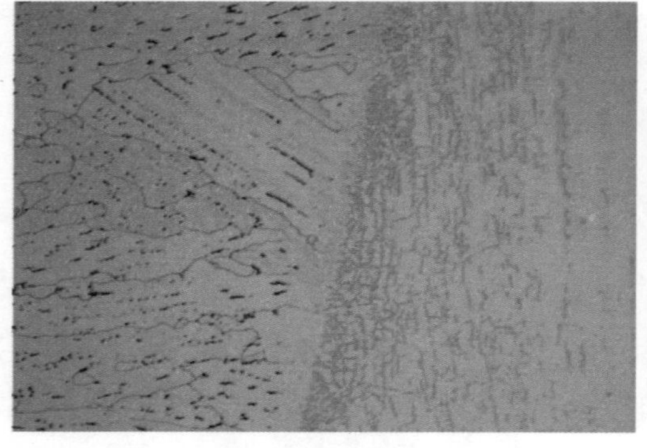

图 4-83　lever 热影响区组织（100×）

图 4-84　lever 基体组织（500×）

图4-85～图4-88为WGV金相组织，由图可知：①焊缝处组织为奥氏体基体+串联点、块状分布的高温δ铁素体，整体沿柱状晶分布；②热影响区组织为奥氏体基体+未完全溶解的残留碳化物，碳化物呈枝晶网状；③基体组织为奥氏体基体+枝晶网状分布的条块状和细小颗粒状碳化物，属正常组织。对比发现：热影响区碳化物虽和基体同样沿枝晶网状分布，但热影响区的细小颗粒状碳化物已被溶解进入基体。

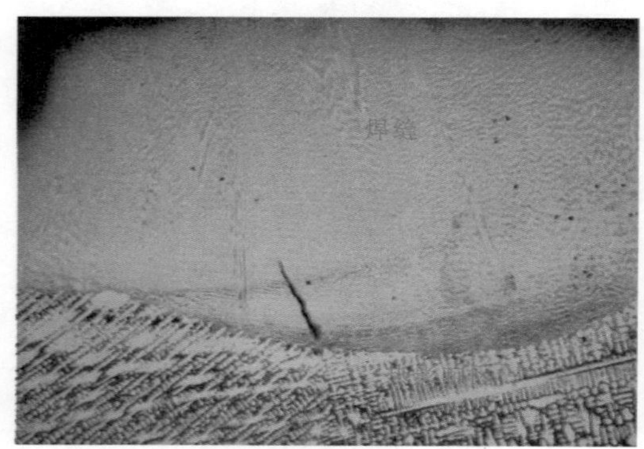

图 4-85　WGV 截面组织（10×）

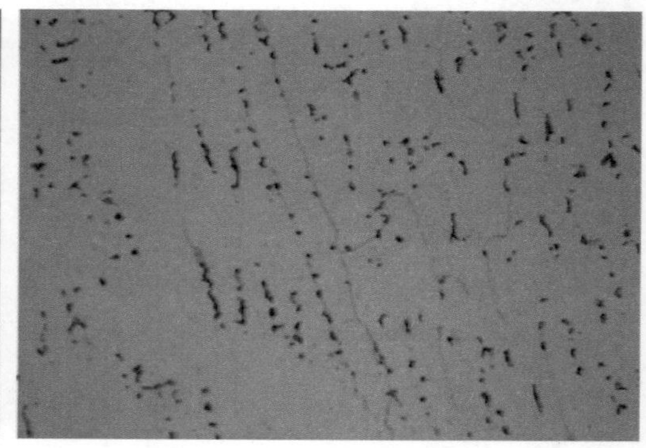

图 4-86　WGV 焊缝处组织（200×）

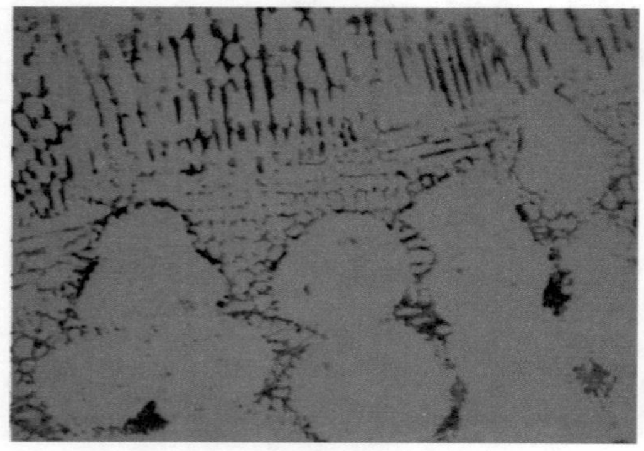

图 4-87　WGV 热影响区组织（200×）

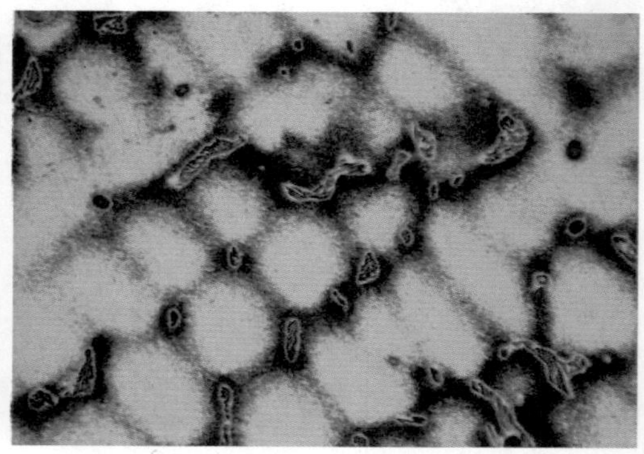

图 4-88　WGV 基体组织（200×）

3. 失效原因

综上所述，摇臂组织正常，断面已被严重擦伤，起裂点无法判别，但多处能观察到焊接热裂纹特征。

焊接热裂纹是在高温下产生的，而且都是沿奥氏体晶界开裂，根据产生热裂纹的形态、机理和温度区间等因素不同，热裂纹又分为结晶裂纹、高温液化裂纹和多边化裂纹三类。其中结晶裂纹是焊缝在凝固过程中处于固-液状态下，由于凝固的金属发生收缩、残余液态金属补充不足而造成的沿晶裂纹。此外含杂质较多的碳钢和低、中碳合金钢等容易产生结晶裂纹。本案例中一方面S和P元素含量相对偏高，另一方面lever和WGV环向保留约0.5mm间隙，且焊接过程中不填充钎料，较易造成补缩不良现象。

4. 改进方案

1）严格控制原材料中的杂质元素含量，避免在结晶后期，由于低熔点共晶形成的液态薄膜削弱了晶粒间的联接，在拉应力作用下发生开裂。

2）进一步缩小焊件之间的间隙，必要时填充钎料以免造成补缩不良。

3）焊接过程中，尽量保证lever和WGV在圆周方向等间距。

案例28　碳钢焊板开裂

1. 实例简介

碳钢焊板由封头和筒节两部分经氩弧焊焊接而成，二者材质均为Q345R，钎料为ER50-6，焊板在焊接十余天后发生开裂。碳钢焊板开裂处的实物照片见图4-89，裂纹外形笔直，垂直于焊缝。

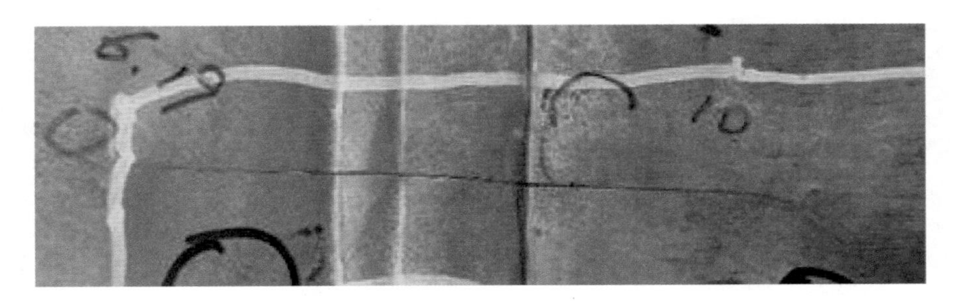

图4-89　焊板实物照片

将开裂处断口打开，如图4-90所示，断面无明显的塑形变形痕迹，属脆性断口。根据裂纹收敛方向可判断，裂纹萌生于图中A、B两处（焊缝区域），而C处则是由A、B两处裂纹扩展交汇形成的台阶。此外，裂源表面呈闪亮的金属光泽，没有高温氧化的特征。

图 4-90　焊板断口形貌

2. 测试分析

（1）微观形貌分析　对断口裂源处和扩展区进行微观形貌观察，由图 4-91 和图 4-92 可知，断面光洁、无异物，裂源处未见气孔、夹渣等缺陷，微观形貌以穿晶解理为主，具有明显的脆性断裂特征，扩展区同上。

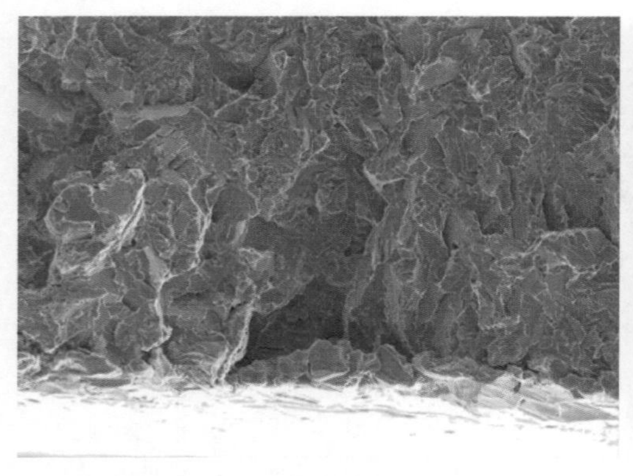

图 4-91　裂源处微观形貌

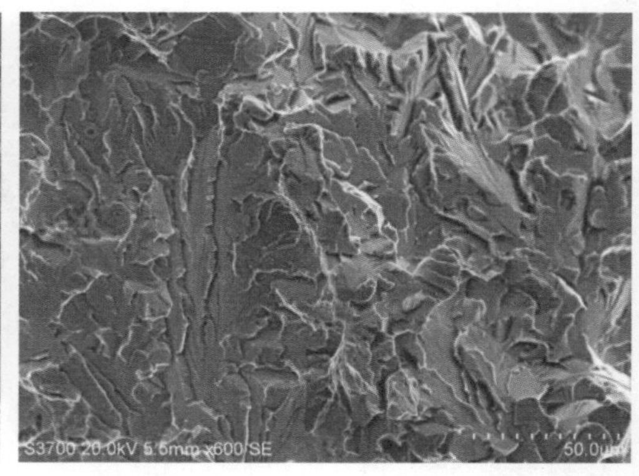

图 4-92　扩展区微观形貌

（2）低倍检查　在断口下方 5mm 处取样进行低倍检查，图 4-93 显示焊缝处无宏观焊接缺陷。

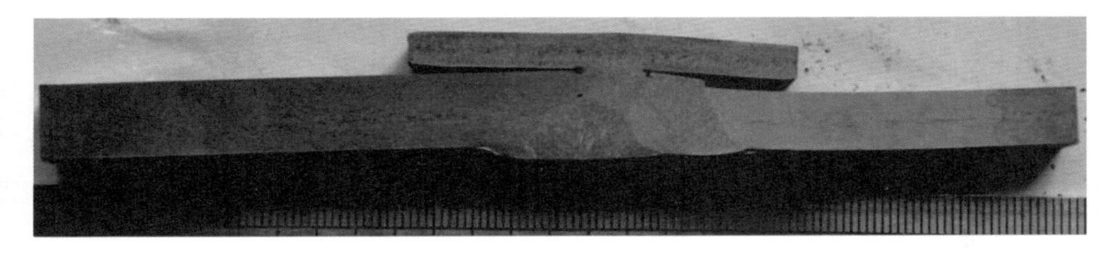

图 4-93　低倍形貌

（3）化学成分检查　对封头和筒节分别进行化学成分测试，结果见表 4-7，满足技术要求。

表 4-7　化学成分（质量分数）　（%）

试样名称	C	Si	Mn	P	S	Cr
封　头	0.16	0.37	1.43	0.011	0.005	0.02
筒　节	0.17	0.31	1.35	0.025	0.002	0.05
技术要求	≤0.20	≤0.55	1.20～1.60	≤0.025	≤0.015	—

（4）显微组织分析　对焊缝区和热影响粗晶区进行金相检查，结果见图 4-94 和图 4-95，焊缝区呈粗大的柱状晶组织，在柱状晶的晶界上分布着白色的先共析铁素体，并有无碳贝氏体沿晶界平行向内生长；晶内有针状铁素体、粒状贝氏体和少量珠光体。母材热影响过热区组织为白色针状铁素体、魏氏组织和沿晶分布的块状铁素体，晶内为珠光体和粒状贝氏体，未见淬硬组织。

图 4-94　焊缝处组织（100×）

图 4-95　热影响粗晶区组织（100×）

3. 失效原因

根据以上检查结果可知，焊板裂纹垂直于焊缝，断裂面无高温氧化迹象，整体呈脆性断裂特征，裂源位于焊缝区域。值得提出的是，焊板的开裂发生于焊接十余天后，属延迟裂纹。

众所周知，焊接过程中在低温下由于拘束应力、淬硬组织和氢的作用而在焊接接头处产生的裂纹属于焊接冷裂纹，其多发生于热影响区，少量在焊缝。通常可根据被焊材料和结构形式的不同，将冷裂纹大体上分为延迟裂纹、淬硬脆化裂纹和低塑性脆化裂纹三种。而低塑性脆化裂纹多发生在铸铁和堆焊硬质合金中。本案例中焊缝处无淬硬组织出现，且开裂发生于焊接十余天之后，综合判定其为焊接冷裂纹中的延迟裂纹。

4. 改进方案

1）焊板焊接后进行去应力退火及去氢处理。

2）焊接过程中避免热影响区出现淬硬组织。

案例 29　转向架开裂

1. 实例简介

转向架整体为箱型结构，箱内无加强筋板，截面模拟形貌如图 4-96 所示，支撑板厚约 14mm，侧板厚约 10mm，“箱型”外侧二者采用单侧开坡口 T 型焊接方式焊合，“箱型”内侧则直接进行 T 型角焊接。此外，据设计人员介绍，转向架在使用过程中侧板会承受横向的弯矩作用。

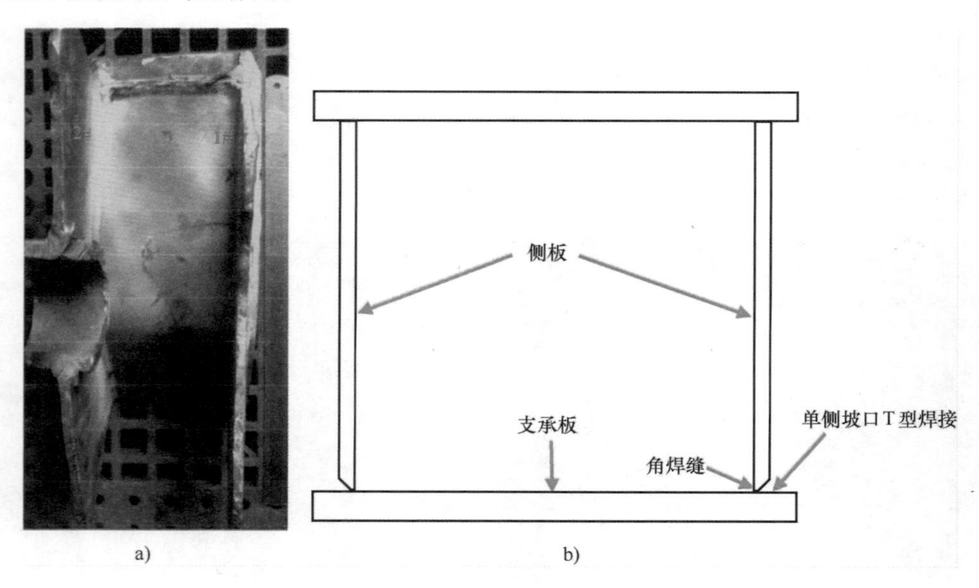

图 4-96　转向架实物照片和开裂部位截面模拟图

a）送检样宏观照片　b）转向架开裂部位截面模拟图

为了便于描述，特将转向架轮对外侧的侧板命名为 1#，该侧板朝外，易被检修人员发现问题；而轮对内侧的侧板则命名为 2#，其只有在拆卸后可观察到具体特征。

某厂生产的转向架使用约 1 年后在检修过程中发现 1#侧板与支承板焊接处的焊缝

中心发生开裂现象，且裂纹两头已延伸至侧板基体上较大范围，遂计划将其拆卸下来并进行焊补，拆卸后发现裂纹已裂穿侧板，且与其对应的2#侧板也出现同样形式的开裂现象。

图4-97为1#侧板实物照片，由图可知：①侧板外侧已进行焊补，原始开裂状态全部被毁坏；②侧板内侧的裂纹形态与外侧焊补区位置恰好吻合，说明裂纹已裂穿侧板；③支承板上也存在贯穿性裂纹，但根据“人字形裂纹”扩展特征可判定，裂源位于焊缝区附近，即图4-97中红色虚线区域；④仔细观察发现，侧板内侧的裂纹与角焊缝的焊趾重合。

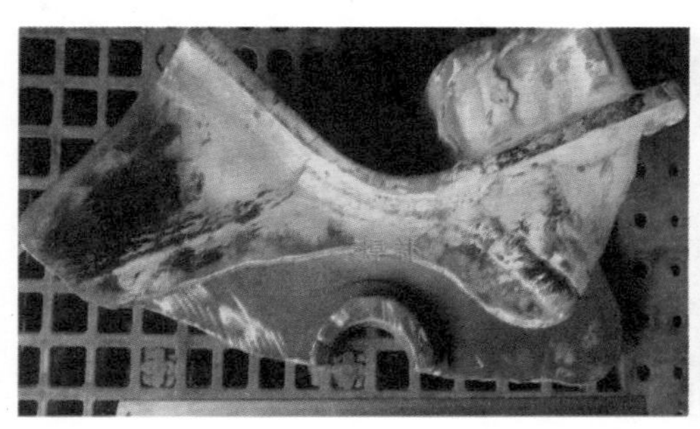

图4-97 1#侧板实物照片

图4-98为2#侧板实物照片，由图可知：①侧板未进行焊补，形貌保存较为完整；②侧板外侧裂纹也位于焊缝中心，侧板内侧裂纹主要沿焊趾分布，且裂纹尾端小范围扩展至侧板基体。

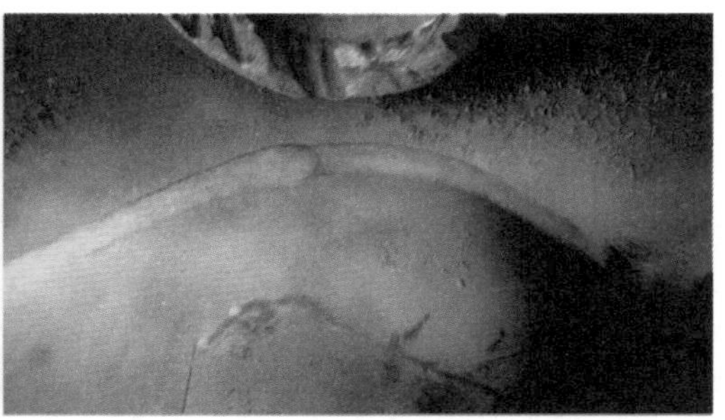

图4-98 2#侧板实物照片

图4-99为1#侧板断口实物照片，侧板外侧为人为打开断口，断口两端裂纹整体呈放射状（见图中蓝色虚线箭头），根据裂纹收敛方向可判定：裂源位于侧板内侧的角焊接区域，该处表面较为平整，断面锈蚀严重，形貌难以辨别，见图中红色虚线区域。

图4-100为2#侧板断口实物照片，局部贝纹线明显，侧板内侧焊趾区域多处存在疲劳台阶（见图中箭头），整体表现为多源疲劳断裂特征。

图 4-99　1#侧板断口形貌

图 4-100　2#侧板断口形貌

2. 测试分析

（1）低倍腐蚀形貌　图 4-101 为转向架 1#和 2#侧板裂源处截面腐蚀形貌：由图可知：①两处裂源均位于角焊缝焊趾部位，与宏观形貌相符；②断面几乎与支承板平行扩展，这可能由于服役过程中承受横向载荷作用所致。

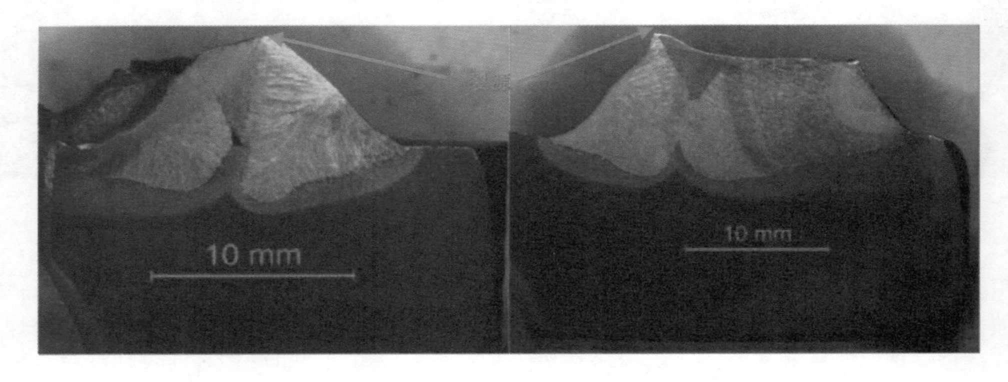

图 4-101　1#（图左）和 2#（图右）侧板裂源处截面腐蚀形貌

（2）显微组织分析　对转向架 1#和 2#侧板进行金相检查。

1#侧板的裂源处组织见图4-102和图4-103，焊缝区和热影响区界限明显，热影响区组织为细点粒状珠光体+铁素体，晶粒细小，具有母材热影响重结晶区的特点，说明该区域进行角焊接时尚未奥氏体化。为了进一步验证上述现象是否与焊补有关，特在远离焊补区取样进行验证，结果见图4-104，与焊缝相邻的热影响区组织仍为铁素体+细点粒状珠光体，且焊趾表面已萌生微小裂纹，说明角焊缝处整体存在熔合不良的现象。此外，对角焊缝区进行硬度检查发现，焊缝区硬度为270HV0.3，热影响区硬度为220HV0.3，二者硬度相差约50HV0.3。

2#侧板的裂源处焊缝区和热影响区界限同样明显，焊缝区硬度为260HV0.3，热影响区硬度为265V0.3，二者硬度接近。同时，热影响区组织为贝氏体，奥氏体晶粒度约为7.5级，且不存在淬硬组织及组织粗大现象，说明该侧焊接正常，见图4-105。

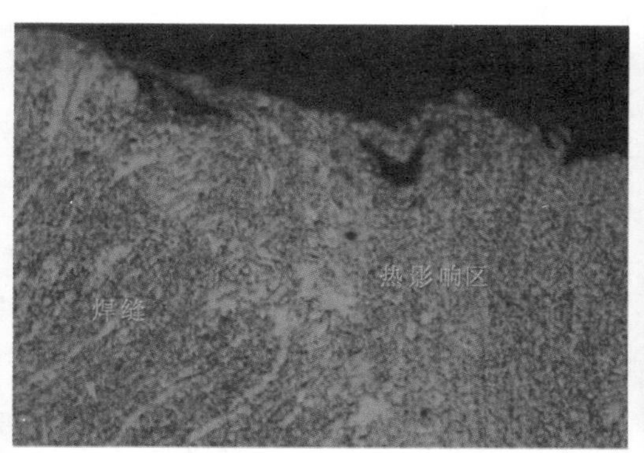

图4-102 1#侧板裂源处组织（200×）

图4-103 1#侧板热影响区组织（500×）

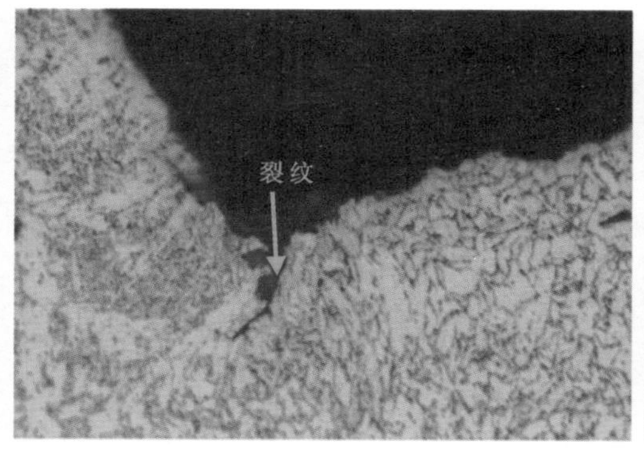

图4-104 1#侧板未开裂处角焊缝区组织（500×）

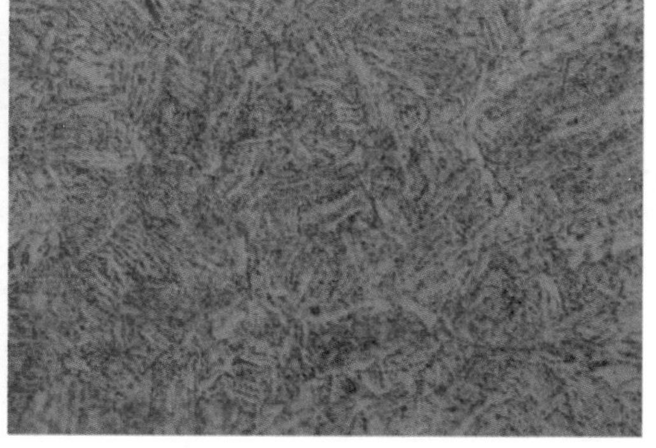

图4-105 2#侧板热影响区组织（500×）

图4-106为侧板坡口侧的组织形貌，焊接特征一目了然。焊缝与热影响区界限明显，焊缝区组织为沿柱状晶分布的铁素体+针、块状铁素体+粗索氏体，热影响粗晶区组织以贝氏体为主，奥氏体晶粒度为4级，见图4-107。热影响细晶区组织亦以贝氏体为主，奥氏体晶粒度约为8级，见图4-108。

侧板（纵向）基体组织为铁素体+珠光体，铁素体晶粒度约为8.5级。

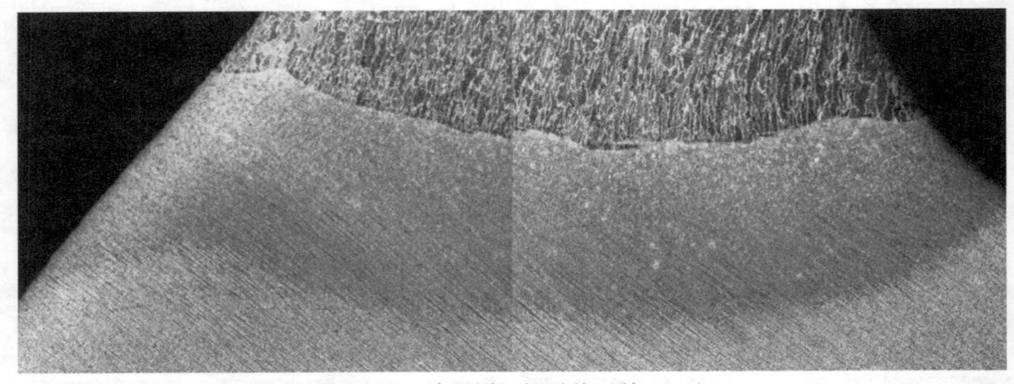

图4-106　坡口侧组织形貌（约12×）

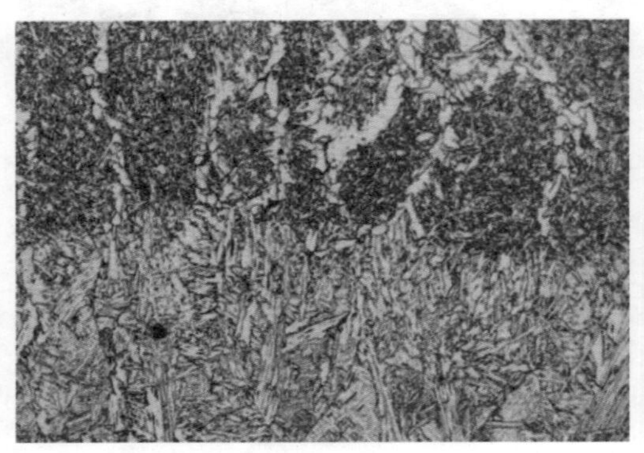

图4-107　坡口侧熔合线处组织（200×）

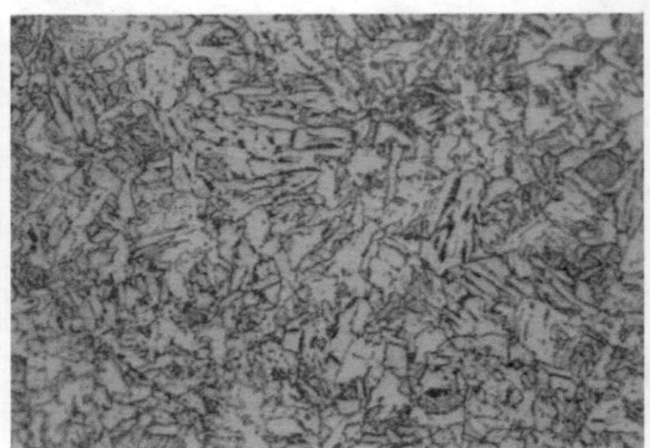

图4-108　坡口侧热影响细晶区组织（500×）

3. 失效原因

综上所述，转向架整体为箱形结构，在横向载荷作用下，侧板根部所受弯矩最大；且该处角焊接一侧的焊趾部位熔合不良，造成焊缝与母材结合强度较弱。因此，交变载荷作用下焊趾部位将首先萌生裂纹，继而发生疲劳扩展。

4. 改进方案

1）箱内增设加强腹板，提高箱型的结构强度。

2）角焊接时控制焊接速度，使焊趾部位充分熔合。

3）焊补时需将开裂部位全部挖除方可进行，并非像本案例中仅对贯穿性裂纹的单侧进行焊补。

案例30　模具开裂

1. 实例简介

某厂生产的模具，材质为H13钢，制造工艺为：锻造毛坯→粗加工模膛→热处理

→精加工（去除加工余量），使用约 20 小时后发生开裂，实物照片如图 4-109 所示，开裂发生于模具单侧，见图中箭头处，裂纹已贯穿整个模具厚度。

图 4-109　模具实物照片

断口实物照片如图 4-110 所示，根据裂纹收敛方向可知：裂源位于型腔尖角附近，且断裂处具有以下几方面特征：①断口对应的型腔表面疑似存在“异物熔敷”的现象，该区域长约 5cm，且裂源恰好位于“熔敷”物与基体交界处；②“熔敷”区域表面存在“铲伤”迹象；③与上述现象对应的断面呈较为严重的氧化特征。

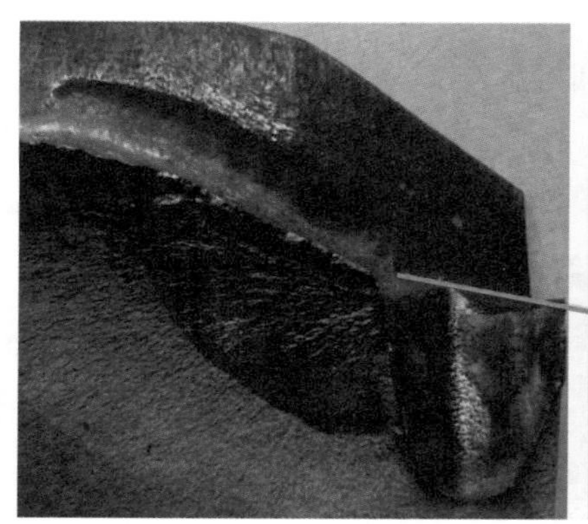

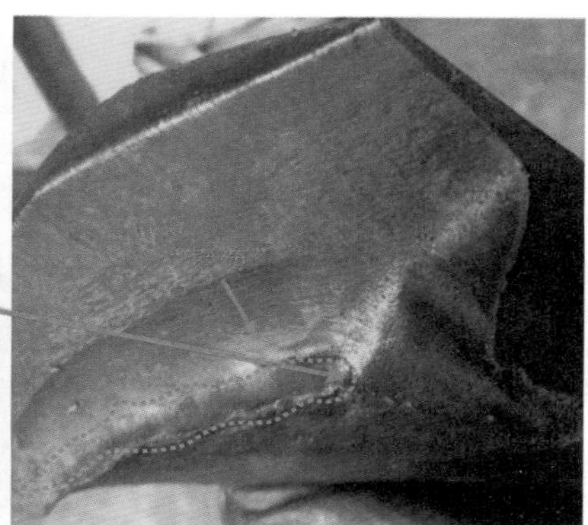

图 4-110　断裂处实物照片

2. 测试分析

（1）化学成分分析　在送检模具上取样进行化学成分检查，其结果见表 4-8，满足相关技术规范。

表 4-8　模具化学成分（质量分数）　（%）

试样名称	C	Si	Mn	P	S	Cr	Mo	V
模　　具	0.39	1.17	0.34	0.021	0.002	5.43	1.40	0.90
技术要求	0.32～0.42	0.80～1.20	0.20～0.50	≤0.03	≤0.03	4.75～5.50	1.10～1.75	0.80～1.20

(2) 显微组织和能谱分析　在裂源处取样进行金相检查，值得注意的是，低倍腐蚀形貌显示裂源处呈白亮色，用硝酸酒精难以侵蚀，且该区域与基体过渡处呈弧形，见图4-111。对裂源附近约10mm处取样进行低倍腐蚀，同样存在上述现象。仔细观察发现：白亮区域分为两层，为了便于分析，特将其编号为1和2，见图4-112。

图4-111　裂源低倍腐蚀形貌

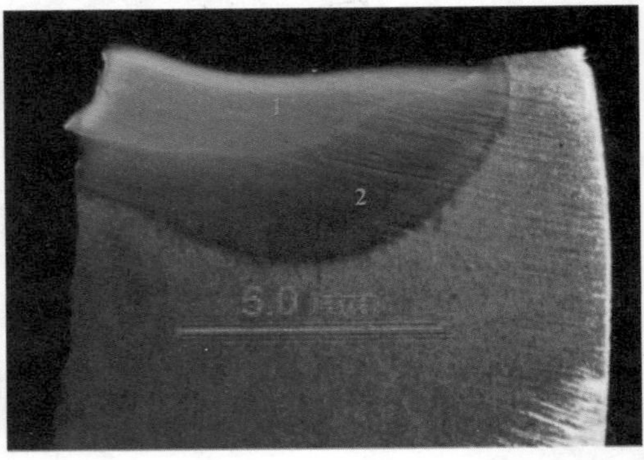

图4-112　裂源附近低倍腐蚀形貌

部位1能谱分析显示为高铬、高镍的不锈钢类成分，即“熔敷异物”为不锈钢类材质，见图4-113。部位2能谱分析显示同基体，见图4-114。此外，硬度显示：1处显微硬度为400HV0.3、395HV0.3、402HV0.3；2处显微硬度为612HV0.3、620HV0.3、625HV0.3，结合能谱成分推测2处可能为淬硬组织。

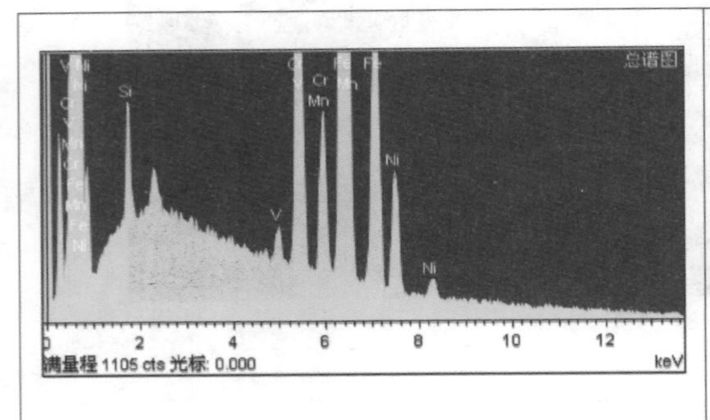

元素	质量分数（%）	摩尔分数（%）
SiK	0.98	1.91
VK	0.48	0.52
CrK	13.76	14.52
MnK	1.44	1.44
FeK	78.34	76.94
NiK	5.00	4.67
总量	100.00	

图4-113　图4-112中1处能谱分析

对上述白亮区采用王水腐蚀，从图4-115可看出：1处为柱状晶组织，具有焊接特征；2处组织晶界明显，具有淬火马氏体特征。

模具未开裂一侧的表面组织同基体，为回火索氏体+回火托氏体，硬度为36HRC，见图4-116。基体非金属夹杂物评定级别为D0.5，原材料洁净度良好。

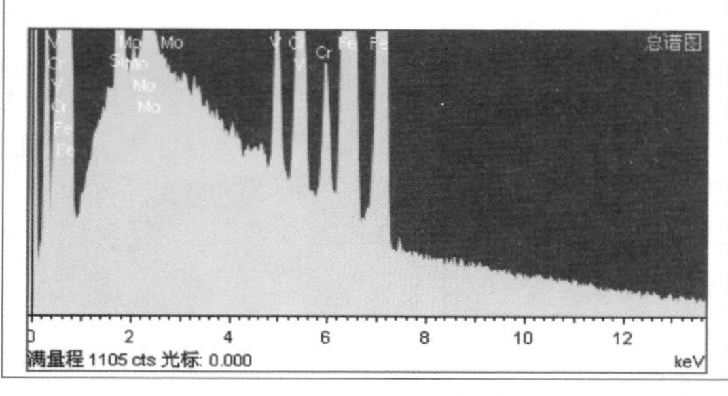

元素	质量分数（%）	摩尔分数（%）
SiK	1.35	2.66
VK	0.97	1.05
CrK	5.63	5.97
FeK	90.43	89.39
NiK	1.63	0.94
总量	100.00	

图 4-114　图 4-112 中 2 处能谱分析

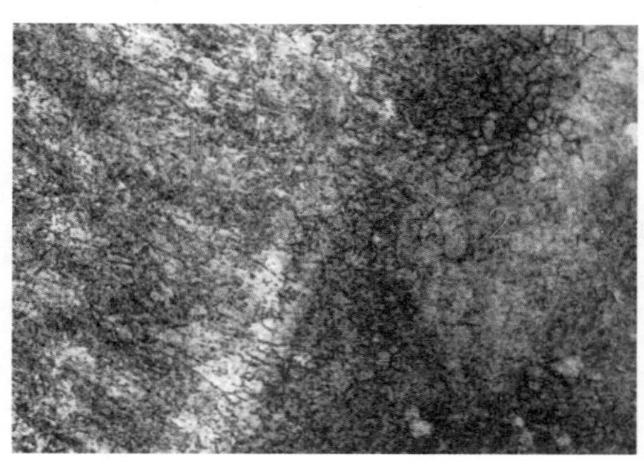

图 4-115　裂源处组织（100×）

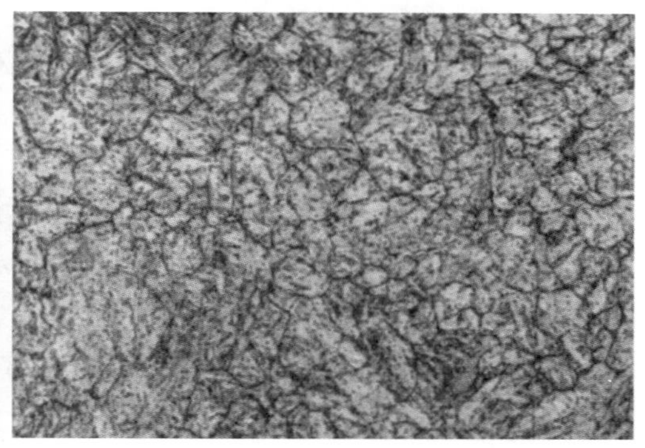

图 4-116　基体组织（500×）

3. 失效原因

模具原材料洁净度良好，开裂处型腔表面存在补焊，且补焊层下方出现淬硬组织，裂源恰位于二者交界处。众所周知，淬火马氏体性脆，在常温下为不稳定相，服役过程中，由于受到较大的冲击作用，R 角等应力集中部位极易萌生裂纹，这也是模具仅补焊侧发生开裂的原因。综上所述，模具的开裂主要与型腔表面进行异常补焊有关。

经与工艺人员沟通得知，案例中模具在使用过程中表面出现微裂纹，遂对其进行焊补修复，且焊后未进行回火处理，导致焊层下方出现淬火马氏体组织。

4. 改进方案

1）在条件允许的情况下，对焊补前微裂纹的成因进行深究。

2）针对模具的使用条件，正确选用焊接材料。

3）焊前对表面缺陷彻底清除，并对模具进行充分预热。

4）焊后尽量采用缓冷，且进行适当的热处理，以达到消除淬硬组织和去除应力的目的。

案例 31　悬挂梁开裂

1. 实例简介

悬挂梁材质、铸造工艺、受力情况等均同案例 19，图 4-117 为悬挂梁结构示意图，根据其在服役过程中的安装结构可知：电动机安装于两端，悬挂梁整体呈三点弯曲受力特征。某线路悬挂梁在运行46万km后检修时发现图4-118中红色箭头所指区域存在裂纹，该处恰好为拉应力区。

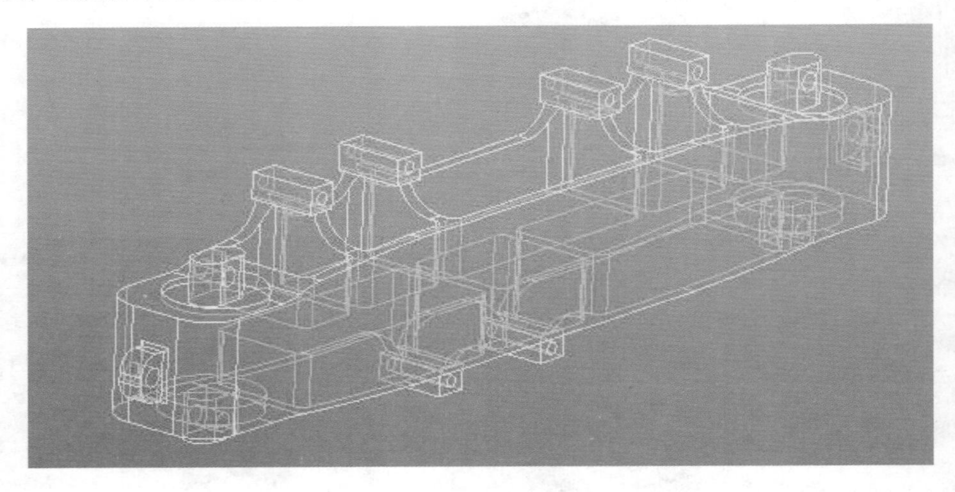

图4-117　悬挂梁结构示意图

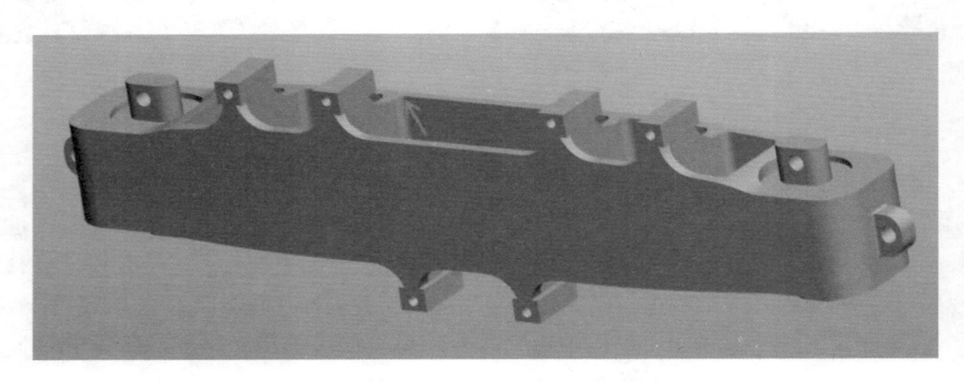

图4-118　悬挂梁三维示意图

图4-119为悬挂梁实物照片，图中红色虚线方框对应开裂部位，从图中可看出：开裂发生于腹板内侧转角处，裂纹止于蓝色箭头处尚未裂穿腹板（备注：图中红色为渗透检测残留物）。

将图4-119中裂纹面进行线切割打开后观察断口宏观形貌，如图4-120所示：

1）断面扩展区平坦，贝纹线依稀可见，呈典型的疲劳断裂特征。

2）根据疲劳裂纹扩展特征可判断，疲劳源为线源，见图中红色虚线处。仔细观察发现：线源上部似与基体呈分离状，且多处分布有孔洞类缺陷，但这些缺陷与本案例中悬挂梁的开裂无直接关系。

图 4-119　悬挂梁实物照片

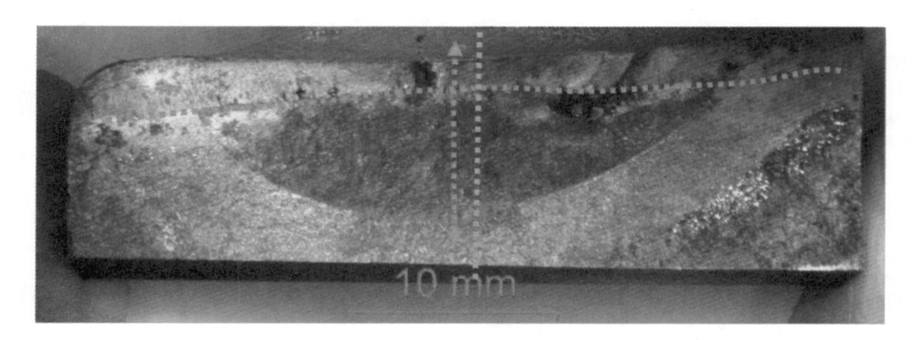

图 4-120　断口宏观形貌放大图

3）扩展方向见图中红色虚线箭头处，即从 2）中线源起向基体和外侧扩展。

2. 测试分析

（1）化学成分分析　在悬挂梁上取样进行化学成分检查，结果见表4-9，满足技术规范。

表 4-9　悬挂梁化学成分（质量分数）　（%）

试样名称	C	Si	Mn	P	S	Ni
悬挂梁	0.23	0.34	0.75	0.027	0.023	0.36
技术要求	≤0.28	≤0.40	≤1.00	≤0.040	≤0.040	≥0.30

（2）力学性能检查　远离开裂处在图4-119中蓝色虚线方框处切取一拉三冲进行力学性能检查，结果见表4-10，满足技术要求。

表4-10　悬挂梁力学性能

试样名称	R_m/MPa	$R_{p0.2}$/MPa	A（%）	Z（%）	KV_2（-7℃）/J	硬度　HBW10/3000
悬挂梁	524	299	24	53	20、19、22	148
技术要求	≥485	≥260	≥24	≥36	≥20	—

（3）微观形貌检查　图4-121～图4-123为悬挂梁断口微观形貌，由图可知：裂源呈典型的线状特征，这与宏观描述相符，其附近孔洞类缺陷呈现花生壳状凹坑形态，内壁似气流激荡而形成的流水形貌，整体具有气泡类缺陷特征。此外，扩展区疲劳条带细密、连续，表现为低应力疲劳断裂。

图4-121　裂源附近微观形貌

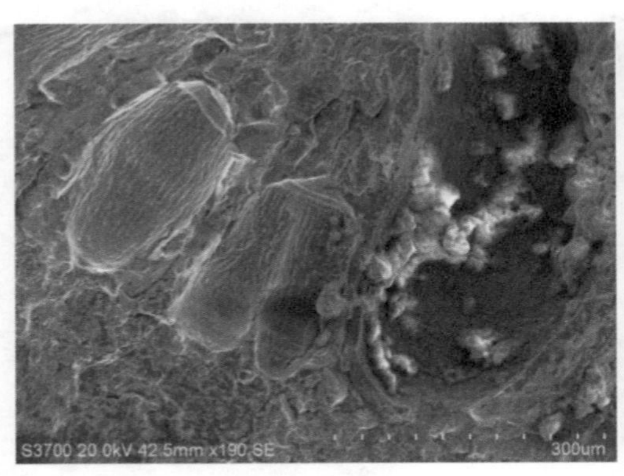

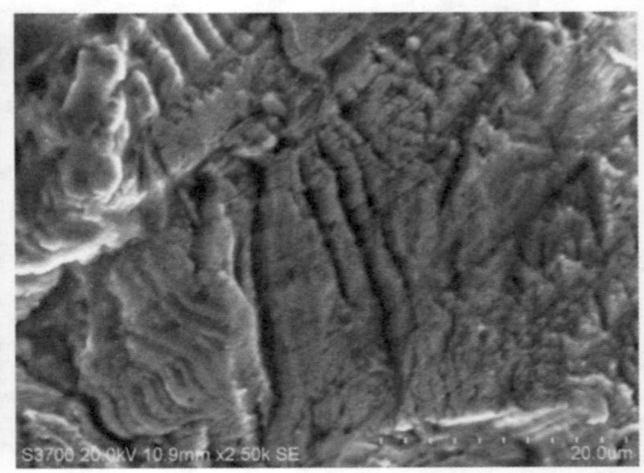

图4-122　裂源附近孔洞类缺陷微观形貌

图4-123　扩展区微观形貌

（4）显微组织分析　沿图4-120中蓝色虚线处取样进行显微组织分析，从图4-124～图4-126可看出裂源附近组织呈三种不同的形貌特征：①开裂处存在焊补特征，表面

（A 区）柱状晶明显；②裂源对应处（B 区）组织以回火马氏体为主，该类组织硬度高、性脆，为焊接不允许出现的组织；③裂源附近（热影响区的过热区（C 区））存在大范围铁素体魏氏组织，该类组织极大地割裂了基体的连续性，增加了脆性。

此外，开裂处截面低倍腐蚀形貌如图 4-127 所示：该区存在多道焊补特征，焊补总深度约占横截面宽度的 1/2。图 4-128 和图 4-129 显示：基体存在尺寸约为 143μm 的外来非金属夹杂物，组织为铁素体 + 略呈网状珠光体，且铁素体晶粒度大于 6 级，评定为堆垛正火 3 级组织。

综上所述，结合气孔类缺陷出现的位置，我们可判断其形成于焊补阶段。

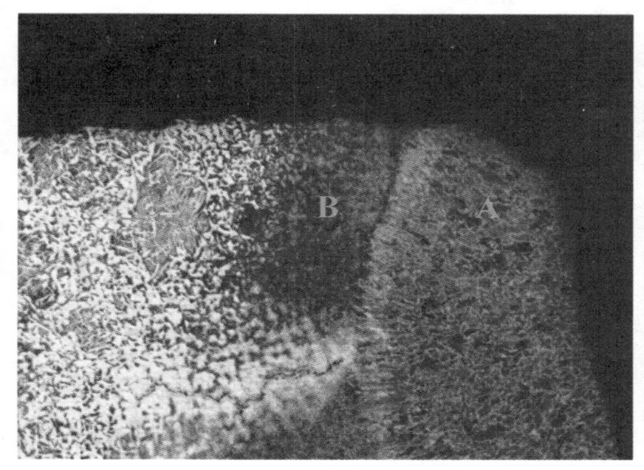

图 4-124　裂源附近组织（15×）

图 4-125　图 4-124 中 B 处组织（500×）

图 4-126　图 4-124 中 C 处组织（100×）

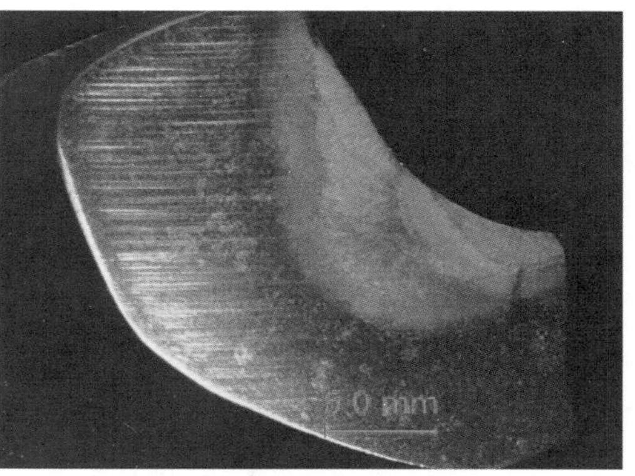

图 4-127　开裂处截面腐蚀形貌

3. 失效原因

根据上述检查结果可知：悬挂梁的开裂主要与腹板在补焊时产生的脆性组织有关，尤其是马氏体的存在将极大地降低力学性能。因此，在焊接组织中不允许马氏体出现。再加上开裂处恰好位于拉应力区，在应力和脆性组织的共同作用下，该处极易萌生疲劳裂纹。

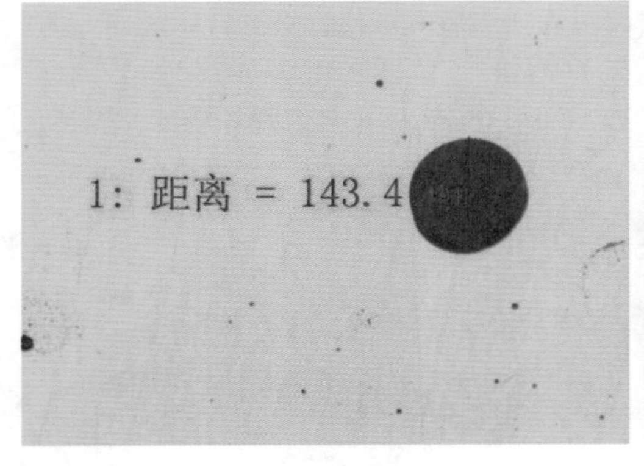

图 4-128　非金属夹杂物（100×）

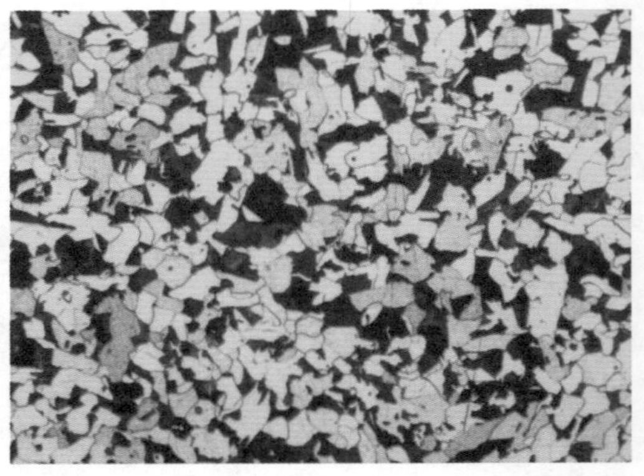

图 4-129　基体组织（100×）

案例 32　弯轴表面缺陷

1. 实例简介

某厂生产的弯轴材质为 C 级铸钢，制造工艺为：铸造→切割浇冒口→抛丸→粗磨→焊修打磨→无损检测→热处理→外观、尺寸检查→精磨→磁粉检测→切削加工。其间在检查发现缺陷时，需进行焊修，焊修次数根据实际情况而定。某线路在 5 年检修时发现其中一件弯轴局部存在疑似裂纹的缺陷，具体位置见图 4-130 中红色虚线箭头处。其放大形貌如图 4-131 所示，缺陷长约 15mm。仔细观察发现，缺陷附近存在一颗毫米级别的“熔滴”，因此我们可推测该处应为焊修区。

图 4-130　弯轴宏观形貌

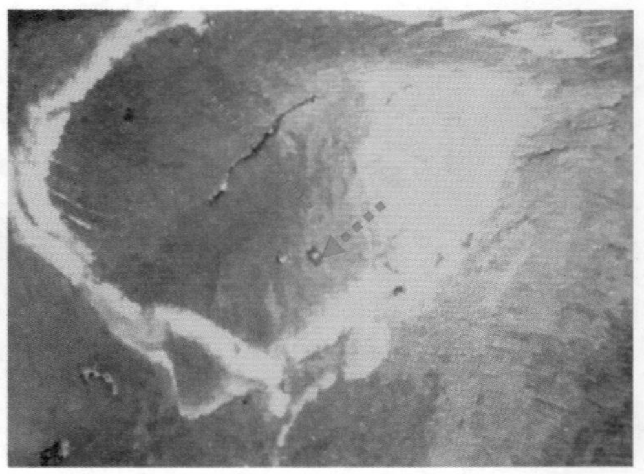

图 4-131　缺陷宏观形貌

2. 测试分析

（1）化学成分分析　表 4-11 显示弯轴化学成分满足 C 级铸钢的技术要求。

表4-11　弯轴化学成分（质量分数）　　（%）

试样名称	C	Si	Mn	P	S	Cr	Ni	Mo	Cu
弯　轴	0.25	0.31	1.25	0.019	0.009	0.55	0.35	0.21	0.06
技术要求	0.22～0.28	0.20～0.40	1.20～1.50	≤0.040	≤0.040	0.40～0.60	0.35～0.55	0.20～0.30	≤0.30

（2）显微组织和能谱分析　沿图4-131中红色虚线处线切割取样进行金相检查，图4-132为缺陷处截面抛光态形貌，从图4-132可看出：缺陷整体呈楔形，仅存在于试样浅表层，距离外表面深约315.7μm，且未见扩展痕迹。

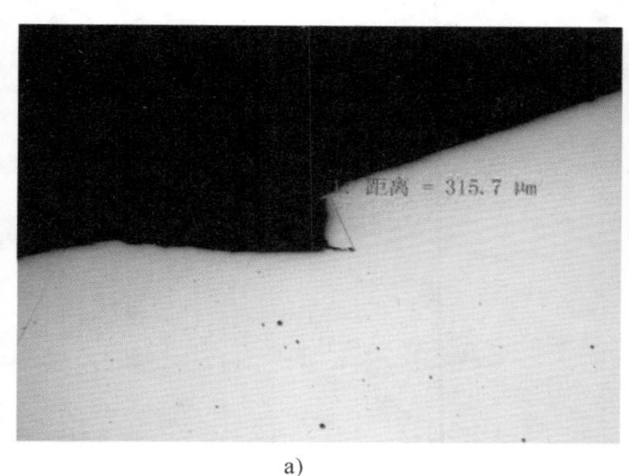

a)

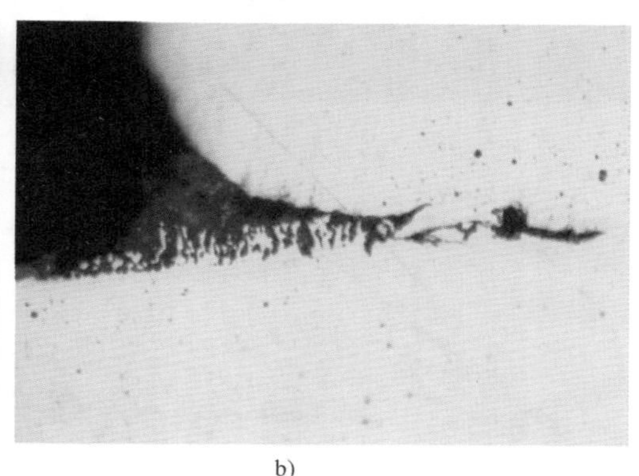

b)

图4-132　缺陷处截面抛光态形貌
a）25×　b）500×

对图4-132中试样采用4%硝酸酒精腐蚀，腐蚀后低倍形貌见图4-133，由图可知：该处具有多道补焊特征，这与前述推测相符，且缺陷恰好位于两道补焊工序之间，见图中红线圈出区域。

对图4-133中缺陷区域进行放大观察，如图4-134所示，该处表现为不同的多种组织特征，如图4-135～图4-138：①1处组织焊接特征明显，为索氏体+沿柱状晶分布的铁素体；②2处组织为铁素体+少量珠光体，铁素体晶粒度<9级，为再结晶形成；③3处为粗大的板条状马氏体，该处为热影响过热区的典型组织；④4处为回火索氏体，结合其分布位置我们可判断：该处为热影响区马氏体经高温回火所致。

综上所述，我们判断：图4-134中2处首先进行焊修，1处为二次焊修。因此，在1处加热的作用下2处发生了再结晶和回火现象。而缺陷恰好位于两次焊修的交界处，为未熔合区域。

3. 失效原因

综上所述，弯轴R处的疑似裂纹类缺陷为两道补焊工序之间未熔合所致，距离表面深度较浅，且在多年使用过程中未发生扩展。值得提出的是，马氏体的存在将改变焊补区的应力分布，应避免出现。

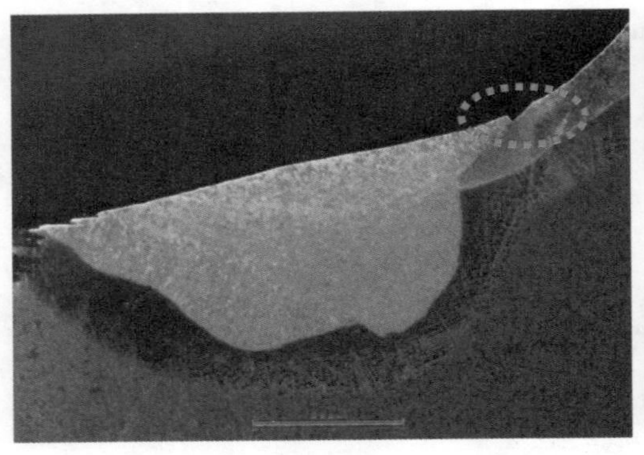

图 4-133　缺陷处截面腐蚀形貌

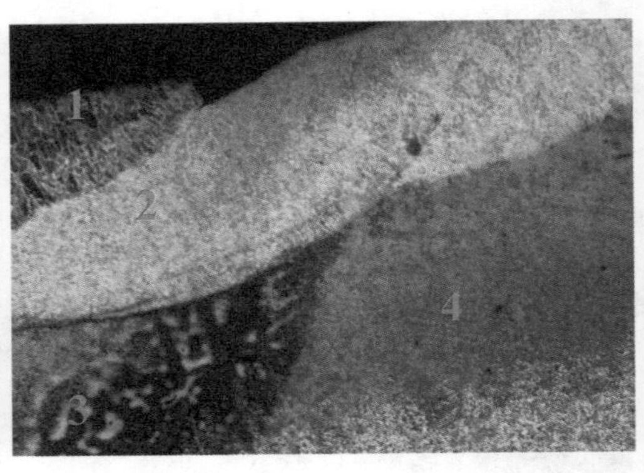

图 4-134　缺陷处组织（10×）

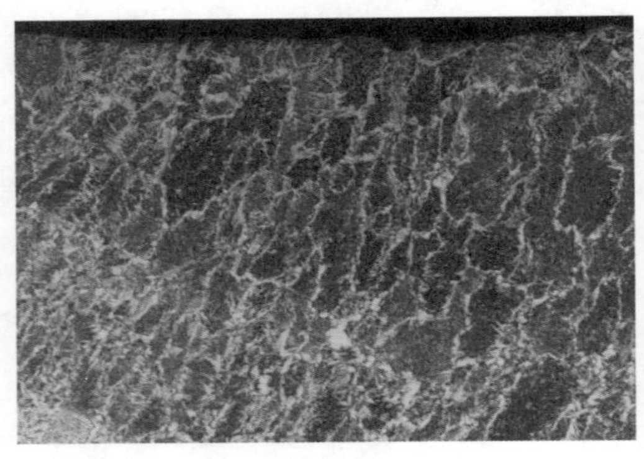

图 4-135　图 4-134 中 1 处组织（100×）

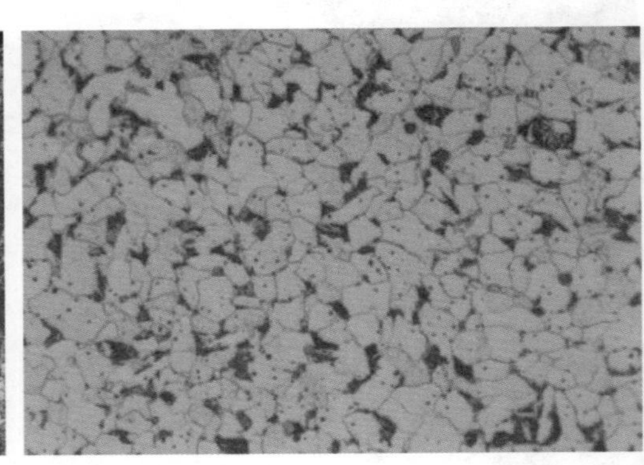

图 4-136　图 4-134 中 2 处组织（500×）

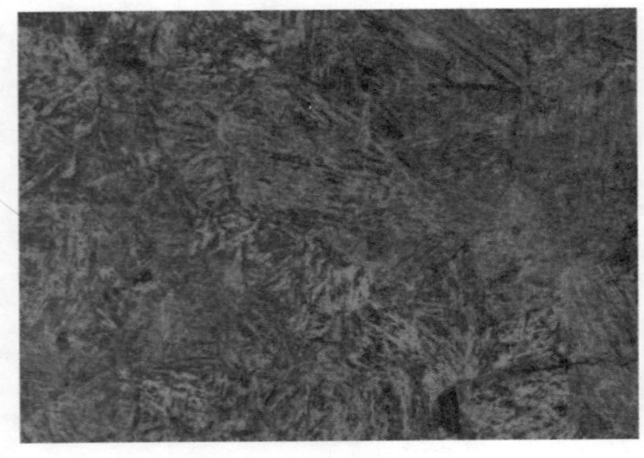

图 4-137　图 4-134 中 3 处组织（100×）

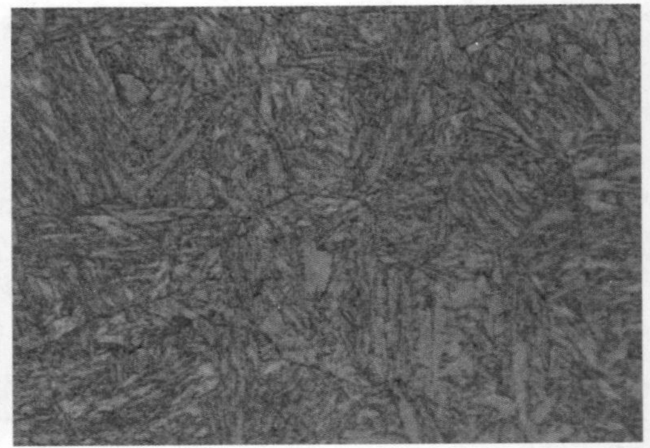

图 4-138　图 4-134 中 4 处组织（500×）

4. 改进方案

1）优化制造工艺，严格控制焊修次数并进行焊后检查（目视、磁粉检测、射线检

测等）。

2）焊修过程中避免马氏体类脆硬组织出现，必要时进行焊后热处理。

4.4　热处理相关的失效

热处理缺陷类型较多，常见的有淬火裂纹、淬火变形、淬火软点、回火脆性、氧化脱碳等。如图 4-139 所示，根据热处理裂纹的形成阶段，又可将其分为加热过程、冷却过程和再热过程三大类。通常只有大型零件在快速加热条件下，才有开裂的实际危险，这在高合金钢中较为常见。对于普通的机械零部件产品，冷却过程尤其是淬火裂纹则是较为常见也是一直困扰热处理金相检验人员的一个实际问题。不同的淬火裂纹其形成的具体原因并不相同，这主要反映在内应力的形成规律和作用特点的不同上。

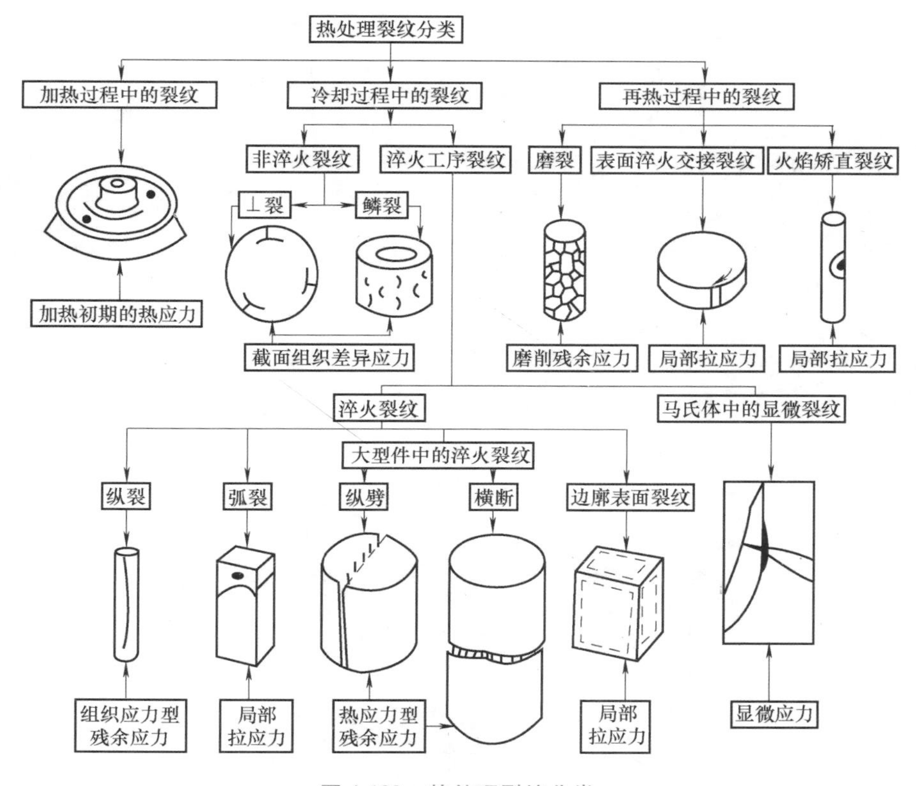

图 4-139　热处理裂纹分类

本章主要针对各种因素引起的淬火裂纹、回火不足、过热、热处理工艺选用不当及热点矫直等几方面进行分析讨论。

案例33 从动齿轮环油槽裂纹

1. 实例简介

某从动齿轮材质为18CrNiMo7-6，齿坯由甲方通过外购原材料锻造而成，热处理及后续加工由乙方完成。产品制造工艺为：原材料→锻造→粗车→轮齿加工→渗碳→减轻孔加工→淬火＋回火→精车→磨齿→磁粉检测→清洗，清洗后发现三件齿轮内孔环油槽部位出现环状裂纹，约占整批产品的1/10。产品实物照片如图4-140所示，开裂部位见图中箭头处，恰好位于变径过渡区域。

断口宏观形貌如图4-141所示：整个断口呈一次性脆性断裂特征，断面无氧化、腐蚀迹象。根据裂纹收敛方向可知：断面上油孔两侧近齿轮内孔边缘区域浅表层存在两处裂源（见图4-142中箭头处），将其分别编号为A、B。

图4-140 从动齿轮实物照片

图4-141 断口宏观形貌

图4-142 断口裂源处宏观形貌

2. 测试分析

（1）微观形貌和能谱分析　断口采用无水乙醇超声清洗后放入 S-3700N 扫描电子显微镜进行微观形貌观察，并进行能谱分析，结果见图 4-143～图 4-146：①裂源 A 距离油孔边缘 4mm 位于齿轮内孔浅表层 1mm 处，裂源 B 距离油孔边缘 1mm 位于齿轮内孔浅表层 2mm 处；②两处裂源区域均聚集分布着大量粗块状硫化锰夹杂物，且无方向性，裂纹自该处向周围扩展。

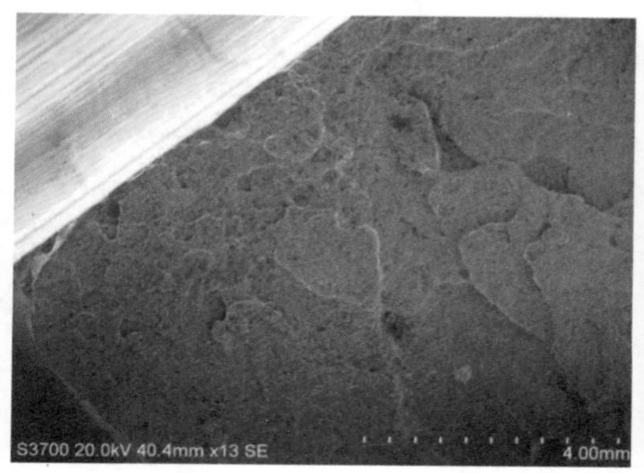

图 4-143　裂源 A 微观形貌

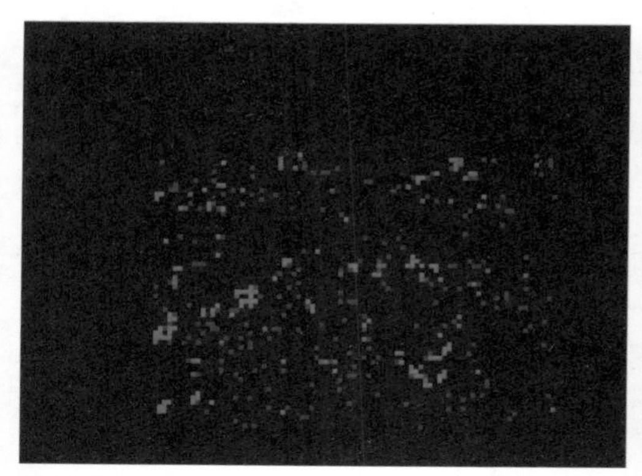

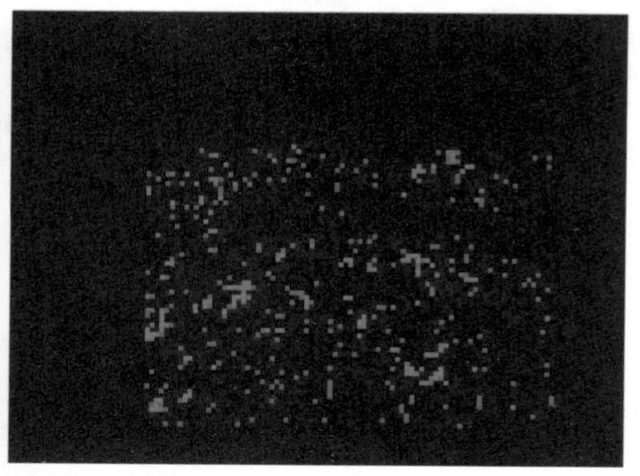

图 4-144　裂源 A 处 S、Mn 分布形态

值得提出的是，对裂源 B 和其附近的扩展区进行半定量元素分析，结果发现：前者 S、Mn 含量约为后者两倍，其余元素相当，再次证明裂源处存在较为严重的 MnS 夹杂物偏聚现象，见表 4-12。

表 4-12　裂源 B 及扩展区能谱分析结果

测试部位	O（wt%）	Si（wt%）	S（wt%）	Cr（wt%）	Mn（wt%）	Fe（wt%）	Ni（wt%）
裂源 B	5.77	0.53	0.78	1.83	1.47	88.20	1.42
扩展区	4.22	0.45	0.26	1.85	0.78	91.04	1.40

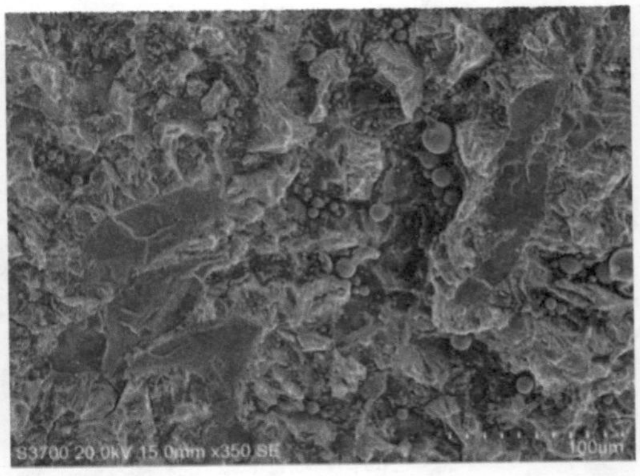

图 4-145　裂源 B 微观形貌

图 4-146　裂源 B 处 S、Mn 分布形态

（2）低倍检查　结合从动齿轮的生产工艺和裂源处 MnS 的分布形态，特在裂源下方 10mm 处取样进行低倍形貌检查，结果显示：距内孔边缘约 15mm 范围内存在明显的枝晶状偏析，说明该处锻造比不足，见图 4-147。

图 4-147　低倍形貌

（3）化学成分分析　鉴于裂源（MnS 的聚集处）主要分布于从动齿轮内孔边缘，特对非裂源部位的内孔边缘和基体各取样两只进行化学成分定量分析，结果见表 4-13，四个区域的化学成分相当，这说明 MnS 的偏聚现象仅存在于内孔边缘个别部位，而非整个环向。

表 4-13　化学成分（质量分数）　（%）

试样编号	C	Si	Mn	P	S	Cr	Ni	Mo
内 1	0.18	0.31	0.69	0.020	0.006	1.65	1.54	0.30
内 2	0.18	0.31	0.69	0.020	0.006	1.65	1.54	0.30
基 1	0.18	0.30	0.68	0.019	0.007	1.64	1.52	0.30
基 2	0.18	0.30	0.68	0.021	0.007	1.63	1.53	0.30

3. 失效原因

综合化学成分、低倍形貌、微观形貌及能谱分析可知：①裂源处存在 MnS 夹杂物偏聚现象，属原材料缺陷；②后续成形（锻造）过程中未能有效消除或改变上述缺陷的形态，致使淬火时以此为源，发生一次性开裂。

此外，对另外两件失效齿轮进行检查后发现：裂源距离油孔较远位于环油槽下方浅表层处，且聚集分布着 MnS 夹杂物。

综上所述，该从动齿轮开裂的直接原因是局部聚集分布的原材料缺陷，该区域锻造比不足对其起促进作用。

4. 改进方案

建议在改良原材料洁净度和锻造工艺的同时，对热处理工艺进行优化，以减小淬火应力。

案例 34　棒料开裂

1. 实例简介

开裂件为 Φ270mm × 800mm 的圆柱形棒料，一端呈圆弧状，一端呈平头状。实物照片和三维结构示意图见图 4-148，热处理工艺为：淬火→回火→去应力退火，热处理后平头侧端面发生开裂。

开裂处实物照片如图 4-149 所示，由图可知，开裂发生于棒料平头端的圆角附近，裂纹整体呈环形且与圆角边棱平行，扩展范围约占 1/2 周向，具有边廓裂纹的特征。断口宏观形貌见图 4-150，断口呈一次性脆性断裂特征，起裂部位为棒料端面，无集中裂源。

2. 测试分析

（1）低倍检查　对棒料横截面切片进行低倍检查，结果见图 4-151 和表 4-14。

a)

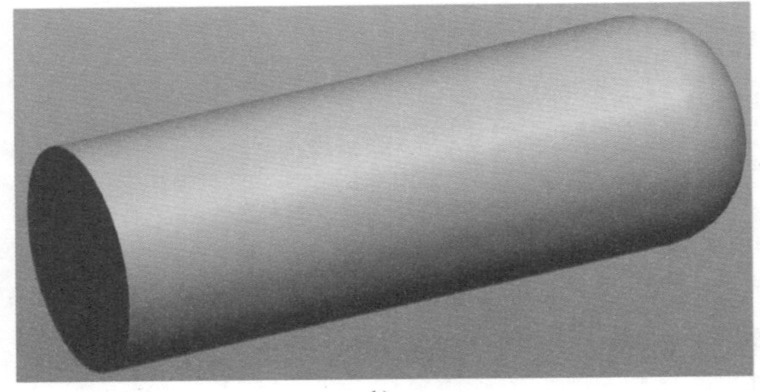

b)

图 4-148　棒料形貌

a）棒料实物照片　b）棒料三维结构示意图

图 4-149　棒料裂纹宏观形貌

图 4-150　断口宏观形貌

表 4-14　棒料低倍结果

试样名称	一般疏松	中心疏松	锭型偏析	其他缺陷
棒　料	<1 级	<1 级	未见	未见

（2）拉伸性能测试　在棒料 1/2 处取样进行力学性能试验，结果见表 4-15。

表 4-15　力学性能

试样名称	R_m/MPa	$R_{p0.2}$/MPa	A（%）	Z（%）	KV_8/J
棒　料	1080	834	12	28	10.0、10.0、11.0

如图 4-152 所示：拉伸试样断口呈典型的正断特征，断口由 95% 放射区 + 约 5% 纤维区组成，剪切唇占比极小。

图 4-151　棒料低倍形貌

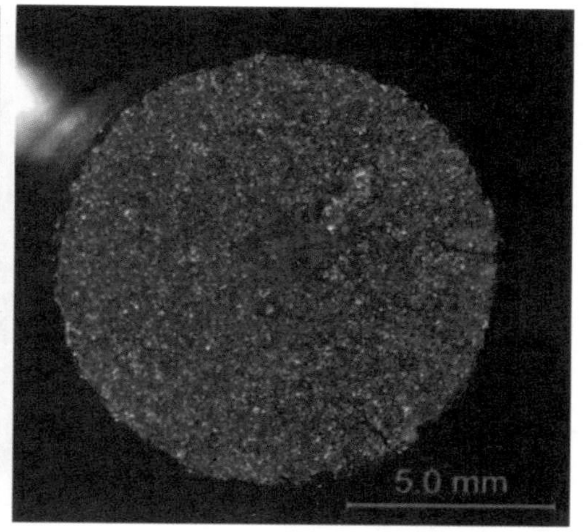

图 4-152　拉伸试样断口宏观形貌

（3）化学成分检查　对棒料进行化学成分检查，结果见表 4-16，满足相关技术规范。

表 4-16　化学成分（质量分数）　（%）

试样名称	C	Si	Mn	P	S	Cr	Mo
棒　料	0.49	0.30	0.90	0.007	0.005	0.99	0.27
技术要求	0.42～0.49	0.15～0.35	0.85～1.15	≤0.035	≤0.40	0.85～1.20	0.25～0.35

（4）显微组织分析　沿图 4-150 中虚线处取样进行金相检查：裂源处无疏松、夹杂、夹渣等原材料缺陷，裂纹刚直有力、多处有分叉、尾部尖细，呈沿晶扩展，具有应力性裂纹特征，见图 4-153。裂纹两侧组织为回火托氏体，无氧化、脱碳等热处理缺陷，见图 4-154，结合生产工艺可判定：该裂纹为淬火裂纹。

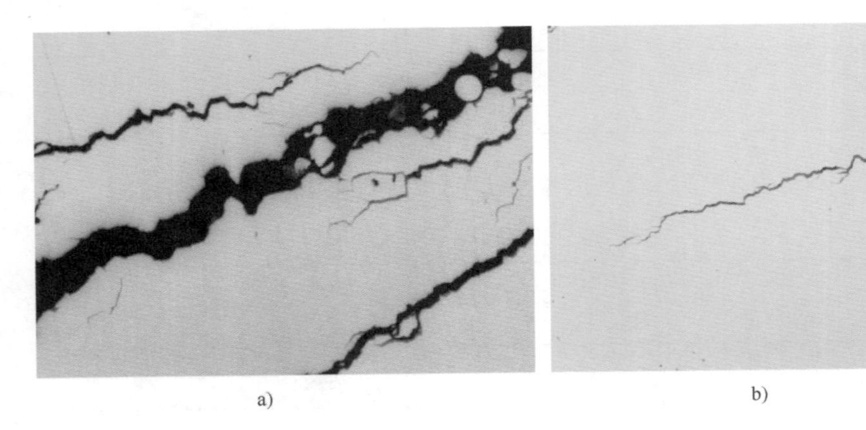

a) b)

图 4-153 裂纹抛光态形貌（50×）

a）裂纹中部 b）裂纹尾部

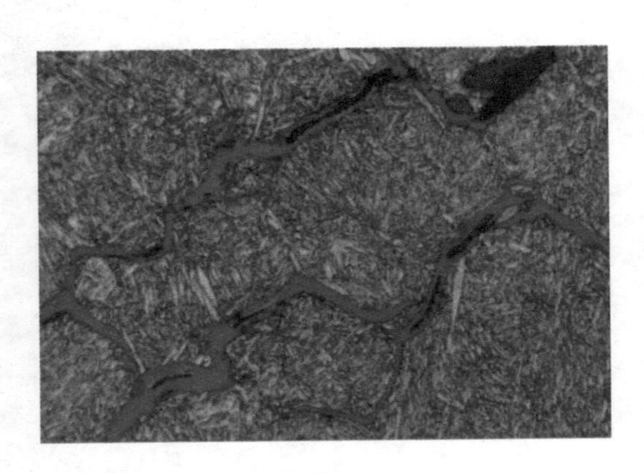

图 4-154 裂纹尾部组织（500×）

此外，距离棒料外圆面约1英寸处的硬度为373HBW10/3000，满足技术要求（332～375HBW10/3000）但偏上限；基体非金属夹杂物评定级别为：A0.5、D1，原材料洁净度较好。

3. 失效原因

棒料原材料洁净度良好，化学成分合格，开裂发生在棒料平头端的圆角边棱附近，呈环形扩展，为典型的边廓裂纹，该类裂纹是淬火时在极快冷速条件下形成的，主要与马氏体转变时极高的膨胀速率有关，属于淬火裂纹的一种。

 案例35 钩舌盘开裂

1. 实例简介

钩舌盘材质为30CrNiMo8，制造工艺为：模锻成形→正火→粗加工→无损检测→调

质→镗孔，无损检测时未见异常，但在后期镗孔时发现表面存在开裂现象，开裂比例超过50%，初步推断其形成于淬火过程中。

图4-155为送检钩舌盘实物照片，由图可知：钩舌盘端部已经过车削加工，裂纹贯穿圆柱部分延伸至盘面但尚未裂穿，根据裂纹的分布形态及扩展特征可判断，开裂应始于圆柱部分，继而向盘面扩展（备注：据工艺人员介绍，端面加工量较小）。

图4-155　钩舌盘实物照片

用重锤将开裂处敲开，断口实物照片如图4-156所示，①裂纹几乎贯穿盘面，图中下部白亮色（金属光泽）区域为人为打开断口；②原始断面呈灰色形貌，表面疑似有氧化物覆盖；③断口无明显集中裂源，但根据裂纹放射状特征可知，裂纹纹理平行收敛于圆柱加工端面；④零件外表面整体显示剪切唇形貌，为最终断裂部位。

图4-156　断口宏观形貌

2. 测试分析

（1）化学成分分析　对钩舌盘进行化学成分分析，结果见表4-17，满足相关技术规范。

表4-17　钩舌盘化学成分（质量分数）　（%）

试样名称	C	Si	Mn	P	S	Cr	Ni	Mo
钩舌盘	0.33	0.25	0.44	0.010	0.003	2.18	2.23	0.34
技术要求	0.26～0.34	≤0.4	0.30～0.60	≤0.035	≤0.035	1.80～2.20	1.80～2.20	0.30～0.50

（2）显微组织分析　沿图4-156中虚线处取样进行金相检查，如图4-157和图4-158所示：①裂纹面刚直有力，无原材料缺陷；②组织以回火托氏体为主，无氧化、脱碳等热处理缺陷，裂纹呈沿晶扩展，具有应力性开裂特征；③值得注意的是，整个裂纹面沿带状偏析处扩展，这在图4-159中更加明显，且横截面金相组织同样证实钩舌盘成分偏析极为严重。此外，对图4-158中区域1和2进行显微硬度测试发现：两处硬度值分别为460HV0.3和420HV0.3。

对钩舌盘基体进行硬度检查发现，其心部硬度达423HBW10/3000，超出技术规范（380～420HBW），说明回火温度偏低。

此外，钩舌盘非金属夹杂物评定级别为A1.5，B1.0，D1.0，原材料洁净度一般。

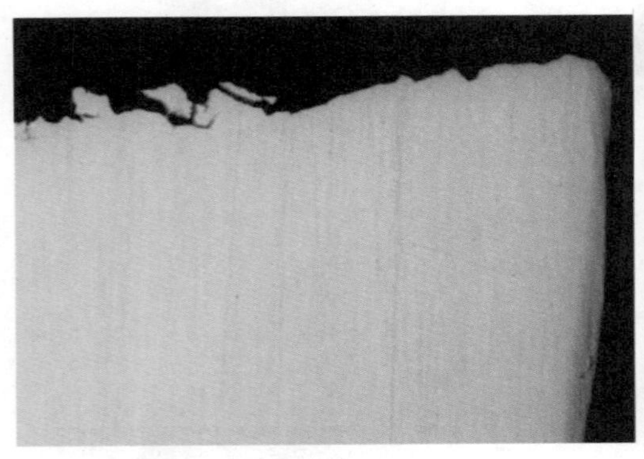

图4-157　裂纹面抛光态形貌（100×）

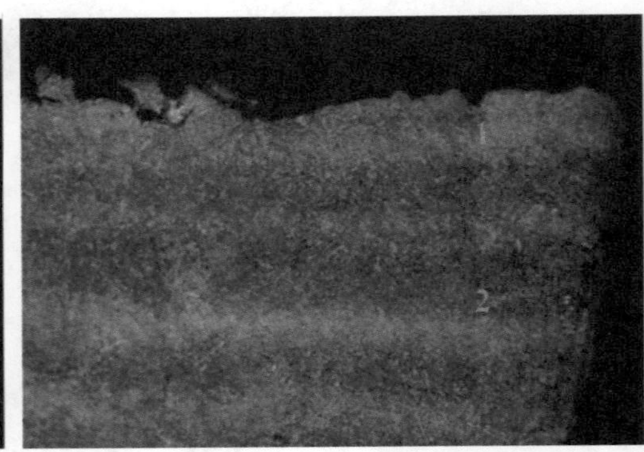

图4-158　裂纹面组织（100×）

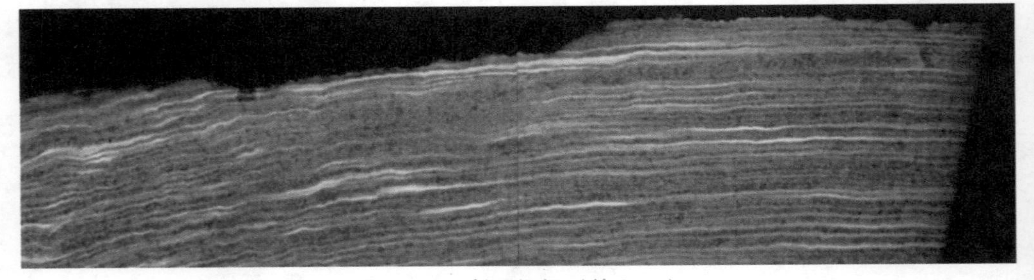

图4-159　断口组织（约20×）

3. 失效原因

钩舌盘原材料洁净度一般，回火温度偏低，成分偏析异常严重。断口形貌显示断面有氧化物覆盖且起裂部位已被加工去除，整体具有应力性开裂特征，再结合断面组织和钩舌盘制造工艺可知，开裂发生于淬火过程中，属淬火裂纹，

带状组织对于原材料而言，主要表现为材料的各向异性。通常纵向强度高于横向强度（即性能产生各向异性），这将极大地降低钢的塑性、冲击韧性和断面收缩率。对于需要后续热处理的零件，由于成分的差异，将造成各区域 Ms 点不同，发生马氏体转变的时间先后不一，淬火后形成很大的显微内应力，轻则导致热变形过大，重则会造成应力集中，甚至出现裂纹。

因此，我们可判断钩舌盘的开裂主要与严重的带状偏析有关。

4. 改进方案

1）提高原材料冶炼及浇注水平，譬如控制钢液的过热度和加大电磁搅拌等，尽量消除成分偏析。

2）加强锻造工艺控制及锻后热处理，使原材料偏析得以改善。

3）提高调质工艺的回火温度，避免出现硬度超标现象。

案例 36 轴承圈表面缺陷

1. 实例简介

轴承圈材质为 GCr15，最终热处理工艺为：淬火 + 低温回火，实物照片如图 4-160 所示，轴承圈滚道上出现大面积剥落现象，且滚道大部分区域呈浅黄色，这与合金钢在 200 ~ 250℃之间的氧化色形貌较为吻合。仔细观察发现：滚道与外圈平面过渡区域的剥离更为严重，主要表现为剥层的范围与深度较前者更加明显。其次，右图显示滚道与外圈平面过渡部位存在较为严重的挤压变形痕迹。

2. 测试分析

（1）化学成分检查　鉴于 GCr15 材料高硬度的特性，特对送检轴承圈进行 800℃保温 2h 退火处理后取样进行化学成分检查，其结果见表 4-18，满足相关技术规范。

表 4-18　轴承圈化学成分（质量分数）　（%）

试样名称	C	Si	Mn	P	S	Cr
轴承圈	0.95	0.21	0.33	0.011	0.005	1.44
技术要求	0.95 ~ 1.05	0.15 ~ 0.35	0.20 ~ 0.40	≤0.027	≤0.020	1.30 ~ 1.65

（2）显微组织分析　组织观察结果见图 4-161 ~ 图 4-165。

图 4-161 所示为轴承圈近表面的两种裂纹情况：①裂纹平行于工作面位于次表层，这是因为滚动轴承在交变载荷作用下，最大切应力将产生于工作面次表层；②当滚动

带有滑动时，工作表面沿滚动方向将产生摩擦力作用，此时最大切应力的位置随着滑动比的增加向表面移动，这时裂纹将沿与表面近似成45°的夹角向内扩展。以上两种裂纹发展到一定程度，其上部金属形同悬臂梁，在随后加载中将发生折断，造成麻点剥落，形成麻坑。

图4-160　轴承实物照片

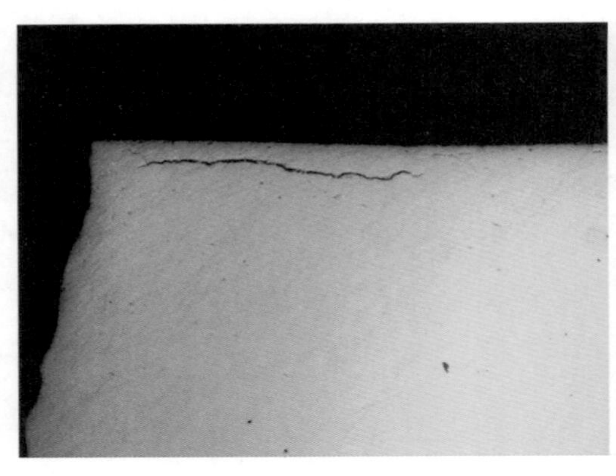
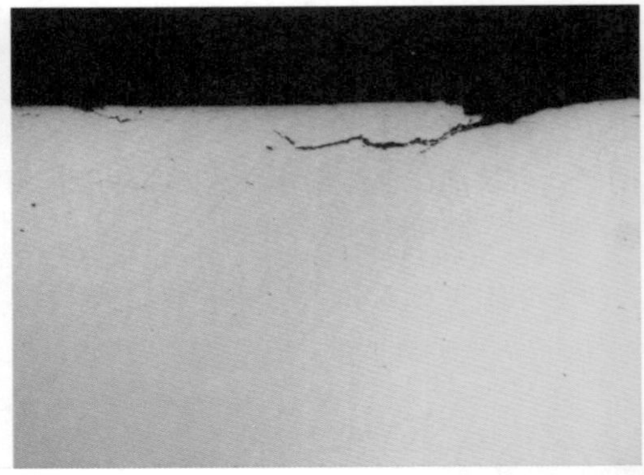

图4-161　截面抛光态形貌（50×）

图4-162所示为滚道变色处的金相组织，由图可知：表面经硝酸酒精侵蚀后呈深色，具有回火层的侵蚀特征，说明滚道表面曾受滚珠较大的滑动摩擦作用；图4-163证实变色区表面存在深约40μm的低硬度层，这与图4-162中回火层深度完全吻合。此外，图4-164显示，外圈平面处（非工作面）表面组织为回火马氏体+残留奥氏体+针状托

氏体 + 少量上贝氏体，说明该处在热处理过程中存在脱碳，这点也可由图 4-165 证明：距表面 60μm 范围内硬度出现“抬头”现象。

图 4-162　滚道变色处表面组织（100×）

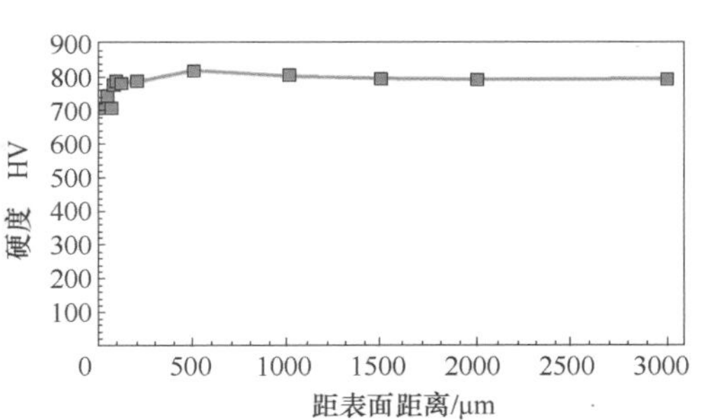

图 4-163　滚道表面硬度梯度

图 4-164　外圈非工作面组织（500×）

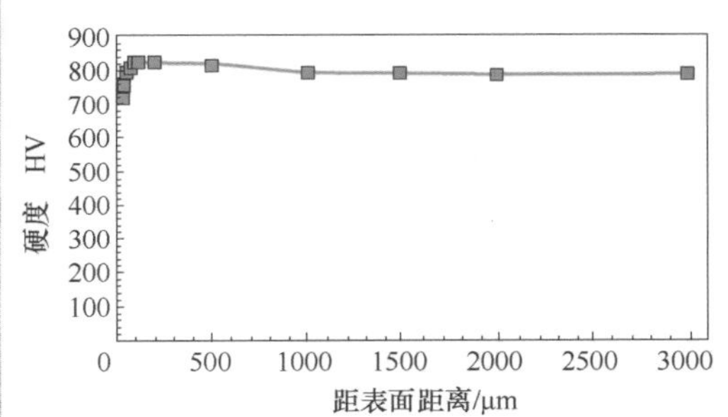

图 4-165　外圈非工作面硬度梯度

值得注意的是，轴承心部组织为：粗针状回火马氏体 + 少量未溶碳化物 + 残留奥氏体（约 10%），马氏体针叶粗大，针长约 20μm，为严重过热组织，见图 4-166。图 4-167 显示退火后局部区域出现大量铁素体，说明原材料成分存在偏析。

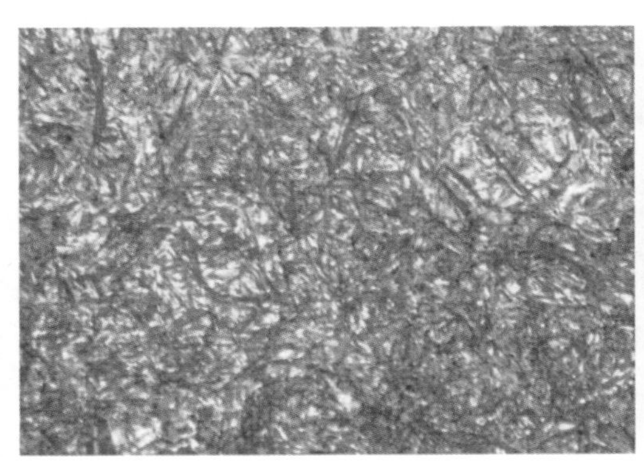

图 4-166　心部组织（500×）

图 4-167　退火后局部组织（100×）

3. 失效原因

根据以上检查结果可知：

1）轴承滚道面出现大范围变色区域，是由于服役过程中承受滚珠较大的滑动摩擦力作用所致。

2）热处理脱碳使得滚道表面强度、硬度降低，交变载荷作用下极易萌生疲劳裂纹。

3）心部组织过热和成分不均匀则加剧了裂纹的扩展，造成轴承圈的早期剥离失效。

综上所述，该轴承圈的表面剥落主要与热处理工艺不当有关。

案例 37　模具开裂

1. 实例简介

某厂生产的筒形模具，材质为 Cr12MoV，制造工艺为：外购圆钢→车削圆孔→螺纹孔加工→热处理（550℃预热 1h→1010℃保温 2h→盐浴淬火，回火工艺不详）→精车。实物照片如图 4-168 左图所示，尺寸参数为：外径 Φ238mm；内径 Φ145.5mm；高度 68mm；螺纹孔内径 Φ9.0mm；螺纹孔深约 34mm。模具在精车过程中发现内孔表面出现裂纹。其形貌见图 4-168 右图，由图可知：①内孔表面共发生 4 处开裂，裂纹正好与螺纹孔位置一一对应，且延伸方向与螺纹孔轴线方向一致；②四条裂纹的长度均约 55mm，但尚未延伸至模具端面；③仔细观察发现，裂纹同一侧均出现“褶皱变形”，这说明精车前模具既已开裂，当车刀沿一个方向旋转时，相对于进刀方向而言，裂口下方的裂纹面将受到瞬间冲击作用而发生变形，多道车削加工后便出现“褶皱”现象，这也是其在四处裂纹同侧发生的原因。

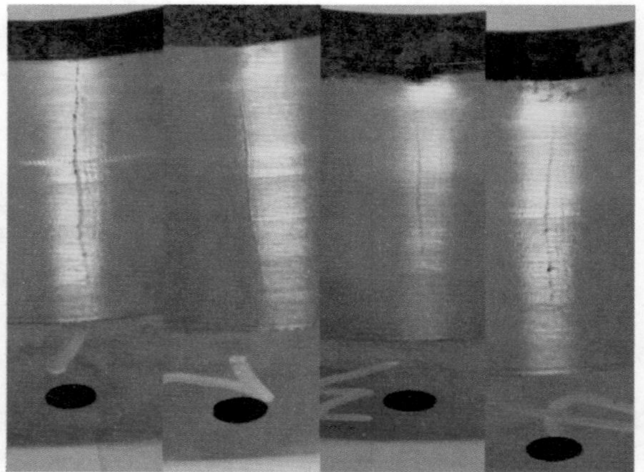

图 4-168　模具实物照片

对模具做磁粉检测发现，螺纹孔径向对称分布着两条裂纹，且裂纹同样未延伸至

端面，见图 4-169。值得注意的是，螺纹孔处的两条裂纹和与其对应的模具内孔表面的裂纹位于同一平面上，且均未露头于模具端面。因此，我们可判定：开裂由模具内部引发，裂纹面整体沿径向分布。

将图 4-168 中 1#裂纹打开进行断口形貌观察，如图 4-170 所示：断口呈类“木纹层状”形貌，断面无金属光泽、无氧化条带、无塑性变形。根据“木纹”收敛方向可知，裂纹应起始于螺纹孔底部区域。结合材质可推测钢中可能存在大量共晶碳化物在晶界上沉积。

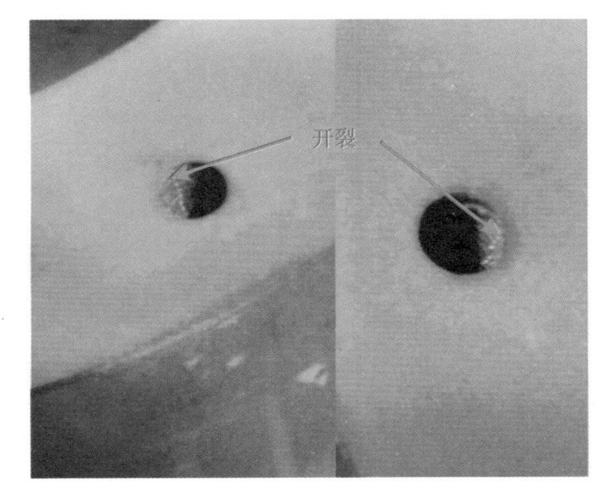

图 4-169　模具螺纹孔处磁粉检测形貌

图 4-170　1#螺纹孔处断口形貌

2. 测试分析

（1）微观形貌分析　对上述断口进行微观形貌观察，如图 4-171 所示，断口呈类“木纹层状”结构，局部存在二次裂纹，木纹层片处存在大量带状分布的块状物，能谱显示块状物为（Cr，Fe)$_x$C$_y$，见图 4-172，根据分布形态可判断其为共晶碳化物，这与前文中推测相符。

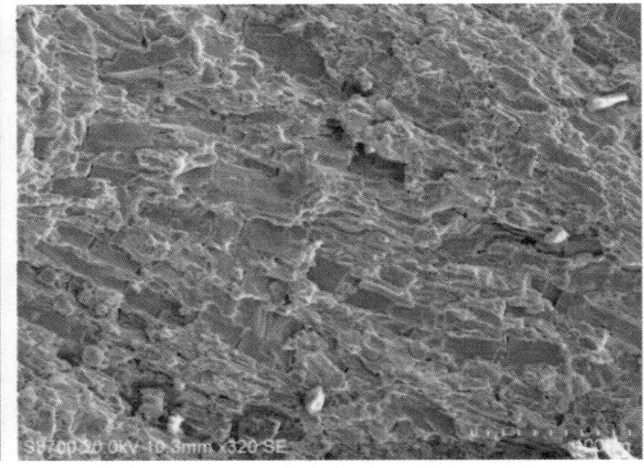

图 4-171　断口微观形貌

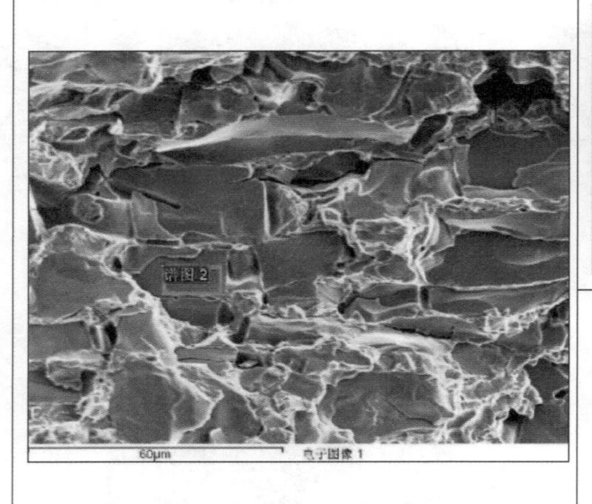

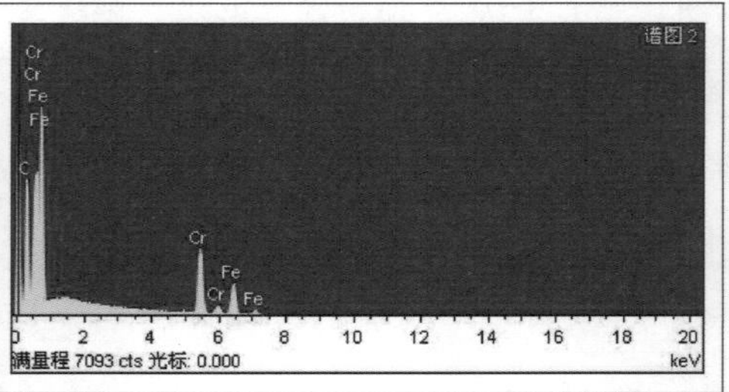

元素	质量分数（%）	摩尔分数（%）
CK	9.62	32.40
CrL	39.54	30.77
FeL	50.84	36.83
总量	100.00	

图 4-172　块状物能谱分析

（2）化学成分检查　鉴于模具的硬度较高，特将其经过 800℃保温 1.5h 退火处理后钻屑取样进行化学成分检查，由表 4-19 可知，该模具材质为 Cr12，而非 Cr12MoV。

表 4-19　送检圆钢化学成分（质量分数）　（%）

试样名称	C	Si	Mn	P	S	Cr	Mo	V
模　具	2.20	0.21	0.23	0.017	0.015	12.00	0.01	0.04
Cr12MoV	1.45～1.70	≤0.40	≤0.40	≤0.030	≤0.030	11.00～12.50	0.40～0.60	0.15～0.30
Cr12	2.00～2.30	≤0.40	≤0.40	≤0.030	≤0.030	11.00～13.00	—	—

众所周知，Cr12MoV 与 Cr12 相比，w(C)低约 0.55～0.85%，w(Cr)低约 0.5%，还添加了少量的 Mo 和 V，其中 Mo 元素的加入是为了增加钢的淬透性和细化晶粒，而 V 既能细化晶粒，又能提高钢的韧性，并形成高硬度的 VC，进一步提高钢的耐磨性。此外，Cr12 正常的淬火温度一般为 980℃，而本案例中采用的 1010℃明显偏高，一方面使得碳化物过多的溶于奥氏体，导致 Ms 点降低，淬火后获得较多量残留奥氏体；另一方面增大了淬火应力。因此，模具必须及时并进行多次回火处理，以消除淬火应力和完成残留奥氏体的进一步转变。

（3）显微组织分析　对开裂处及基体进行金相组织检查，结果见图 4-173～图 4-176。从图 4-173 和图 4-174 可看出模具回火严重不足，具体表现为晶界明显，硝酸酒精侵蚀困难，基体组织仍以淬火马氏体为主，因而模具仍处于高应力状态。但硬度检测发现：模具基体硬度仅为 58HRC，处于技术要求（58～60HRC）下限，这是因为较多量残留奥氏体导致的硬度降低抵消了淬火马氏体带来的高硬度。此外，依据共晶碳化物不均匀

度第四评级图评定碳化物不均匀度级别为4级，见图4-175。局部共晶碳化物带宽达113μm，根据模具尺寸（钢材直径或边长＞120mm）可知，满足GB/T 1299—2000中规定的≤6级，见图4-176。

图4-173 断面组织（500×）

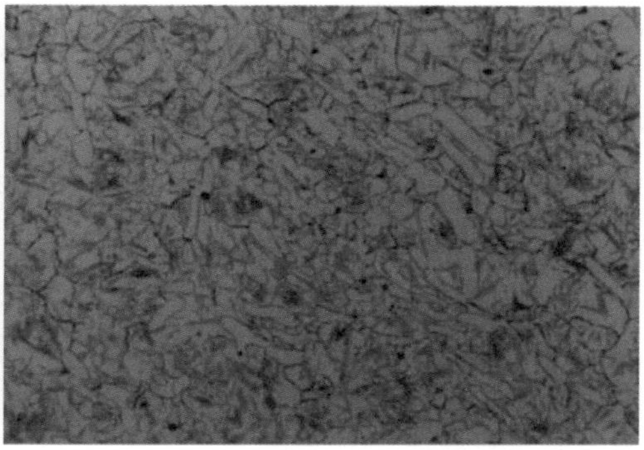

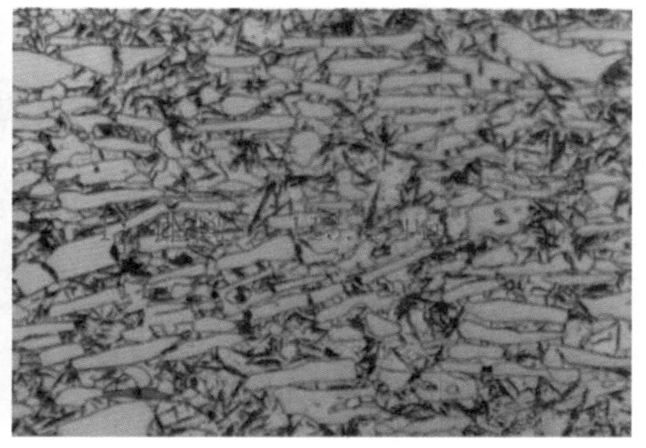

图4-174 基体组织（500×）

图4-175 共晶碳化物（100×）

图4-176 共晶碳化物（500×）

3. 失效原因

1）模具开裂部位与螺纹孔对应，断口呈类木纹层状形貌，裂纹始于螺纹孔底部区域。

2）模具采用的材料为Cr12，而非技术要求提供的Cr12MoV，但热处理工艺仍沿用后者，使得淬火后模具处于高应力不稳定状态。

3）模具回火严重不足，组织以淬火马氏体为主，且仍保留有较多量的残留奥氏体，这使得构件内部存在较大的残余内应力。但在二者的共同作用下，模具硬度满足技术要求。

综上所述，模具由于错用材料导致的淬火工艺偏差及回火不足两方面因素产生极大的残余内应力。使其在应力集中较为严重的螺纹孔底部发生开裂，裂纹沿共晶碳化物带状向两端扩展，造成模具早期失效。

4. 改进方案

1）严格按照技术要求选用正确牌号的材料。

2）模具淬火后，及时并多次进行回火处理，以达到消除淬火应力并降低残留奥氏体含量的目的。

案例 38 车轴断裂

1. 实例简介

某断裂车轴材质不详，制造工艺不详。图 4-177 和图 4-178 为断轴实物照片，由图可知：①断轴外形呈一定锥度，断口处外圆表面约 20mm 范围内具有回火特征（发蓝色）；②断口附近存在未经车、磨加工的区域，表面甚为粗糙，可能与加工余量不足有关；③断口对应的外圆表面加工刀痕明显，表面粗糙度值很大。以上现象均表明断口附近应力集中明显。

图 4-177 断轴实物照片

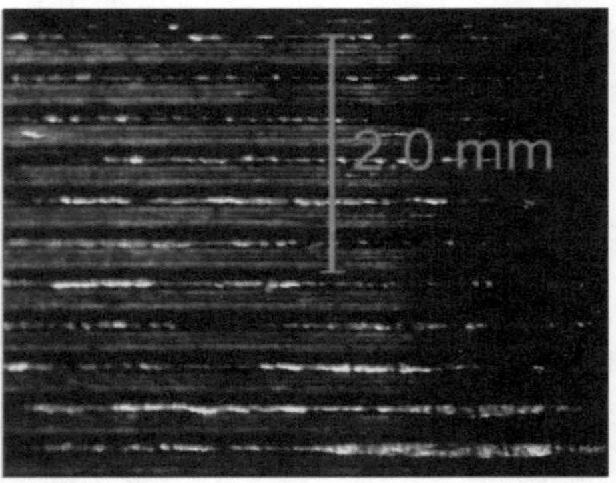

图 4-178 断口边缘宏观形貌

断口宏观形貌如图 4-179 所示：①断面贝纹线清晰可见，呈典型的双向弯曲疲劳断裂特征，根据贝纹线扩展形貌可判断该弯曲疲劳以图中上下对称处为源，最终撕裂面

夹于两磨光区之中；②扩展方向见图 4-179 中红色虚线箭头，瞬断区约占断口面积的 5%，可见车轴断口处的名义应力很小。

图 4-179　断口宏观形貌

2. 测试分析

（1）微观形貌分析　从图 4-180 可以看到裂源 1 部位存在多个疲劳交汇的小台阶，说明裂源对应处有应力集中的现象，这与上述分析相符。此外，断口边缘可见明显的挤压变形痕迹。裂源 2 具有类似的形貌特征。

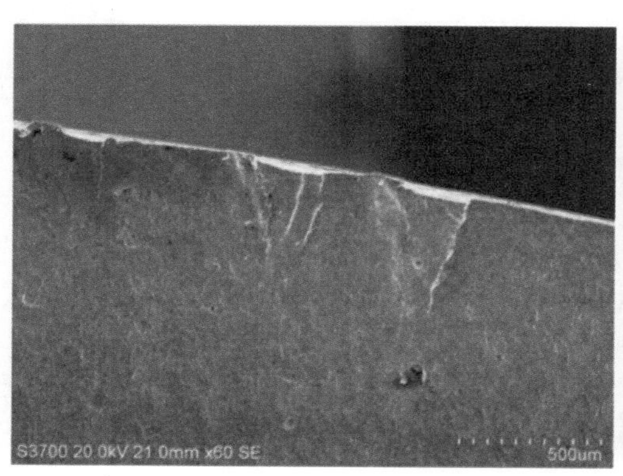

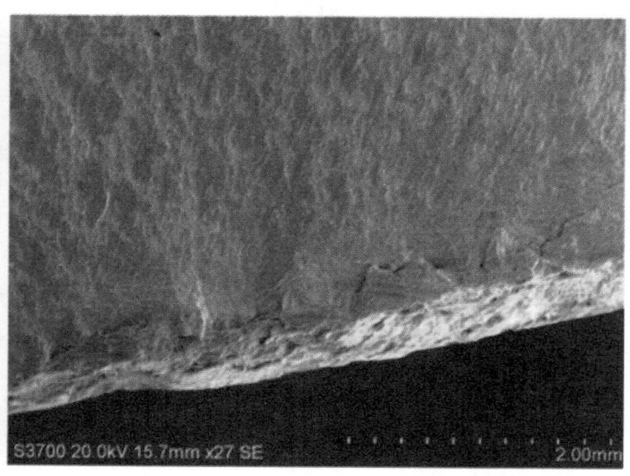

图 4-180　裂源 1 微观形貌

图 4-181 显示扩展区疲劳条带依稀可见，瞬断区则呈韧窝花样显微特征，见图 4-182，这是因为随着裂纹的扩展，当剩余面积小到不足以承受负荷时，在交变应力作用下，即发生突然的瞬时断裂，其断裂过程同单调加载的情形相似。

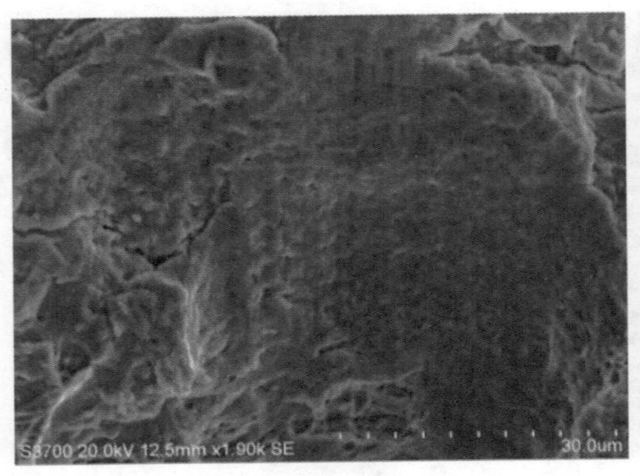

图 4-181　扩展区微观形貌

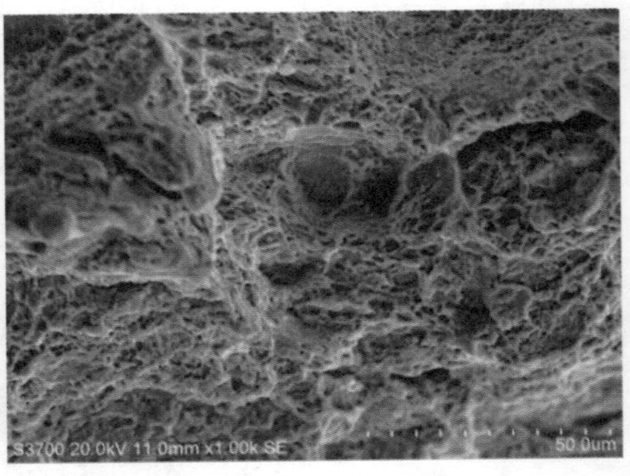

图 4-182　瞬断区微观形貌

（2）显微组织分析　从裂源处取样进行金相组织检查，由图 4-183 可知，裂源处存在挤压凸起的白色区域，该处组织以铁素体为主，由于变形量较大，局部呈纤维状。图 4-184 显示车轴表面均匀分布着铁素体组织，此为热加工过程中形成的脱碳层，据测量总脱碳层深度达 0. 32mm，这使得车轴表面疲劳强度大幅下降，在交变载荷作用下极易萌生疲劳裂纹。

图 4-183　裂源组织（50×）

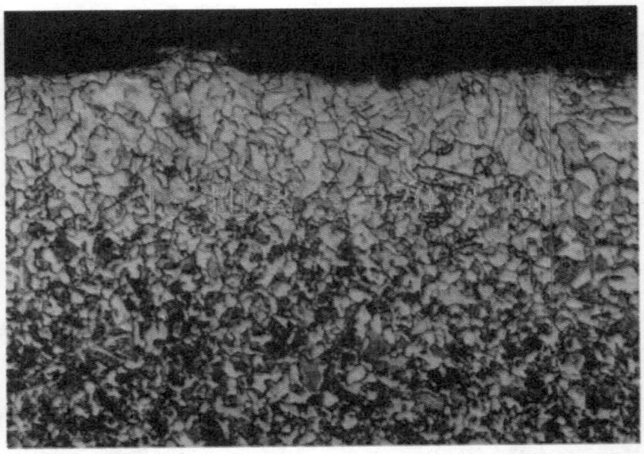

图 4-184　表层组织（100×）

由图 4-185 和图 4-186 可知，车轴次表层组织为珠光体 + 铁素体，根据二者所占比例可推断车轴材质应为中碳钢（经化学成分检查证实其为 40Cr）。值得提出的是，上述珠光体具有未完全球化的特征，具体表现为：大多数片状渗碳体已转变为粒状，但局部仍保留有片层结构，说明车轴采用正火 + 高温回火作为最终热处理工艺。然而这种工艺常作为中间工序来降低正火产生的高硬度，以方便后续切削加工。这点也可由硬度加以证明，测得心部硬度仅为 158HBW10/3000，根据强硬度对应关系，可见车轴强度很低。

3. 失效原因

根据以上检查结果可知：①车轴断面呈典型的双向弯曲疲劳断裂特征，断裂处名

义应力很小；②车轴表面粗糙的加工刀痕和严重的脱碳现象是其萌生疲劳裂纹的主要原因；③采用正火 + 高温回火作为最终热处理工艺，极大地降低了车轴强度，加速了裂纹的扩展，造成其过早断裂。

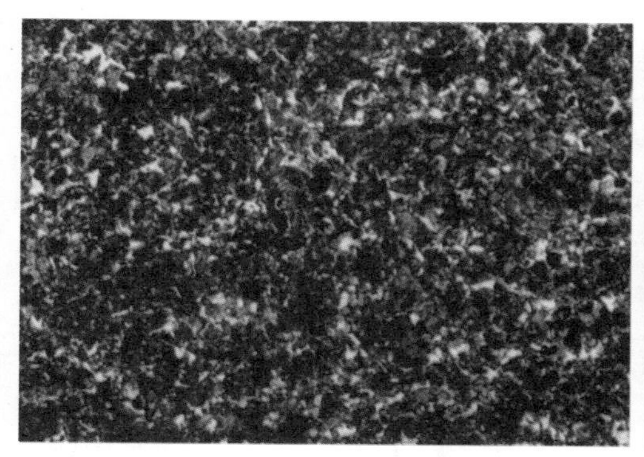

图 4-185　次表层组织（100 ×）

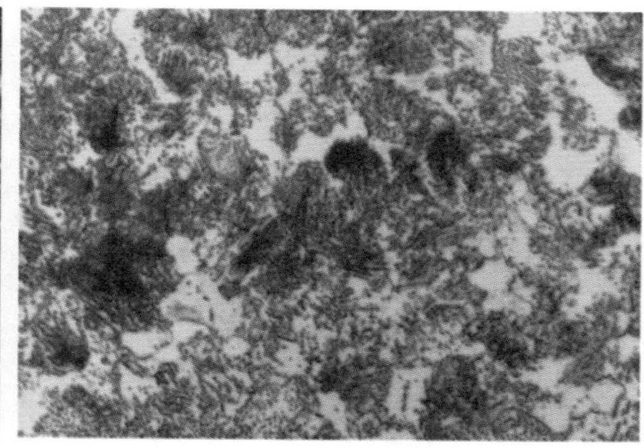

图 4-186　次表层组织（500 ×）

4. 改进方案

1）将脱碳层深度严格控制在加工余量范围内，保证在机械切削时能将其完全去除。

2）提高车轴表面质量，必要时进行表面喷丸强化处理。

3）对于中碳钢而言，尽量采用调质作为最终热处理工艺，使车轴获得强度、塑性、韧性等均良好的综合性能。

案例 39　齿轮轴断裂

1. 实例简介

某厂生产的齿轮轴材质为 20CrMnTi，制造工艺为：锻造毛坯→正火→粗车→渗碳 + 淬火→低温回火→热点矫直→精磨→安装套管（套管材料为 45 钢，采用过盈配合），装配使用约 1 年后，15 根齿轮轴发生断裂，且断裂部位均位于钢套端面与齿轮轴接触处。产品实物照片如图 4-187 所示，断裂部位见图中箭头处。

图 4-187　齿轮轴外观形貌

齿轮轴断裂处宏观形貌如图 4-188 所示：①断面与套管和齿轮轴接触边界处平齐，

套管端部采用倒直角方式（见左图）；②断面贝纹线清晰可见，呈典型的单源弯曲疲劳断裂特征，裂源位于右图中箭头处；③疲劳扩展区断面细腻、平滑，且瞬断区仅约占整个断口面积的10%，说明断裂部位名义应力很小（见右图）。

图4-188　齿轮轴断裂处宏观形貌

2. 测试分析

（1）微观形貌分析　齿轮轴断口采用无水乙醇超声清洗后放入S-3700N扫描电子显微镜进行微观形貌观察，如图4-189所示：源区贝纹线清晰可见（见左图）；裂源附近（2mm处）扩展区疲劳条带密集分布，间距小于0.5μm（见右图），结合宏观分析可知：该断口属于低应力高周疲劳断裂。

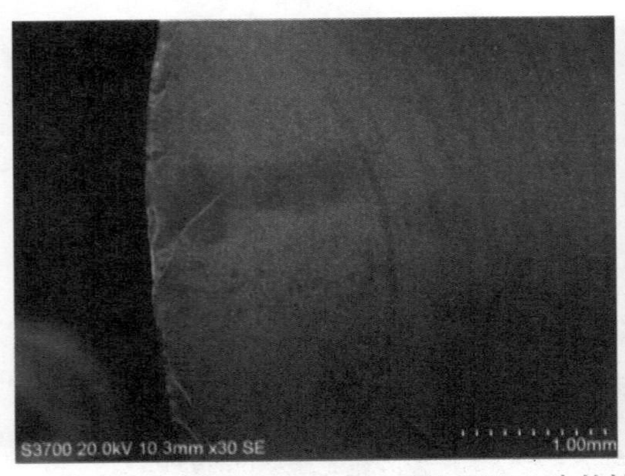

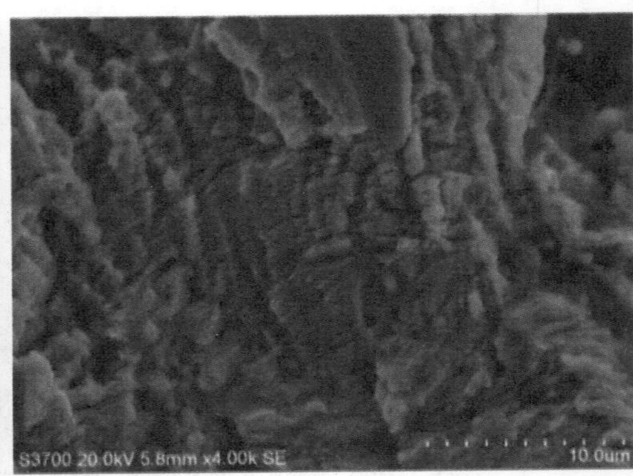

图4-189　齿轮轴断裂口微观形貌

（2）化学成分检查　在送检齿轮轴上取样进行化学成分检查，其结果见表4-20，满足相关技术规范。

表4-20　齿轮轴化学成分（质量分数）　（%）

试样名称	C	Si	Mn	P	S	Cr	Ti
齿轮轴	0.20	0.29	1.00	0.016	0.018	1.11	0.06
技术要求	0.17～0.23	0.17～0.37	0.80～1.10	≤0.035	≤0.035	1.00～1.30	0.04～0.10

（3）显微组织分析　沿图4-188中虚线处线切割取样进行金相组织分析：裂源处无夹杂物、夹渣、疏松等原材料缺陷（见图4-190）；组织为针状马氏体+较多量的残留奥氏体（见图4-191），值得注意的是，裂源处组织不易受4%硝酸酒精侵蚀，推测其可能存在回火不足的现象。远离裂源处轴身表面组织为回火马氏体+极少量的残留奥氏体（见图4-192）。为了进一步证实上述推测，特对齿轮轴表面及裂源处侵蚀后观察其低倍形貌，结果显示：轴身表面呈灰黑色，裂源处则呈灰白色，（见图4-193和图4-194）。众所周知：热点矫直是用氧乙炔焰热点（加热）弯曲工件的凸面，利用热胀冷缩的作用使弯曲的工件得以矫直，通过图4-194和图4-195可知裂源处为约Φ15mm的灰白色圆斑，应为热点矫直所遗留。此外，采用FEM－7000型显微硬度计进行硬度测试：裂源处表面硬度为803HV1、811HV1、814HV1（换算为64.5HRC），超出技术规范（58～62HRC），而齿轮轴正常部位表面硬度为698HV1、705HV1、695HV1（换算为60HRC）。综上所述，通过金相法和硬度法均证明裂源处确有回火不足的现象。

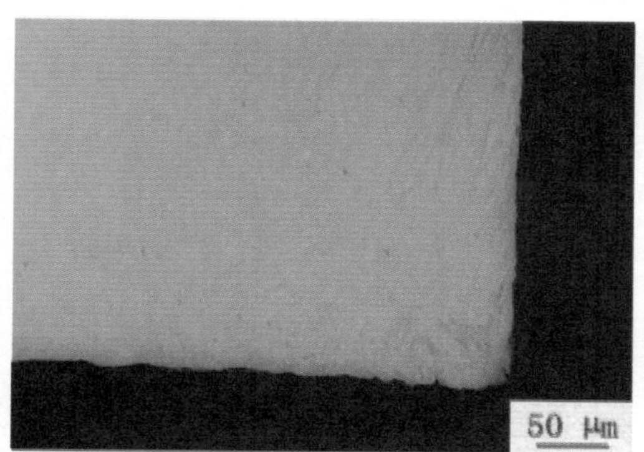

图4-190　裂源抛光态形貌（200×）

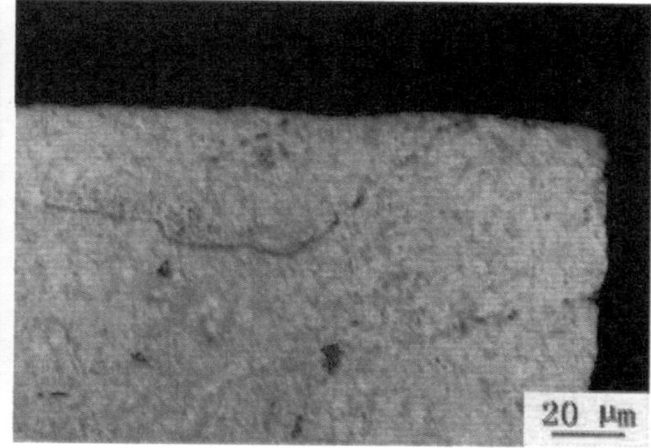

图4-191　裂源处组织（500×）

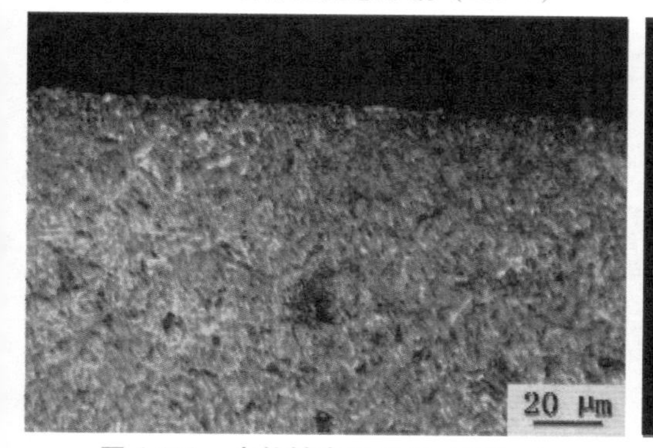

图4-192　齿轮轴表层组织（500×）

图4-193　齿轮轴表层宏观腐蚀形貌

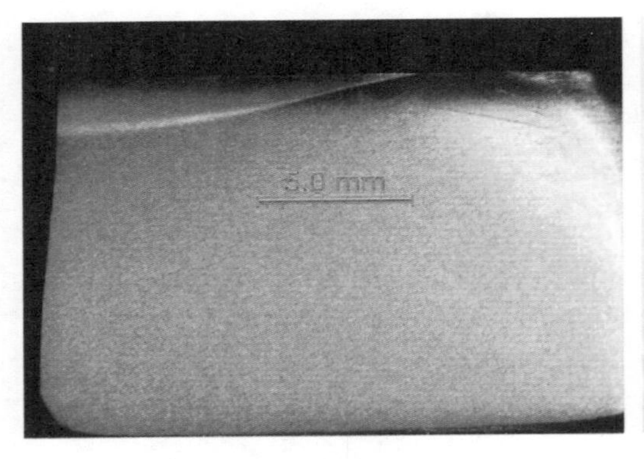

图4-194 裂源处宏观腐蚀形貌

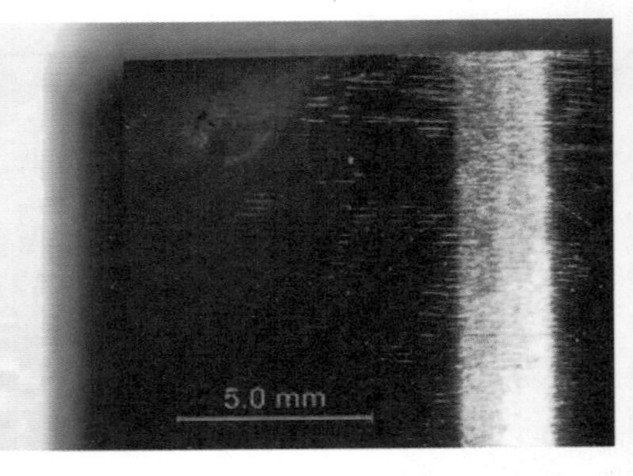

图4-195 裂源外表面宏观腐蚀形貌

由图4-196可知：齿轮轴淬硬层深度约为0.763mm，满足技术要求（0.5～0.8mm）。但其心部组织为贝氏体+马氏体+约5%未熔铁素体，为淬火欠热组织，基体硬度为26.0HRC、26.0HRC、25.5HRC，远低于技术要求（30～42HRC）；基体奥氏体晶粒度为7.5级，局部存在混晶现象，见图4-197。

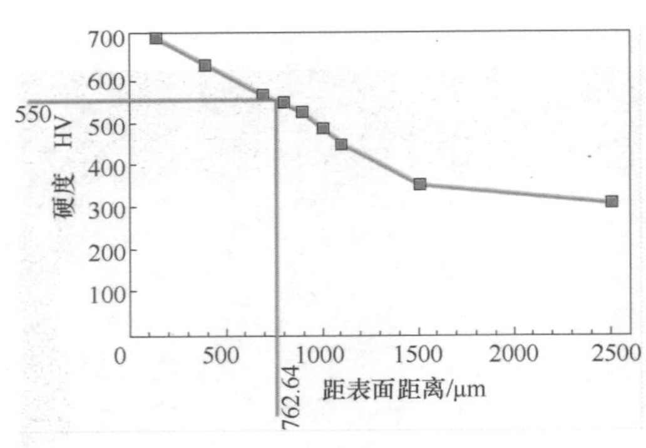

图4-196 淬硬层层深

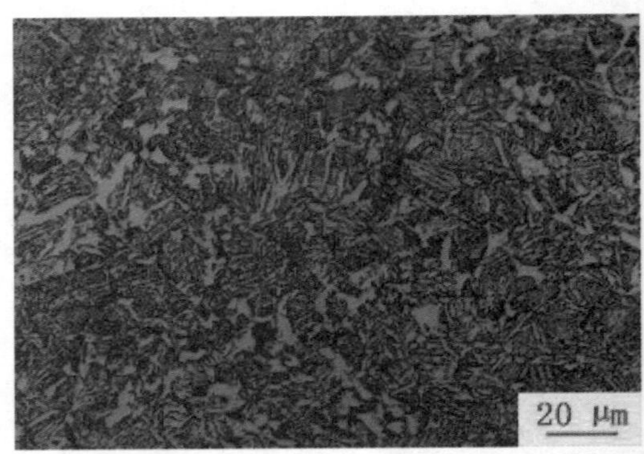

图4-197 基体组织（500×）

3. 失效原因

根据上述检查结果：断裂起始于热点矫直所遗留的“淬火斑点”，该处存在回火不足的现象。一方面，淬火马氏体和残留奥氏体均为不稳定相，在室温下有向稳定组织转化的趋势；另一方面，淬火马氏体硬度高、性脆，回火不足使得齿轮轴局部保留高的组织应力和热应力，二者综合表现为残余应力较大。不稳定组织+残余应力造成齿轮轴在弯曲载荷作用下，“淬火斑点”处首先萌生裂纹，低的心部强度和硬度则加速了裂纹的扩展，直至齿轮轴发生断裂。

综上所述，齿轮轴开裂的直接原因是热点矫直遗留的“淬火斑点”回火不足；热处理工艺异常使得心部形成强度和硬度较低的淬火欠热组织，加速了裂纹的扩展，造成其早期断裂。

4. 改进方案

1）改善淬火工艺：适当提高淬火温度或沿长淬火保温时间，消除淬火欠热组织。

2）热点矫直后及时进行充分回火，以降低脆性，消除残余应力。

3）套管端部的倒直角改为倒圆角。

案例40　主动齿轮断裂

1. 实例简介

某牵引电动机输出轴上的主动齿轮发生贯穿性开裂，至此该机车总计走行约25万公里。齿轮实物照片如图4-198所示，开裂部位见图中红色箭头处。值得提出的是，由于主动齿轮无法建立油压拆解，故在开裂对侧采用火焰切割。因此，切割处附近约1/3周向范围的轮齿因受热而发生组织变化，表现为局部单齿已呈黑色或黄色。

图4-198　主动齿轮宏观形貌

通过与托验单位沟通，在远离火焰切割处切取两根齿条和断口试样一并送检。送检试样宏观形貌如图4-199a所示，断口试样已由客户腐蚀分析。将送检试样超声清洗后发现，其中一根齿条因火焰切割表面已呈氧化色，另一根则表面形貌较为完好，呈金属光泽，见图4-199b。此外，图4-199c显示齿面保存完好的齿条两侧表面光洁，磨削加工痕迹明显，未见偏载和异常磨损。

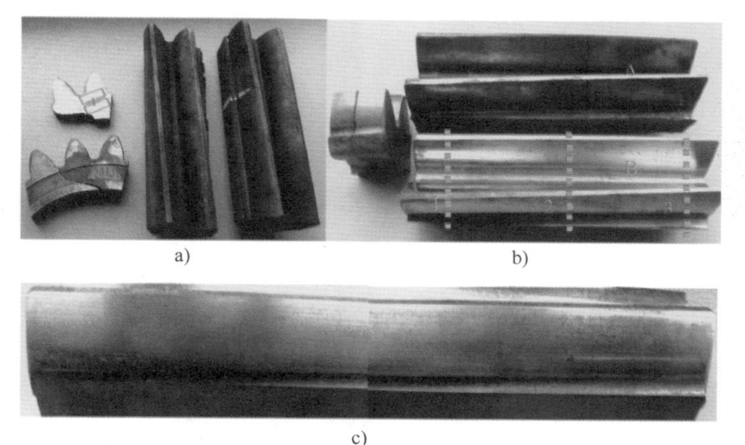

a)　　b)

c)

图4-199　送检齿块宏观形貌

a）清洗前　b）清洗后　c）齿面形貌

图 4-200 为断口宏观形貌，由图可知：①断面贝纹线清晰可见，呈典型的疲劳断裂特征，根据裂纹扩展形貌可判断裂源位于图中红色箭头处；②断面出现大量二次疲劳沟线，说明齿轮在疲劳扩展中、后期承载较大。

图 4-200　齿块断口宏观形貌

2. 测试分析

（1）微观形貌分析　断口微观形貌如图 4-201 和图 4-202 所示，根据裂纹收敛方向可知，裂源位于图中红色箭头处，该处为齿轮端面倒角部位，存在一定的应力集中现象。扩展区贝纹线清晰可见，且间距较大，说明齿轮承载较大，疲劳扩展速率快。

图 4-201　裂源处微观形貌

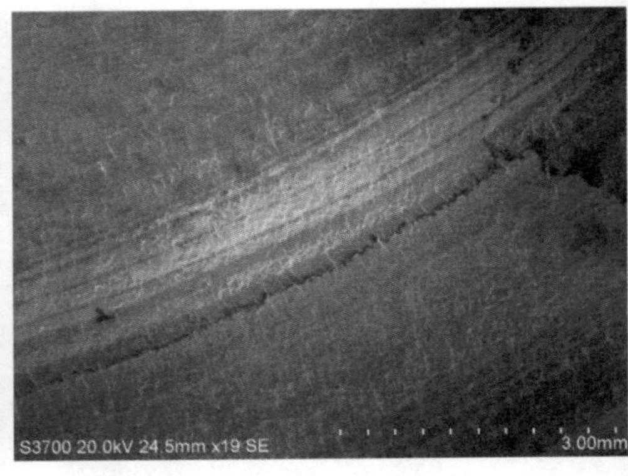

图 4-202　扩展区微观形貌

（2）显微组织分析　沿图 4-199b 中虚线处取样并分别命名为 1#、2#和 3#，其中 1#齿块与裂源处同侧，金相检查结果见表 4-21 和图 4-203。值得注意的是：①三处齿块的齿底硬化层深度均较对应的节圆深约 0. 1mm；②从 1# ~ 3#，齿块硬化层深度逐渐递增，齿轮两端相差约 0. 2mm；③距齿底表面约 200μm 范围内碳化物呈块状、网状及条状分布，局部碳化物条长达 40μm，依据 TB/T 2254—1991 评定其级别为 7 级；④齿底表面硬度较节圆表面高约 50HV1，这与碳化物聚集分布有关。综上所述，主动齿轮不同部位

磨齿量存在规律性差异；齿底碳化物级别超标。

表 4-21　齿块金相检查

试样	内氧化（μm）		残留奥氏体		硬度梯度　HV1		心部组织	心部硬度　HRC
名称	节圆	齿底	节圆	齿底	节　圆	齿　底		
1#	未见	约 26	5%	5%	1.765；1.785	1.871；1.869	回火马氏体	43.0、43.0、42.5
2#	未见	约 20	5%	5%	1.867；1.837	1.961；1.993		
3#	未见	约 20	5%	5%	1.997；1.948	2.076；2.057		

试样	碳　化　物		表 面 硬 度		备　注
名称	节　圆	齿　底	节圆	齿底	
1#	局部存在小块状碳化物	碳化物呈块状、网状及条状分布	700	745	齿底表面局部碳化物条长达 40μm
2#	局部存在小块状碳化物	碳化物呈块状、网状及条状分布	698	740	
3#	局部存在小块状碳化物	碳化物呈块状、网状及条状分布	705	745	

注：表面硬度为次表层 100μm 处 HV1。

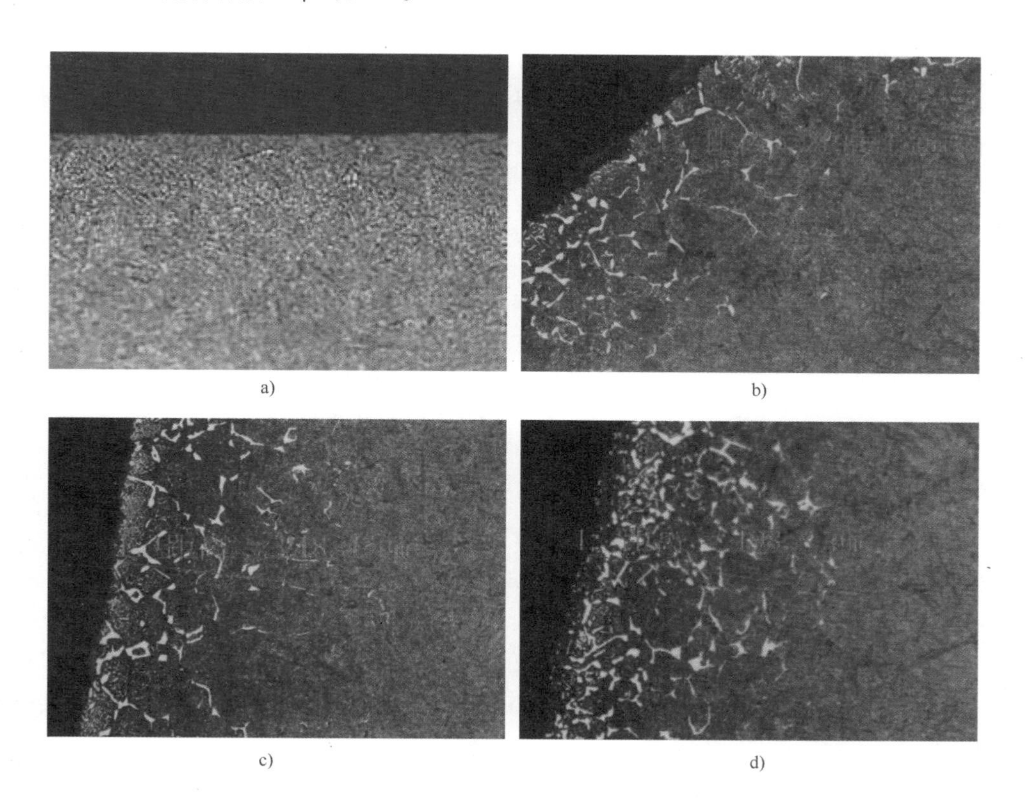

图 4-203　齿块金相检查

a）1#齿块节圆组织（500×）　b）1#齿块齿底组织（200×）

c）2#齿块齿底组织（200×）　d）3#齿块齿底组织（200×）

从图4-204和图4-205可看出，裂源处抛光态形貌显示无原材料缺陷，但组织和碳化物分布情况均与齿底部位类似。

图4-204 裂源处形貌（100×）

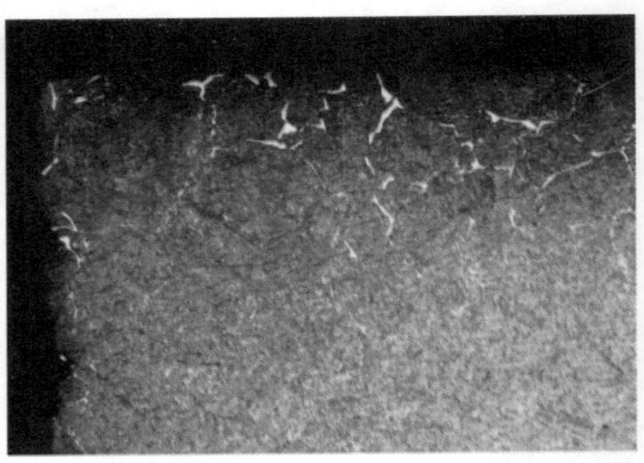

图4-205 裂源处组织（200×）

通常，齿轮的承载能力主要由齿底的弯曲疲劳强度决定，而条、块状碳化物的存在将导致组织不均匀，尤其大块角状、晶界型碳化物会严重降低渗碳样的疲劳寿命，且碳化物尺寸越大，过负荷持久值越低。

3. 失效原因

根据上述检查结果可知：①送检齿块未见偏载、异常磨损等现象；②齿条不同部位的硬化层深度存在规律性差异；③断面呈典型的疲劳断裂特征，疲劳源位于齿轮端面的齿底倒角部位，该处碳化物级别严重超标，硬度偏高；④断面形貌显示齿轮在服役期间承受大载荷作用。

因此，我们可综合判断主动齿轮的开裂主要与大的服役载荷和严重超标的碳化物有关。

4. 改进方案

1）改善渗碳工艺：控制强渗阶段的碳浓度和渗碳时间。

2）优化磨齿工艺：避免出现齿面不同部位存在磨削量较大差异的现象。

3）齿轮端部的倒直角改为倒圆角。

4）对服役载荷进行评估。

 案例41 尾框和扁销断裂

1. 实例简介

某厂进行尾框400t拉力试验时，尾框一侧腹板和扁销几乎同时发生断裂，据当事人介绍：当日加载至3500KN左右时，先后听到两次异响，时间间隔约为3s。随即停机进行检查，发现上述断裂现象，此时扁销剩余段仍插于工装孔内。

本案例待解决问题如下：①扁销与尾框腹板的断裂次序，二者是否直接关联；②两处断口的对应位置，位于同侧或对侧；③发生断裂的直接原因。

尾框宏观形貌如图 4-206 ~ 图 4-209 所示：断裂发生于尾框单侧，且上下腹板均发生断裂。为了便于描述，特将尾框断裂侧命名为 A 侧，另一侧为 B 侧。观察发现断裂腹板之一表面存在打磨痕迹，将其命名为 1#，另一腹板为 2#，见图 4-206。从图 4-207 可看出两个断口均呈一次性断裂特征，边缘剪切唇区约占整个断面的 50%。采用体式显微镜观察两个断口裂源部位放大形貌，未见明显铸造缺陷，见图 4-208。图 4-209 所示为穿销孔处实物照片，值得提出的是，A 侧转角较为圆滑，表面被磨光；B 侧则呈尖角形貌，且表面存在高温回火色特征。

图 4-206 尾框实物照片

图 4-207 尾框断口宏观形貌

扁销宏观形貌如图 4-210 所示，整体变形严重，表面多处存在擦伤痕迹，见图 4-210a；断口具有两次断裂特征，断口 1 呈暗灰色，裂源位于图 4-210b 中红色箭头处；断口 2 以断口 1 为源，发生一次性扩展断裂。值得注意的是，侧视图显示裂源对应表面擦伤严重，也具有高温回火色特征，这与尾框 B 侧恰好吻合，说明扁销与尾框的断裂不在同一侧。

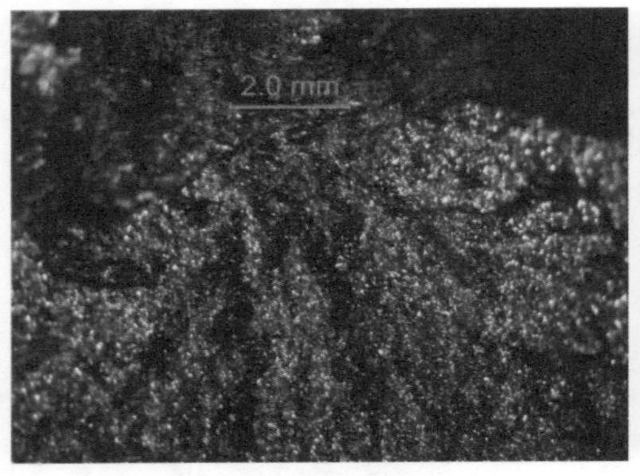

a)　　　　b)

图 4-208　尾框断口放大形貌

a）断口 1 裂源处放大形貌　b）断口 2 裂源处放大形貌

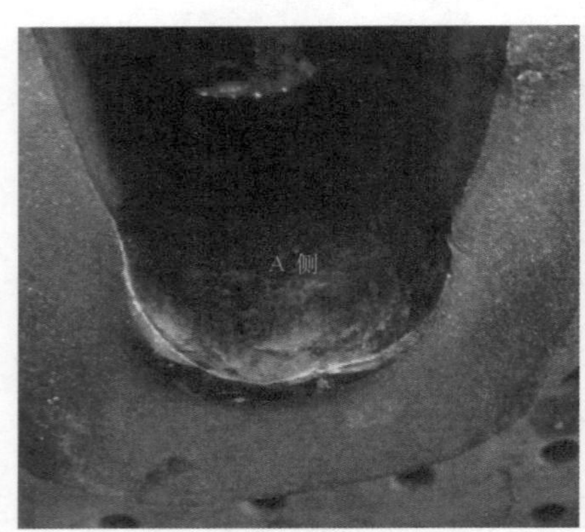

图 4-209　尾框穿销孔处宏观形貌

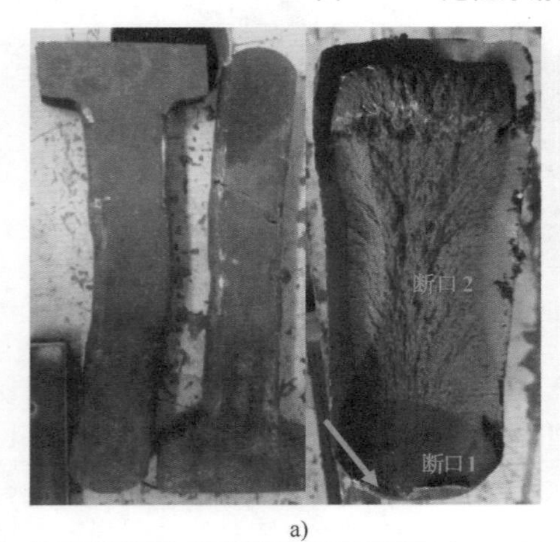

a)　　　　b)

图 4-210　扁销宏观形貌

a）扁销实物照片　b）扁销断裂处宏观形貌

工装实物照片见图4-211，扁销承载侧采用圆角过渡。

2. 测试分析

（1）微观形貌　扁销断口微观形貌如图4-212所示，断口1呈典型的疲劳断裂特征，疲劳条带间距均匀规则，约为50μm。据测量：断口1扩展长度约22mm，说明疲劳交变约500余次后即发生一次性断裂。此外，放大图显示断口1为韧窝状塑形断裂特征，这与其在服役过程中承受拉应力有关。断口2呈准解离断裂特征。

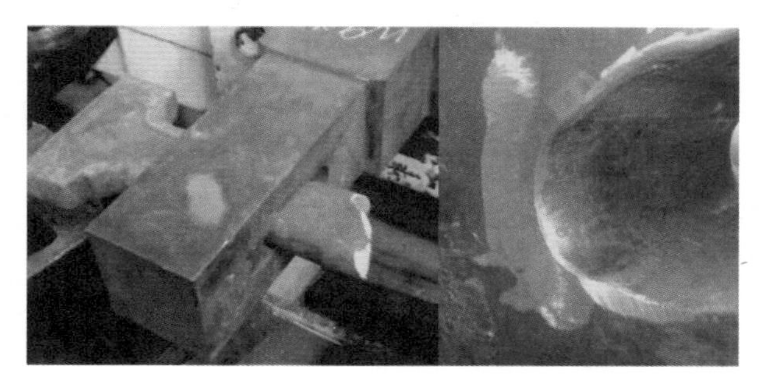

图4-211　工装实物照片

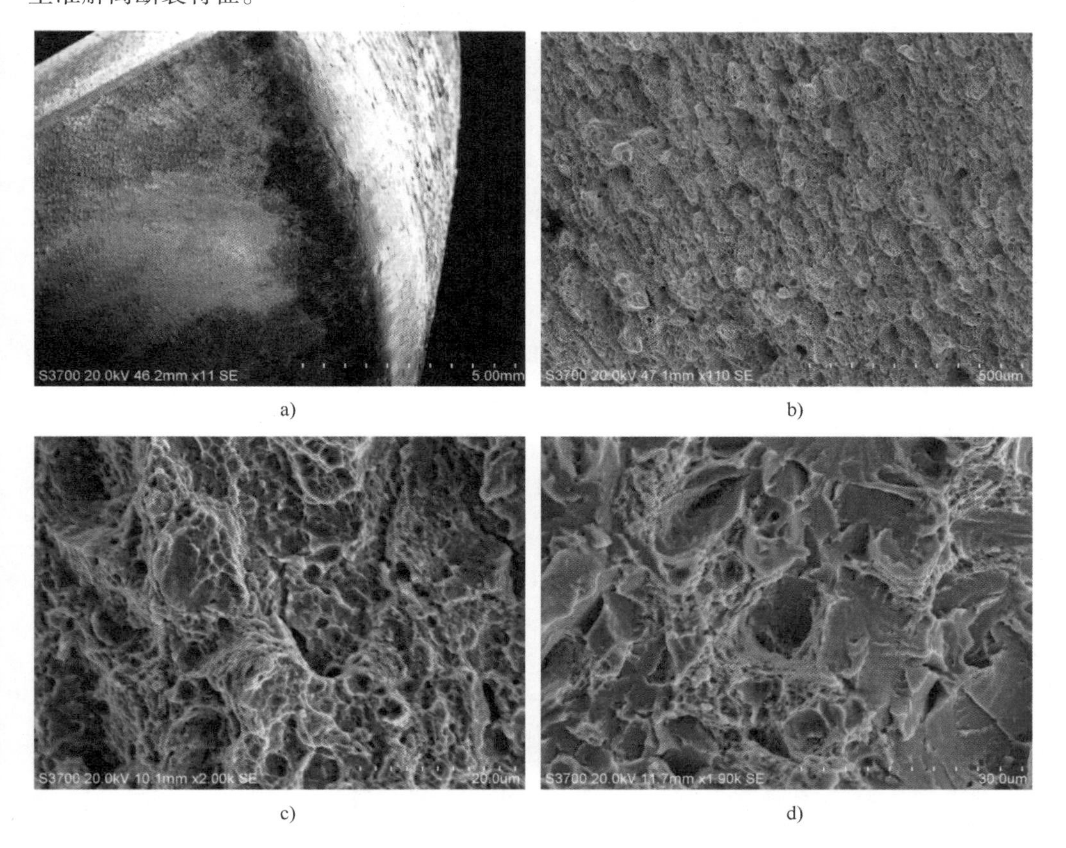

a)　b)　c)　d)

图4-212　断口微观形貌

a）断口1微观形貌　b）断口1微观形貌　c）断口1微观形貌　d）断口2微观形貌

（2）化学成分检查　表4-22显示扁销材质为42CrMo，尾框为E级铸钢。

表4-22　化学成分（质量分数）　（%）

试样名称	C	Si	Mn	P	S	Cr	Mo	Ni
扁　销	0.45	0.27	0.57	0.017	0.011	0.95	0.164	0.08
尾　框	0.24	0.41	1.25	0.021	0.016	0.52	0.29	0.36

（3）扁销力学性能　由表4-23可知，扁销强度较高，硬度适中，为中温回火性能。

表4-23　扁销力学性能

试样名称	R_m/MPa	$R_{p0.2}$/MPa	A（%）	Z（%）	KV_2/J	硬度　HBW10/3000
扁　销	1183	963	11.5	43	22、19、28	347

图4-213　扁销力学性能试样断口形貌

（4）显微组织分析　扁销金相组织如图4-214所示，裂源处变形严重，表层组织呈纤维状，脱碳现象明显，裂源附近表面存在深约0.4mm的脱碳层。此外，基体组织为回火托氏体，奥氏体晶粒度约为8级，非金属夹杂物评定级别为A0.5，D0.5，原材料洁净度良好。

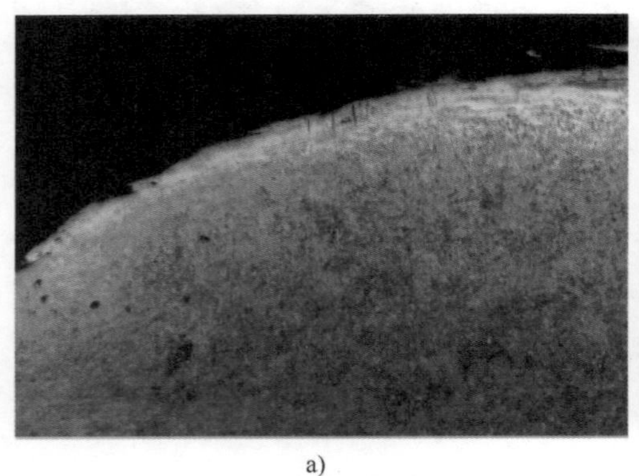

a)

b)

图4-214　扁销金相组织

a）裂源处金相组织（50×）　b）表面组织（100×）

尾框金相组织如图4-215所示：①断口1处低倍腐蚀形貌显示打磨一侧表面存在大范围补焊特征，沿图中红色虚线箭头进行硬度梯度测试发现无硬化现象发生；②心部组织为回火索氏体，硬度为290HBW10/3000；③非金属夹杂物评定级别为Ⅰ、Ⅲ型细系1.5级、粗系1.0级，Ⅱ型0.5级，Ⅳ型0.5级；④断口2处未见异常，组织为回火索氏体。

图4-215　尾框金相组织

a）断口1处低倍腐蚀形貌　b）基体组织　c）图a中白斑处硬度梯度

3. 失效原因

根据上述分析结果可知：扁销和尾框腹板的断裂发生于不同侧；尾框呈一次性断裂，扁销则呈两次断裂特征，其疲劳裂纹的萌生与尾框穿销孔处的尖角和自身表面的全脱碳有关。因此，我们可综合判断：由于扁销表面疲劳强度很低，故在尾框穿销孔尖角的“切割”作用下将首先萌生疲劳裂纹，当其断裂后，尾框单侧（A侧）承载，腹板被瞬间一次性拉断。

4. 改进方案

1）尾框穿销孔转角处采用圆角过渡。

2）去除扁销表面全脱碳层，必要时增加表面喷丸强化处理工序。

3）试验过程中匀速加载，避免扁销和尾框承受冲击作用。

4）扁销为重复使用件，建议每次试验前检查表面是否已萌生细小裂纹。

案例42　缸套淬火缺陷

1. 实例简介

某单位生产的缸套最终热处理工艺为：内孔局部表面激光淬火处理。成品在磁粉检测时发现淬火区表面出现针孔类缺陷。

待检试样如图4-216a和图4-216b所示，未淬火区表面光洁、无异常，淬火区环向平行分布着密集的针孔类缺陷。图4-216c为激光淬火后缸套内孔表面磁粉检测的宏观形貌，由图可知：所有淬火区均存在针孔类缺陷，且缺陷主要集中于淬火区与未淬火区的交界处。

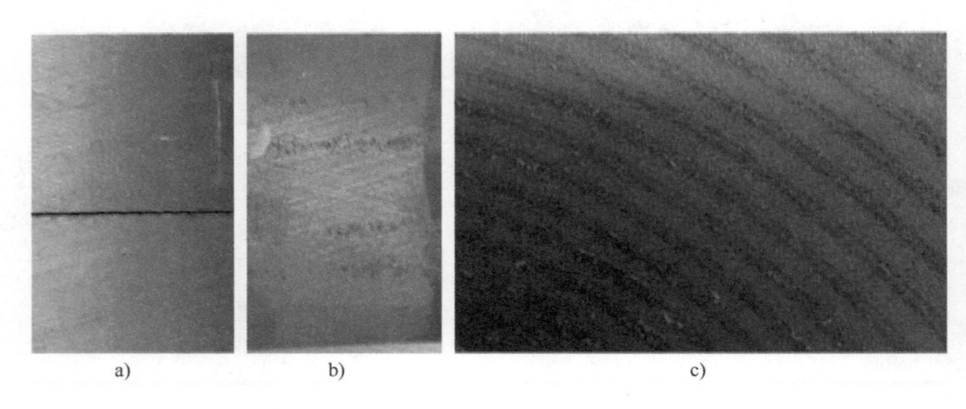

图4-216　缸套内孔宏观形貌

a）未淬火区　b）淬火区　c）磁粉检测形貌

2. 测试分析

（1）微观形貌分析　图4-217为激光淬火区的微观形貌，由图可知：①针孔类缺陷密集分布于淬火区与未淬火区交界处，淬火区内数量较少但依然存在；②缺陷大体可分为两类：一类的低倍形貌与剥离特征较为相似，放大形貌显示该处以沿晶断裂为主，为脆性开裂特征；另一类范围相对较小，呈裂缝状，放大形貌显示此类缺陷多发生在片状石墨处。

（2）显微组织分析　图4-218和图4-219为未淬火区表面和心部的石墨及组织情况，依据GB/T 7216—2009评定其石墨级别为A4，组织为珠光体+碳化物（体积分数<1%），心部硬度为211HBW10/3000。仔细观察发现表面未见浮凸、开裂等异常。

从图4-220中可看出：淬火区石墨级别同上，组织为细针状回火马氏体+少量残留奥氏体，缺陷深度一般小于100μm。此外，表面淬火区和石墨处多出现细小沿晶裂纹，这与微观形貌一致，整体表现为淬火裂纹特征。

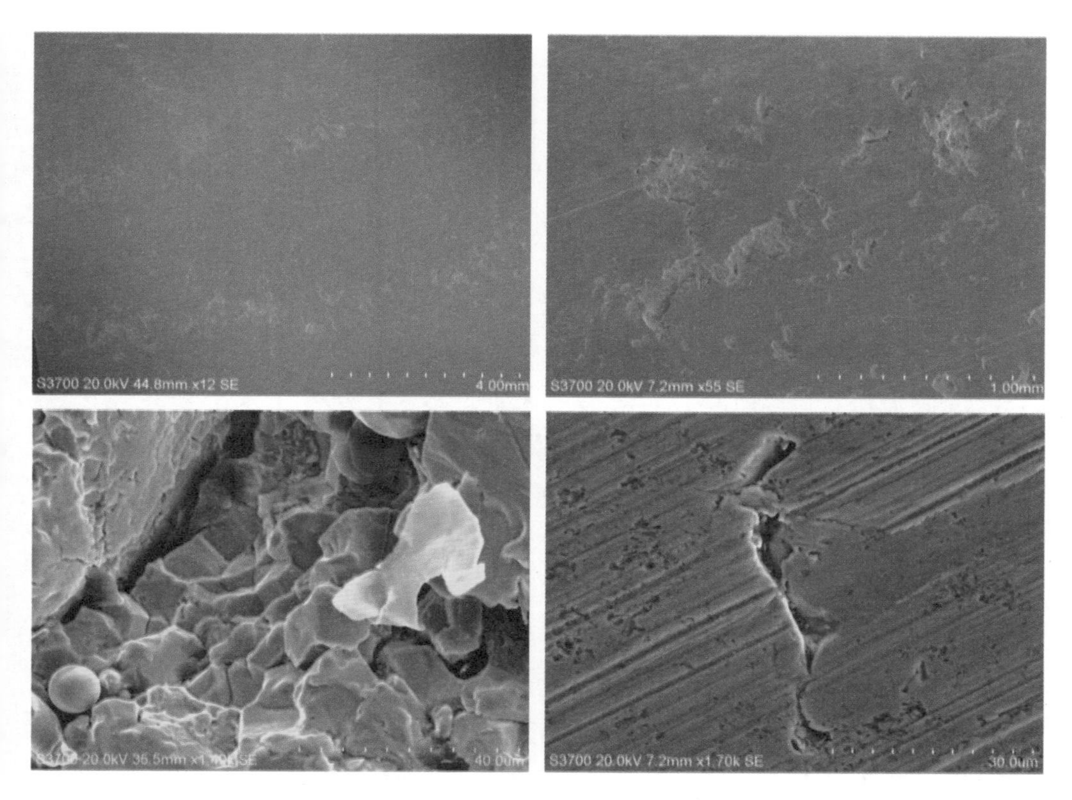

图 4-217　激光淬火区微观形貌

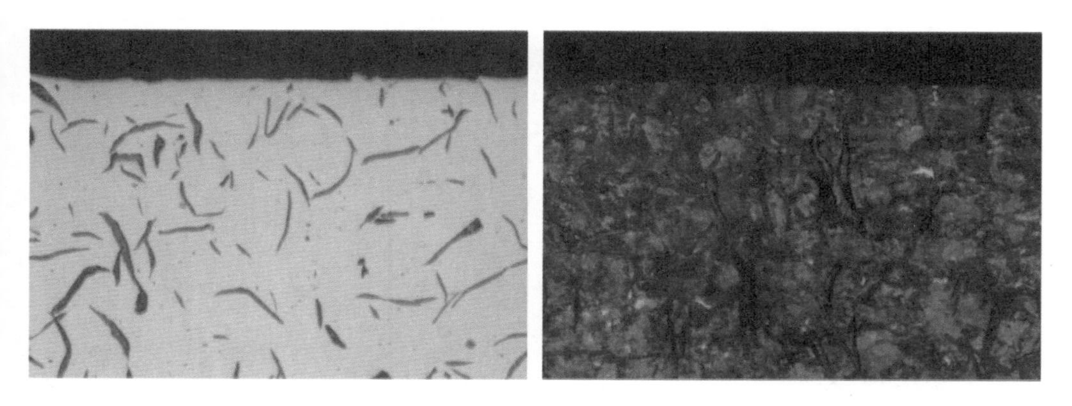

图 4-218　未淬火区表面石墨和组织（100×）

3. 失效原因

根据上述检查结果可知：缸套内孔表面激光淬火前未见异常，淬火后在淬火区尤其淬火区与未淬火区的交界处出现大量针孔类缺陷，微观形貌和金相分析发现，缺陷深度一般小于100μm，具有淬火开裂的特征。

图4-219　未淬火区心部石墨和组织（100×）

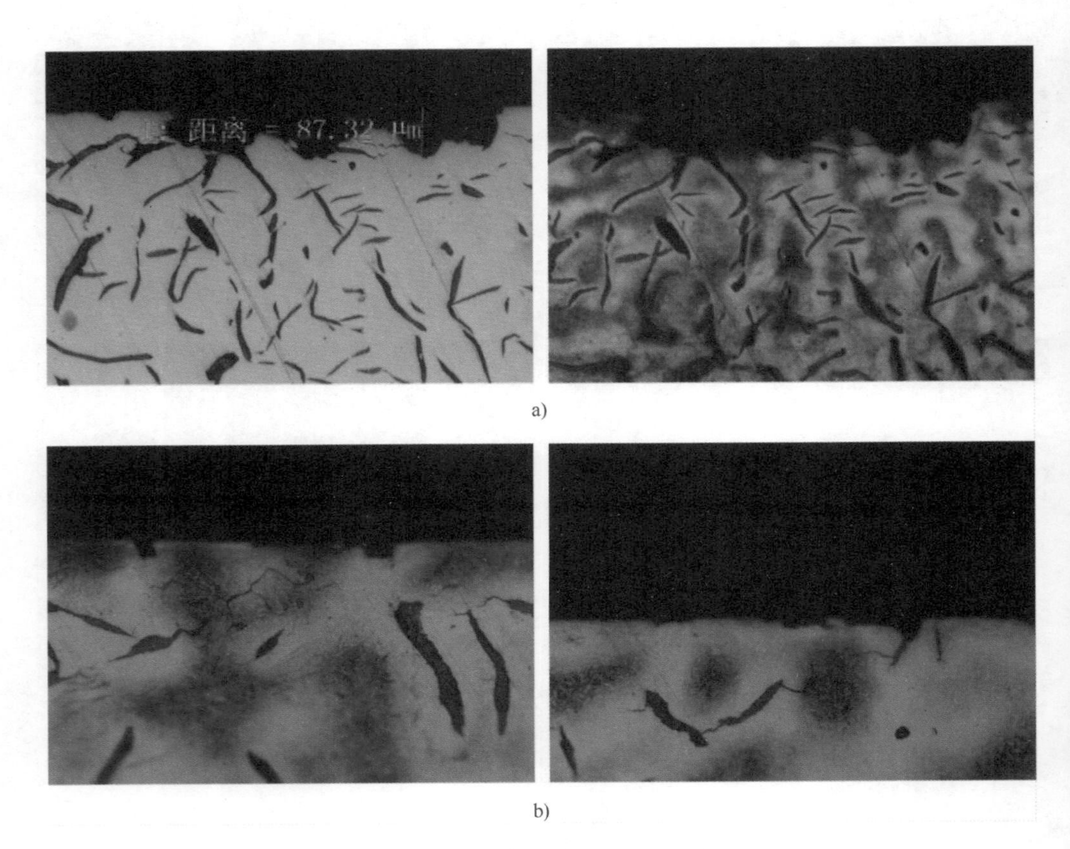

a)

b)

图4-220　淬火区表面石墨和组织

a）100×　b）200×

结合实际工艺我们可判断：上述缺陷的形成与加热功率过大有关，因为大功率激光淬火时，容易造成快热、快冷而形成大的淬火应力。尤其淬火区与未淬火区的交界处，一方面两侧组织（珠光体－马氏体）的极大差异使得该处组织应力很大；另一方面靠近未淬火区一侧冷却速度较快，这点类似于焊接热影响区，加大了该处的热应力。在二者综合作用下，交界处形成了较大范围的淬火裂纹。由于片状石墨对基体表现为较强的割裂作用，因此，当淬火裂纹与片状石墨相连时，局部将出现基体崩裂的现象，宏观上则表现为小孔、小坑类缺陷。

备注：降低激光淬火功率后，上述现象再未发生。

第5章　冷加工及装配因素为主引起的失效

案例43　机车轴箱弹簧断裂

1. 实例简介

某弹簧厂生产的机车轴箱弹簧规格为44×286×232.4×3.8，材质为52CrMoV4，热处理工艺为淬火+中温回火，最后喷米红色环氧底漆和亚光影灰色弹性丙烯酸聚氨酯面漆，该系弹簧在厂里试车时3根发生断裂。断裂件实物照片如图5-1所示：断裂发生于弹簧支撑圈与工作圈过渡区域，断口一侧已被工作人员打磨，表面呈金属光亮色，另一侧保存相对完整；此外，俯视图显示断面与弹簧周向约呈45°夹角。

断口宏观形貌如图5-2所示：①断口无明显塑形变形，整体呈一次性脆性断裂特征，断口边缘（圆弧处）存在剪切唇区，为最后断裂部位；②断口呈灰色细瓷状，无金属光泽，根据放射状条纹收敛方向可知：裂源位于红色实线箭头所指的灰黑色区域，该区域位于弹簧支撑圈平面处，长约12mm，最深处约2mm，具有旧裂纹特征；③图中裂源下方存在同类型的缺陷，见虚线箭头处，尺寸约1mm×4mm，较前者范围小许多，这也是断口起裂于前者的原因。

图5-1　断裂弹簧实物照片

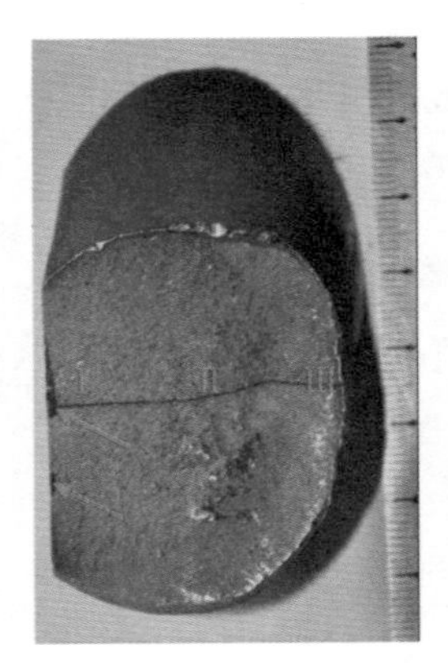

图5-2　断口宏观形貌

2. 测试分析

（1）微观形貌和能谱分析　用扫描电镜分析断口形貌和成分，裂源部位微观形貌见图5-3，断口呈冰糖块状沿晶断裂形貌，晶界分离平滑、干净，无微观塑形变形痕迹，无异物附着。但图5-5中能谱显示裂源处氧含量高达30%，说明该处具有氧化特征，为

旧裂纹，这与宏观判断相符。

对图5-2中Ⅰ、Ⅱ、Ⅲ部位观察发现：Ⅰ、Ⅱ处仍呈冰糖块状断裂特征，多处存在沿晶的二次小裂纹，见图5-4和图5-6；Ⅲ处总体上呈沿晶断裂特征，但晶界上出现了大范围的微观变形和细小韧窝形貌，这是因为随着裂纹的扩展，承载面积越来越小导致断裂面的应力状态改变所致，见图5-7。

综上所述，弹簧断裂面约80%面积的微观形貌呈沿晶脆性断裂特征，且多处存在沿晶小裂纹，说明该弹簧脆性较大。

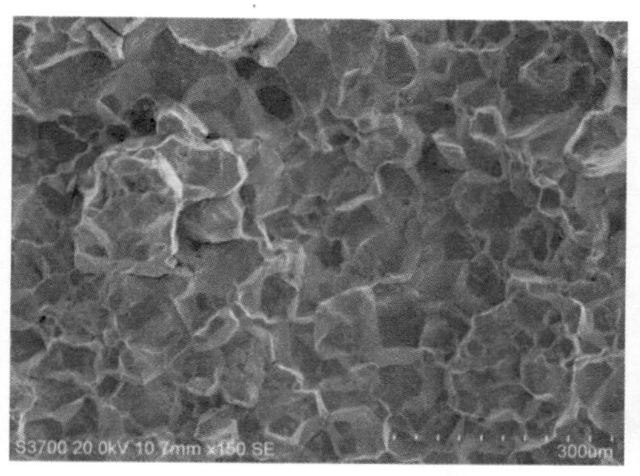

图5-3 裂源处微观形貌

图5-4 图5-2中Ⅰ处微观形貌

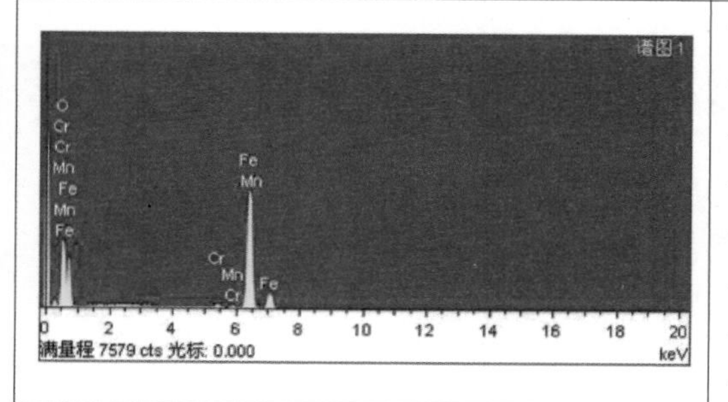

元素	质量分数（%）	摩尔分数（%）
CK	8.05	18.12
OK	30.98	52.34
CrK	0.67	0.35
MnK	0.69	0.34
FeK	59.61	28.85
总量	100.00	

图5-5 裂源处能谱分析

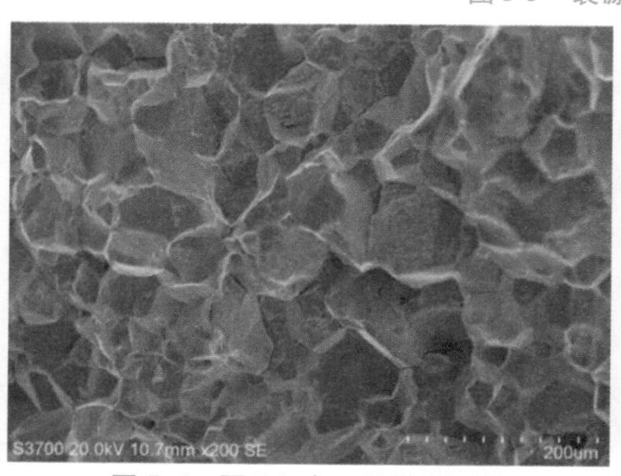

图5-6 图5-2中Ⅱ处微观形貌

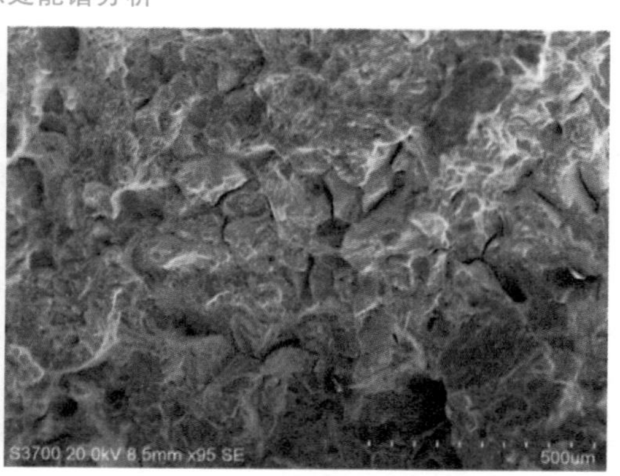

图5-7 图5-2中Ⅲ处微观形貌

（2）化学成分分析　对弹簧取样进行化学成分分析，其结果见表5-1，满足相关技术规范。

表5-1　弹簧化学成分（质量分数）　（%）

试样名称	C	Si	Mn	P	S	Cr	Mo	V
弹　簧	0.53	0.23	1.00	0.008	0.006	1.09	0.20	0.15
技术要求	0.48～0.56	≤0.40	0.70～1.10	≤0.025	≤0.025	0.90～1.20	0.15～0.30	0.10～0.20

（3）冲击试验　鉴于微观形貌分析，特在远离弹簧断裂处取样进行室温冲击性能检查，其结果见表5-2和图5-8，再次证明弹簧脆性较大。

表5-2　冲击性能

试样名称	KU_2/J	剪切断面率（%）
弹　簧	14、16、14	5%、5%、6%
技术要求	—	—

图5-8　冲击试样断口形貌

（4）回火脆性验证试验　结合微观形貌和冲击结果，我们推测：本案例中弹簧是否存在第二类回火脆性？

因此，在远离断口处取样并将其在弹簧的回火温度（530℃）下保温两小时，然后快速冷却（水冷）。结果测得的冲击性能平均值仍为15J（KU_2），这说明弹簧脆性较大但不存在第二类回火脆性。

（5）显微组织分析　沿图5-1中虚线处取样进行金相组织分析，从图5-9和图5-10可以看到A侧裂源处无夹杂、夹渣、疏松等原材料缺陷；断裂面呈沿晶扩展，组织为回火托氏体，未见氧化、脱碳。仔细观察发现：断裂面局部出现掉晶现象，见图5-9中箭头处；断面下方0.3mm处存在与断口大致平行的裂纹，且也呈沿晶扩展特征。

图 5-9 A 侧裂源处抛光态形貌（100×）

图 5-10 A 侧裂源处组织（100×）

图 5-11 为 A 侧截面抛光态形貌，由图可知：数条裂纹平行分布于磨平面浅表层，深约 1～2mm。放大形貌显示裂纹沿晶断续扩展，尾部尖细，两侧组织为回火托氏体，未见氧化、脱碳且表层存在轻微回火色，整体具有磨削裂纹的特征，见图 5-12 和图 5-13。对比发现：B 侧裂纹特征同上，但因表面被打磨故未见回火层。

综上所述，我们可判断：送检弹簧的开裂与支撑圈磨平面处存在磨削裂纹有关。

图 5-11 A 侧截面抛光态形貌（约 8×）

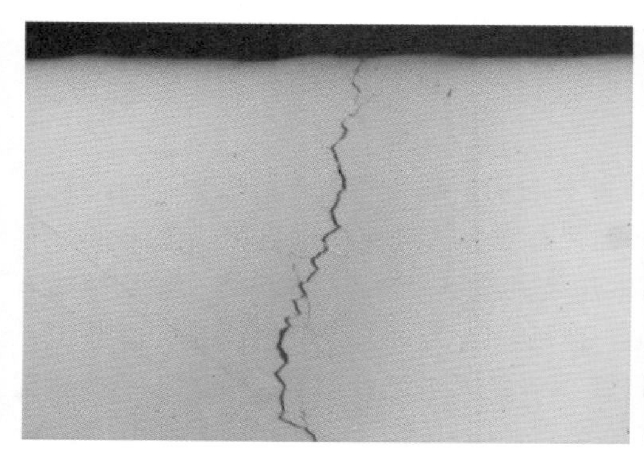

图 5-12 A 侧裂纹头抛光态形貌（50×）

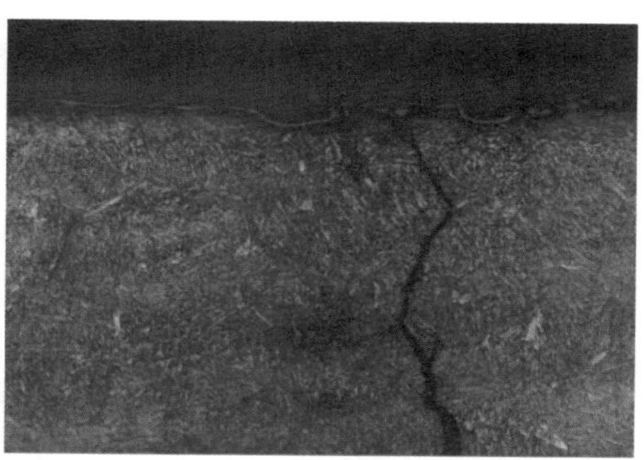

图 5-13 A 侧裂纹头组织（250×）

此外，弹簧基体组织为回火托氏体，奥氏体晶粒度约为5级，不满足技术要求（≥6级），心部硬度为46HRC，符合技术规范（45～51HRC）。图5-14显示弹簧表面喷丸痕迹明显，且存在深约0.11mm的脱碳层（满足技术要求≤0.15mm），喷丸痕迹明显。非金属夹杂物评级为A1.0、D0.5，原材料洁净度较好，见图5-15。

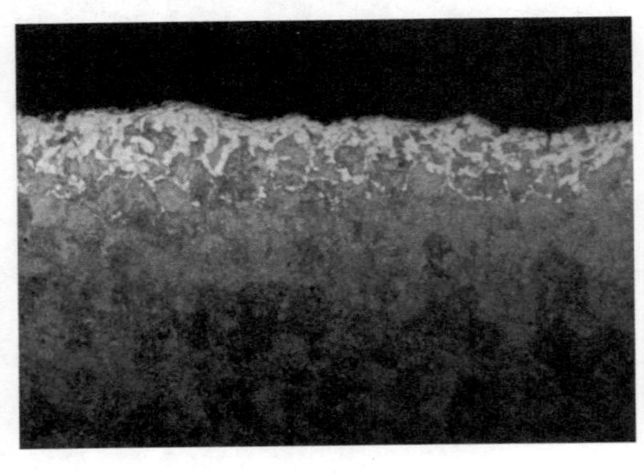

图5-14 表层组织（100×）

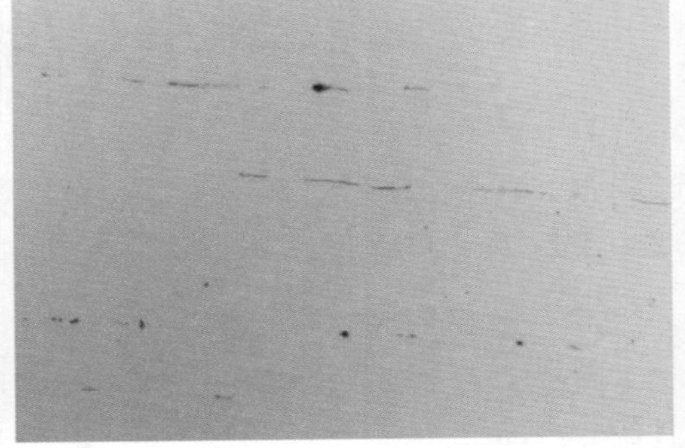

图5-15 非金属夹杂物（100×）

3. 失效原因

根据上述检查结果可知，机车轴箱弹簧支撑圈磨平面上存在磨削裂纹是其早期断裂的直接原因。

众所周知，磨削裂纹的成因多有不同，而且有时是受到综合性的因素影响。通常，我们可将磨削裂纹的形成原因分为内因和外因两方面。内因多为增加材料脆性的一些因素，诸如组织粗大、硬度过高、回火不足、氢含量高等；外因则可根据其概念来理解，即磨削加工过程中产生的拉应力，而影响拉应力大小的因素诸如进刀量、磨削加工速率、砂轮粗糙度、冷却情况等。

就本案例而言，除磨削加工产生大的拉应力外，组织粗大和大的脆性则是磨削裂纹产生的内因。至于脆性较大的原因则有待进一步研究。

案例44 空调风机支架开裂

1. 实例简介

2014年4月23日接到某单位驻点售后服务站通知，某型列车空调通电状态下室外风机叶轮与导流风圈之间摩擦声音很大，并且伴有摩擦火花产生，客室内空调部位有明显振动。经现场调查后发现，空调装置用室外风机支架开裂，数量不详，紧固螺栓有松动现象，外管裂纹方向无规律性。风机支架选用材质为304不锈钢圆管，制造工艺为：圆管下料→套芯棒冷弯外管→外管套内管→室温下压扁→切割、打磨压平端面至要求尺寸→钻孔Φ12、去除毛刺→风机支架工装定位（焊接）→涂装支架单品→部件总装配。

图5-16为支架宏观形貌，为了便于分析，特将其分别命名为1#、2#、3#、4#、5#，除5#外，其余4件发生开裂，且裂纹均经过钻孔处。初步推测：开裂可能与钻孔有关。鉴于四件支架为同批次产品，其制造工艺完全相同，开裂位置及裂纹形貌大同小异，因此，本案例中围绕1#支架对开裂原因进行详细分析。

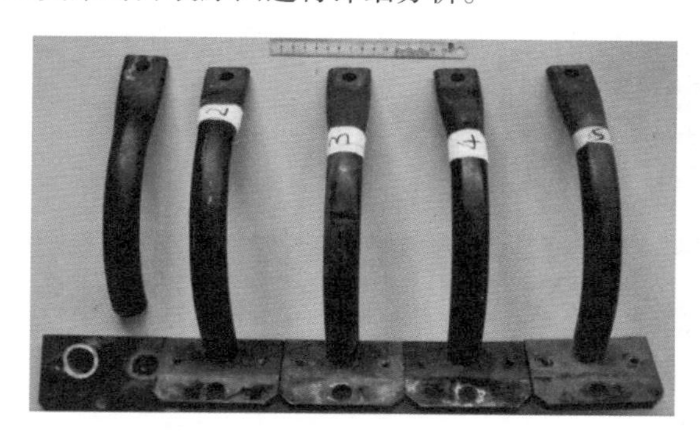

图5-16 支架实物照片

图5-17为套管在钻孔处两侧表面的宏观形貌，由图可知，裂纹只经过钻孔处的一侧表面，并以一定角度向另一侧扩展，扩展趋势显示：最终将形成贯穿性裂纹。此外，裂纹自钻孔处起，扩展方向均与管子轴线呈约45°角，这与其在服役过程中的安装方式有关（支架与竖直方向呈45°角安装）。

图5-17 1#支架裂纹形貌

如图5-18所示，断面贝纹线明显，呈典型的疲劳断裂特征。从断口局部放大图可清楚地看到，两处裂源均位于外层套管内表面钻孔部位，分别将其编号为A和B。

图5-19为双层套管横、纵截面的宏观形貌，由图可知，内、外层套管之间存在一定间隙。内层套管总长约35mm，长度仅限于双层套管压扁区域。因此，尽管端部被焊合，但服役过程中内层套管仍无固定支点，这也是其在交变载荷下未发生开裂的原因。

图 5-18　1#支架断口形貌

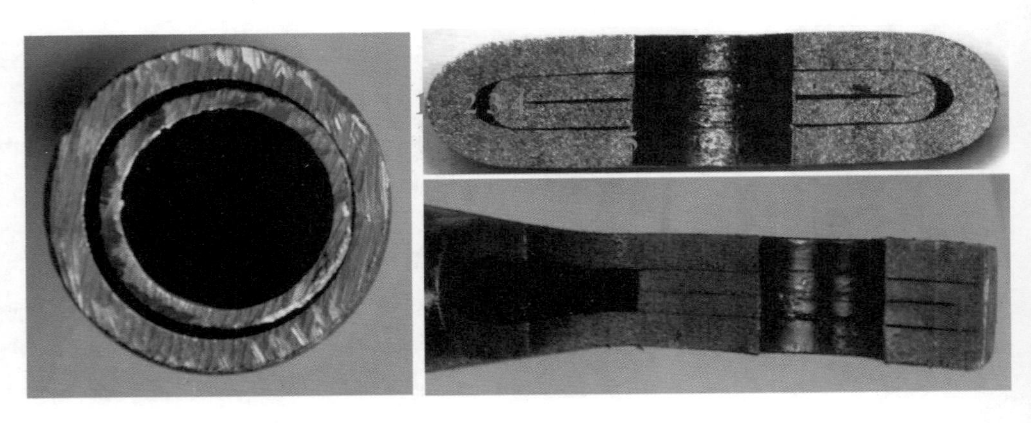

图 5-19　套管截面宏观形貌

图 5-20 为与套管钻孔处对应的螺栓宏观形貌，由图可知：螺栓采用平垫圈紧固，螺杆非螺纹部位轴向对称分布着两处磨损区，这是因为螺杆承受套管和风机的反向剪切载荷所致。值得提出的是：①部分螺栓非螺纹区整个外圆面被磨损，说明该螺栓在服役过程中存在松动现象；②局部放大图显示：与套管接触部位的螺杆表面平行间隔分布着明显的环形线状压痕，间距与套管壁厚相当，推测套管钻孔处存在规律性分布的“硬物”。

图 5-20　螺栓宏观形貌

2. 测试分析

（1）微观形貌分析　如图 5-21 ~ 图 5-23 所示，A、B 两处裂源均位于外层套管内表面钻孔部位，裂源处磨损严重，形貌无法辨别，但疑似存在突出表面的物质（见图 5-23 中虚线区域），能谱分析显示突出物成分同基体，扩展区疲劳条带清晰可见，见图 5-24。

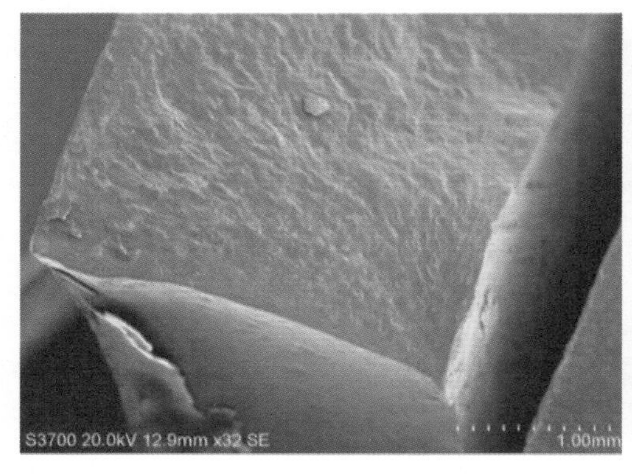

图 5-21　裂源 A 处微观形貌

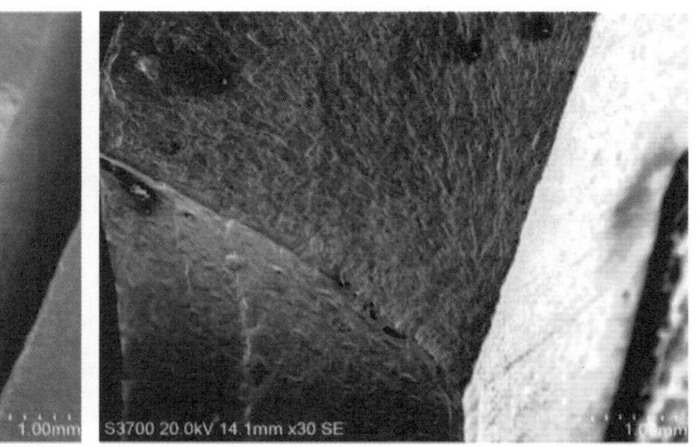

图 5-22　裂源 B 处微观形貌

（2）化学成分检查　对 1#支架进行化学成分检查，结果见表 5-3，满足相关技术规范，故可判断 2#、3#、4#和 5#支架成分合格。

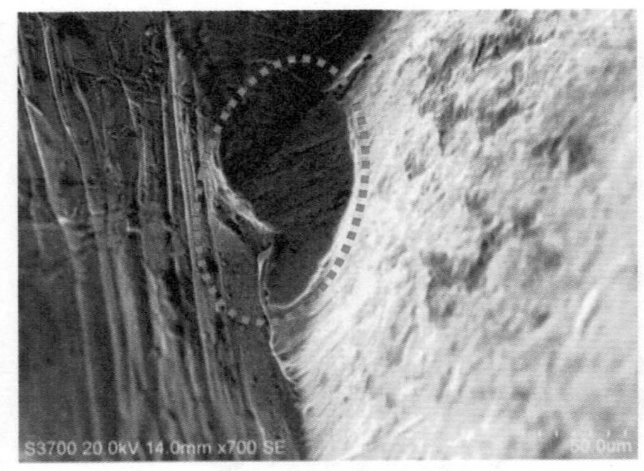

图 5-23　裂源 B 处微观形貌

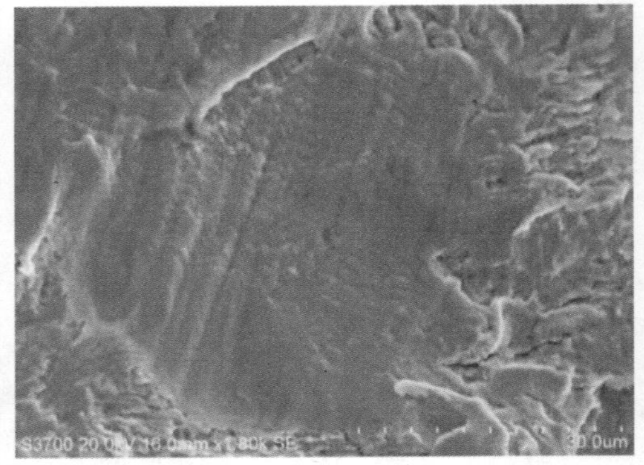

图 5-24　扩展区微观形貌

表 5-3　1#支架化学成分（质量分数）　（%）

试样名称	C	Si	Mn	P	S	Cr	Ni
1#支架	0.069	0.56	1.31	0.026	0.006	18.25	8.25
技术要求	≤0.07	≤1.0	≤2.0	≤0.035	≤0.030	17.00～19.00	8.00～11.0

（3）显微组织分析　对 1#支架开裂处附近进行金相检查，如图 5-25 和图 5-26 所示，焊缝区为柱状晶组织，焊缝与母材结合良好，近缝区组织为单一的等轴奥氏体，部分呈孪晶，奥氏体晶粒度约为 7 级，未见明显的晶粒长大及晶界敏化现象。断口裂源附近组织同上，未见异常。因此，我们可断定支架的开裂与端部焊接无关。

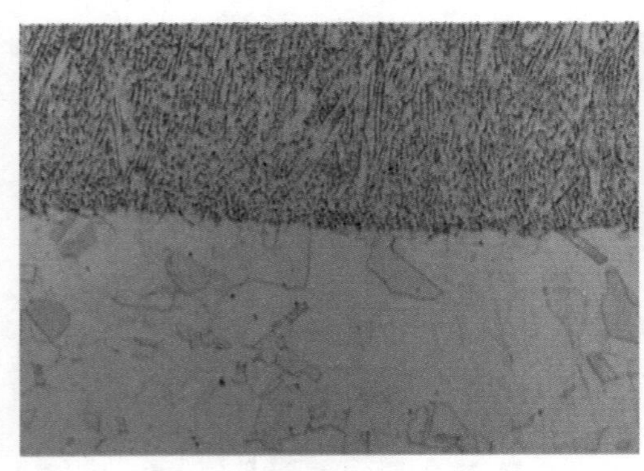

图 5-25　熔合线处组织（100×）

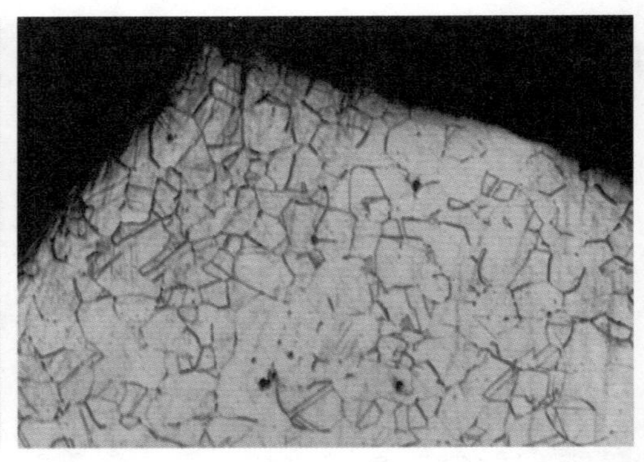

图 5-26　裂源附近组织（100×）

为了进一步研究裂源处缺陷，特将开裂支架沿钻孔处对开，抛光态形貌见图 5-27，套管内孔表面多处存在不规则形状的钻孔残留毛刺，仔细观察发现，多数外层套管对应部位已萌生裂纹，见图中红色箭头处，说明该处极易成为应力集中源。

此外，由图 5-28 和图 5-29 可看出外层套管心部组织为单相奥氏体，奥氏体晶粒度约为 7 级，非金属夹杂物评定级别为 B2.0、D0.5，原材料洁净度较差。

图 5-27　钻孔处横截面形貌（25×）

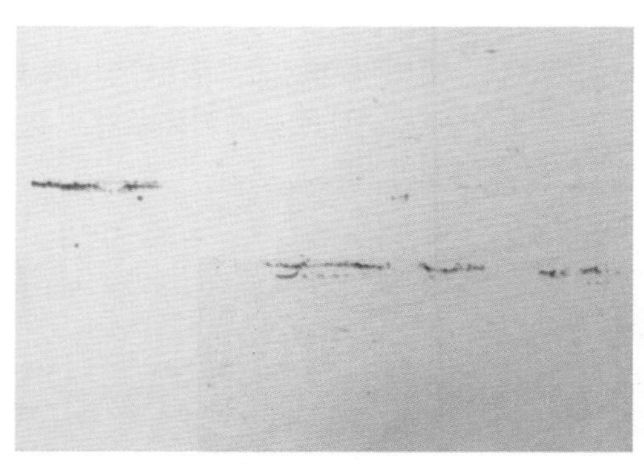

图 5-28　外层套管非金属夹杂物（100×）

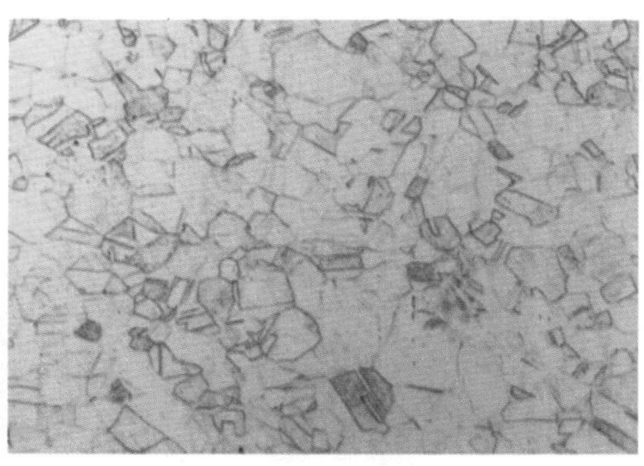

图 5-29　外层套管基体组织（100×）

（4）硬度测试　针对内、外层套管变形区域（图 5-19 中 1、2、3、4 部位），内孔表面（图 5-19 中 5 部位），基体，螺栓表面和残留毛刺进行硬度测试，结果见表 5-4，内、外层套管变形区域均存在不同程度的加工硬化现象，但残留毛刺加工硬化最为严重，局部硬度高达 500HV0.1，远高于螺栓表面硬度，因此，不难解释螺栓表面压痕的形成原因。

表 5-4　不同部位显微硬度

测试部位	1	2	3	4	5
HV0.1	257、259、259	324、321、333	345、342、349	362、373、368	291、302、297
测试部位	外管基体	内管基体	螺栓表面	毛　刺	
HV0.1	243、228、230	228、232、220	333、328、345	419、468、481、500、487	

3. 失效原因

空调风机支架断口呈典型的疲劳断裂特征，裂源均位于外层套管内表面钻孔部位，该处存在不规则形状的钻孔残留毛刺，加工硬化现象极为严重，服役过程中易成为应力集中源而萌生疲劳裂纹。

综上所述，空调风机支架开裂的直接原因是钻孔残留的加工硬化毛刺，与端部焊接无关。

4. 改进方案

1）对空调支架套管钻孔处进行打磨，使得残留毛刺去除完全。

2）对产品硬化区进行去应力退火，以降低其硬度。

 案例 45 杠杆圆销表面缺陷

1. 实例简介

杠杆圆销实物照片如图 5-30 所示，图中虚线区域为缺陷对应部位，为了便于分析，分别将其编号为 1#和 2#。右图所示为缺陷处放大形貌，由图可知：①二者缺陷均离散分布于圆销大端一侧约 1/4 外圆表面；②1#缺陷尺寸较 2#大，且两者均为黑色坑点状，具有氧化特征。

图 5-30 圆销宏观形貌

2. 测试分析

从图 5-31 和图 5-32 可看出缺陷多呈坑点状，尺寸大小不一，坑内无填充物，表面较为粗糙，同时未见异物脱落迹象。仔细观察发现，坑状缺陷两侧磨削加工产生的磨痕连贯性很好。结合圆销制造工艺可知，磨削加工为其最后一道加工工序，因此，我们可断定坑状缺陷在磨削之前既已存在，而磨削未将其去除。

对上述 1#和 2#杠杆圆销坑状缺陷处进行能谱分析，结果如图 5-33 和图 5-34 所示，缺陷处均以氧化铁为主。

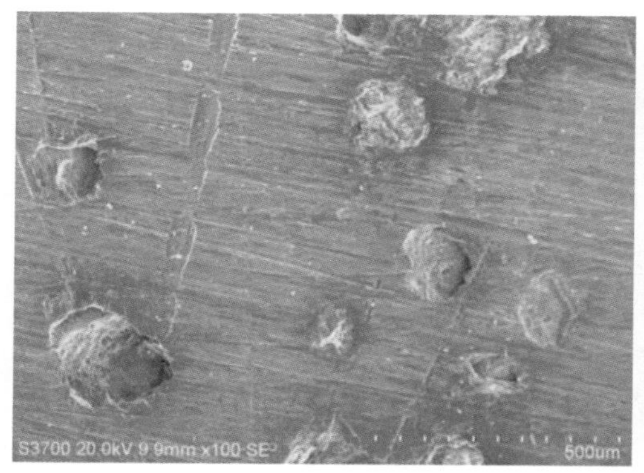

图 5-31 1#杠杆圆销缺陷微观形貌

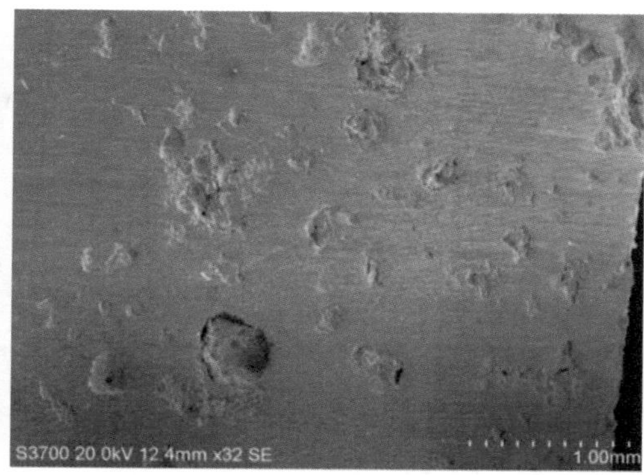

图 5-32 2#杠杆圆销缺陷微观形貌

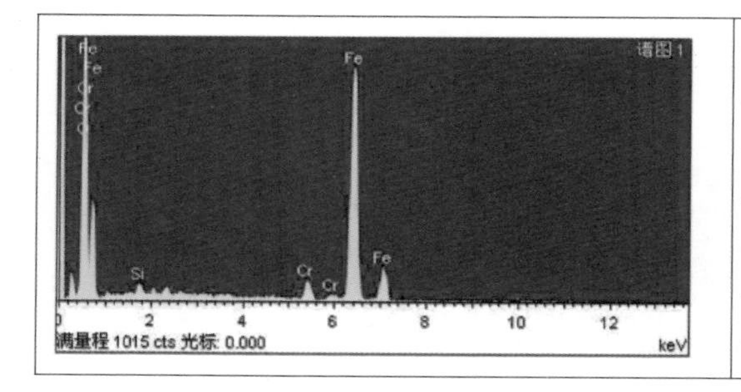

元素	质量分数（%）	摩尔分数（%）
OK	41.03	70.54
SiK	0.65	0.64
CrK	2.52	1.33
FeK	55.81	27.49
总量	100.00	

图 5-33 1#杠杆圆销缺陷能谱分析

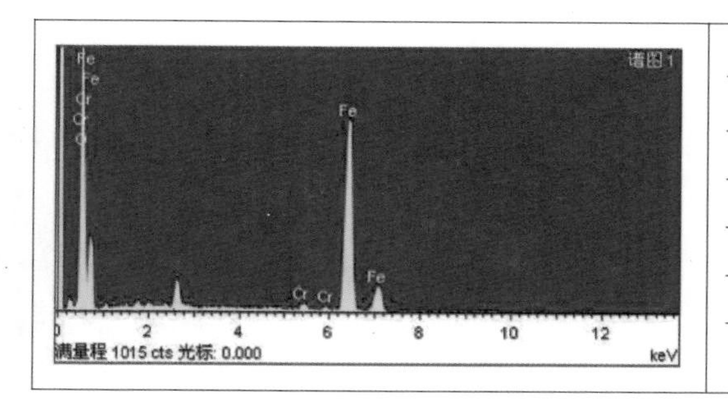

元素	质量分数（%）	摩尔分数（%）
OK	36.15	66.37
CrK	1.16	0.66
FeK	62.70	32.98
总量	100.00	

图 5-34 2#杠杆圆销缺陷能谱分析

3. 失效原因

综上所述，结合杠杆圆销表面缺陷的宏观形貌、分布形态和能谱分析可知，杠杆圆销的表面缺陷为热加工过程中形成的表面氧化皮，而后续磨削加工未将其完全去除，这可能与加工余量不足有关。

 案例46 垫圈断裂

1. 实例简介

某厂生产的垫圈材质为45钢，制造工艺为：45钢材棒料→加工成形→调质→酸洗→电镀→去氢（200℃，4h）。垫圈尺寸参数为：外径Φ60mm，内径Φ36mm，厚度7mm。成品在安装过程中未见异常，但在次日拆卸时发现开裂。

垫圈实物照片如图5-35所示，由图可知：①断面无金属光泽，无锈蚀、氧化等迹象，无明显塑性变形，整体表现为脆性断裂，下方约1mm范围为人为打开断口；②垫圈内孔表面存在数条裂纹，轴向扩展长度与断面上部分尺寸相当，约为6mm，且裂纹均由垫圈一侧表面开始向另一侧延伸，扩展方向如图中箭头所示。鉴于开裂发生于安装次日，故可判断其为延迟性脆性开裂。

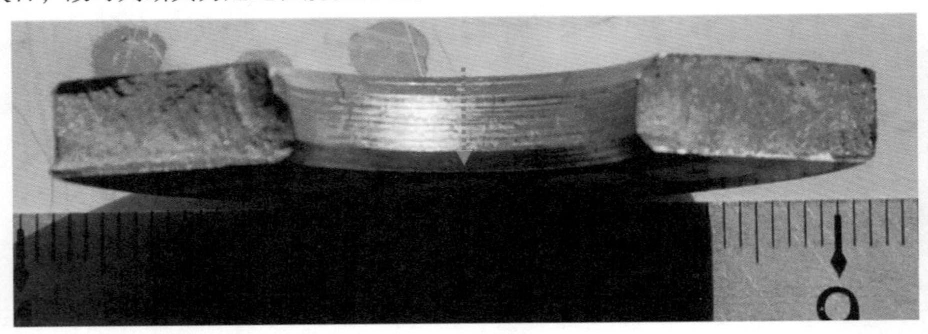

图5-35 垫圈宏观形貌

2. 测试分析

（1）微观形貌和能谱分析

取图5-35中右侧断面进行分析，通过扫描电镜观察发现断口表现出以下几方面特征：①断口近表面处存在数条深约100μm，宽约15μm的管状缺陷，能谱显示缺陷处存在氧化迹象，且含有少量的Zn元素，说明其在电镀前既已存在，见图5-36和图5-37；②除缺陷区域外，断口其余部位表面干净、无腐蚀产物覆盖，呈典型的冰糖状沿晶开裂形貌，且晶界间产生较多的二次裂纹，见图5-38；③放大形貌显示晶界上存在大量细小的、发育不完整的韧窝，即所谓“鸡爪痕”，此为氢脆断口的典型特征，见图5-39。

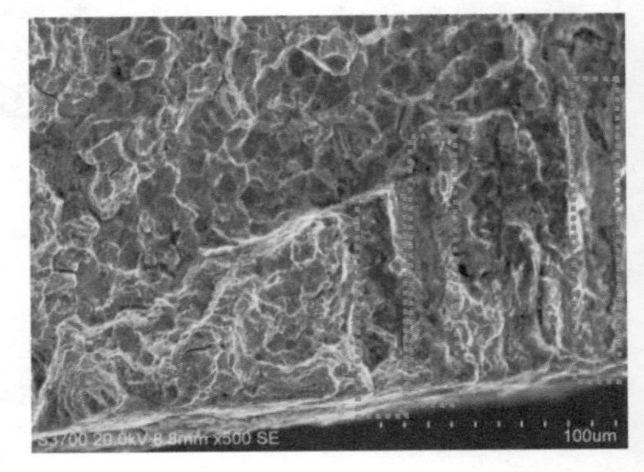

图5-36 裂源侧微观形貌

此外，在断口附近取样进行氢含量测定，检测结果为 12ppm。

综上所述，垫圈断口整体表现为氢致沿晶断裂特征。

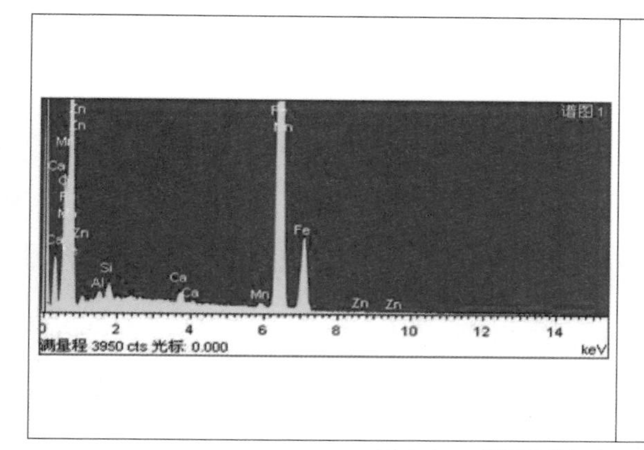

元素	质量分数（%）	摩尔分数（%）
OK	10.69	29.12
AlK	0.48	0.78
SiK	0.81	1.25
CaK	0.64	0.69
MnK	0.66	0.53
FeK	86.27	67.33
ZnK	0.45	0.30
总量	100.00	

图 5-37　裂源侧缺陷处能谱分析

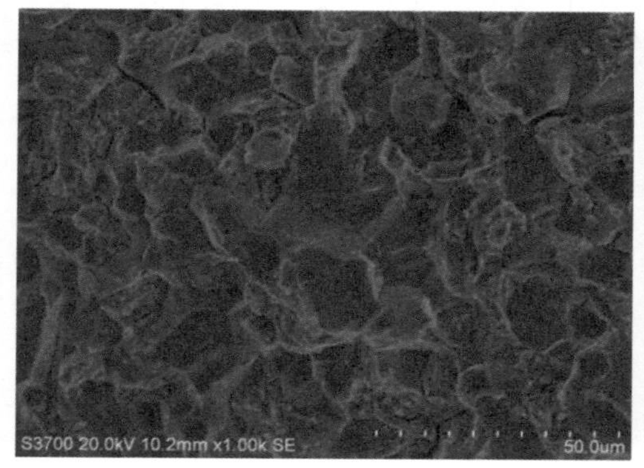

图 5-38　裂源附近微观形貌

图 5-39　裂源附近微观形貌

（2）低倍检查　对垫圈原材料进行低倍腐蚀形貌检查，结果见图 5-40 和表 5-5。原材料枝晶偏析较为严重。

图 5-40　垫圈低倍形貌

（3）显微组织分析　垂直于断面取样进行金相组织分析，结果见图 5-41 和图 5-42。值得注意的是，垫圈近表面同样分布着多条深约 100μm 的管状缺陷，管内无填充物，两侧耦合性差。这与微观形貌极为吻合，但在原材料低倍检查时并未发现该现象。缺陷两侧组织为回火托氏体 + 回火索氏体，未见氧化、脱碳。因此，结合垫圈制造工艺我们可断定管状缺陷形成于酸洗过程，可能与酸洗过度有关。

表 5-5　低倍检查结果

垫　圈	中心疏松	一般疏松	锭型偏析	一般点状偏析	其他缺陷
级别	1 级	1 级	未见	未见	未见

此外，垫圈基体硬度为 42HRC，超出技术规范（36～41HRC），结合金相组织可知，垫圈回火温度偏低。

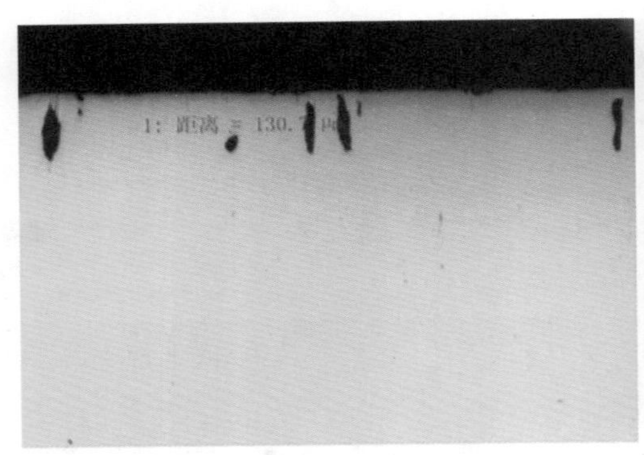

图 5-41　近表面形貌（50×）

图 5-42　表层金相组织（500×）

3. 失效原因

根据上述检查结果可知：①垫圈开裂发生于安装次日，属于延迟性断裂；②断口洁净，无腐蚀产物覆盖，呈典型的冰糖状沿晶断裂形貌，晶界存在“鸡爪痕”，具有氢脆断口特征；③表面多条管状缺陷形成于酸洗过程中；④垫圈回火温度偏低。

综上所述，垫圈的开裂属于氢致延迟性断裂，氢则来源于酸洗过程，且在后续去氢处理时存在残留。

4. 改进方案

1）提高垫圈表面加工精度，避免酸洗时局部残留酸液。

2）酸洗时严格控制酸液浓度、温度、时间等过程参数，并适当添加缓蚀剂，避免出现过腐蚀现象。

3）采用合理的去氢工艺，保证无氢残留。

4）适当提高回火温度，以获得综合性能良好的回火索氏体组织。

案例 47　压溃体开裂

1. 实例简介

某厂生产的压溃体采用45#钢热轧管，制造工艺同案例 11 产品发往客户处进行抽检试验时发生开裂，据客户介绍：试验前期一直以恒定载荷加载，中间突然停顿片刻

（疑似被卡住），后又继续加载，载荷超出额定值约20%，压溃体随即出现开裂。实物照片如图5-43所示，压溃体裂纹包括环向和纵向两部分，二者整体呈“T形”分布，根据裂纹“T型法”可判断：环向裂纹为主裂纹，纵向裂纹则为二次开裂所致。其中环向裂纹尚未裂穿，但仅剩约10mm范围连接（见图中虚线方框处）。

图5-43 压溃体实物照片

图5-44所示为压溃体断口宏观形貌，由图可知：两处断口均为单源。环向断口起裂于内壁边缘（见图5-44a中箭头），裂源对应处表面存在擦伤痕迹；纵向断口也起裂于内壁边缘（见图5-44b中箭头），裂源对应处为变径部位，表面擦伤严重。因此，我们可初步推断：压溃体的断裂与表面擦伤有关。

2. 测试分析

（1）微观形貌分析 切取上述两处断口裂源，将其放入扫描电镜中进行微观形貌观察：环向断口裂源处存在深约0.2mm的擦伤痕迹，未见其他异常，见图5-45；纵向断口裂源处变形严重，变形层深度>1mm，见图5-46。

（2）显微组织分析 垂直于壁厚在裂源处取样进行金相组织分析，结果见图5-47～图5-50。

从图5-47可看出压溃体环向断口裂源处存在变形，且裂源附近内壁表面萌生出多条裂纹，均沿45°斜插入基体。这是因为压溃体内壁与推杆在纯滑动时，最大切应力位于内壁表面附近，这时裂纹将沿与表面近似成45°的夹角向内扩展，直至呈悬臂梁结构造成剥落。此外，环向断口裂源处组织变形严重，表面呈纤维状，见图5-47。

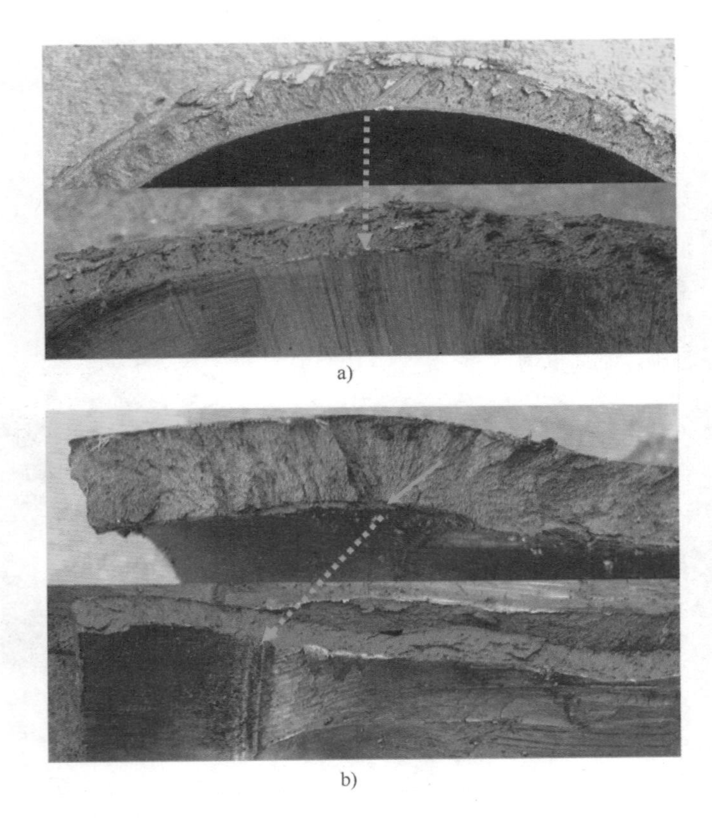

图 5-44 压溃体断口形貌

a）环向断口宏观形貌 b）纵向断口宏观形貌

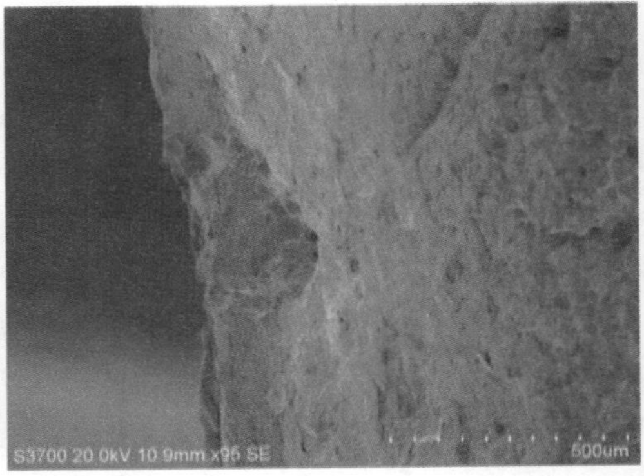

图 5-45 环向断口裂源处微观形貌

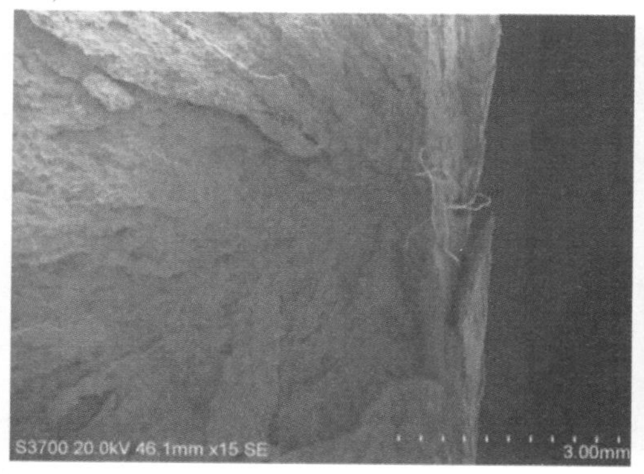

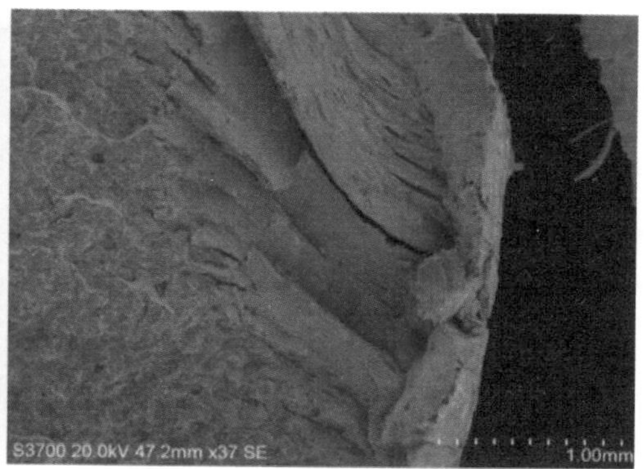

图 5-46　纵向断口裂源处微观形貌

图 5-47　环向断口裂源处形貌（12×）

图 5-48　环向断口裂源处组织（50×）

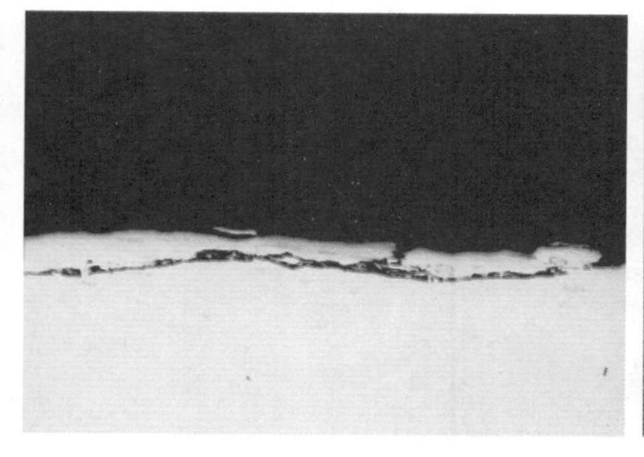

图 5-49　纵向断口裂源处形貌（25×）

图 5-50　纵向断口裂源处组织（250×）

从图 5-49 可看出压溃体纵向断口裂源附近存在剥离特征，裂纹位于次表层平行于表面扩展，且裂纹贯穿整个视场，可见该处曾受极大的摩擦作用。距表面约 1.5mm 范围内组织整体呈纤维状，这与微观形貌检查结果一致，见图 5-50。

3. 失效原因

压溃体开裂处整体呈T型，其中环向首先发生断裂，纵向为二次开裂所致，两处断口均由单源起裂，裂源处存在不同程度的擦伤。

根据客户介绍，试验过程突然中止（恒定载荷推不动），推杆疑似被卡，后又加大载荷（超载），随即发生断裂。因此，我们可断定环向断口裂源处擦伤应形成于第一阶段，即恒定载荷加载过程中。而纵向断口裂源处擦伤则形成于之后的突然加大载荷过程，这也是后者表面变形异常严重的原因。

经检查，压溃体内壁润滑良好，故可判断其内壁与推杆的对中可能存在问题。

案例48　从动齿轮断齿

1. 实例简介

从动齿轮为原装进口件，从甲车型退役后服役于乙车型，具体使用年限及运行里程不详，齿轮材质及热处理工艺不详。乙车型因故障而停止运行，拆卸后发现从动齿轮连续数齿发生断裂。

齿轮实物照片如图5-51所示，从图5-51中可看出：①从动齿轮连续5根齿条发生全齿断裂，见图中红色箭头处；②断口形貌显示中间两根齿条的断面保存相对较为完好，其余三处断口均严重碰伤，但仍可看出所有断齿的裂源均位于同侧；③与从齿啮合的主动齿轮一端发生严重变形，见图5-51中右上角小图；④仔细观察发现，从动齿轮齿根和齿底部位均经过磨削加工，表面光亮，而主动齿轮齿底表面则呈暗灰色，未见磨削加工痕迹。

图5-51　齿轮实物照片

图5-52为送检齿块宏观形貌，根据断面贝纹线的疏密程度可判定断齿从左至右第

三根齿条为首断件。为了便于分析，特取上述断面保存相对完好的两根齿条作为研究对象，并将其分别编号为 1#和 2#，其中 1#即为首断件。从图中可看出：①1#断面贝纹线清晰可见且分布密集，呈典型的疲劳断裂特征；②2#断面较为粗糙，未见明显的贝纹线，呈青灰色，与金属正断色较为类似；③仔细观察发现：1#和 2#齿条的断裂均起源于齿根部位，且裂源几乎分布于同一条直线上。因此，我们推测从动齿轮的齿根部位必然存在某种规律性缺陷。

图 5-52　送检齿块宏观形貌

2. 测试分析

（1）低倍腐蚀形貌　在主、从动齿轮上切取齿块进行横截面低倍腐蚀形貌观察，如图 5-53 所示：两个齿轮均采用渗碳、淬火工艺，主动齿轮渗碳层较为均匀，但从动齿轮齿根部位渗碳层特征不甚明显，疑似被加工去除。

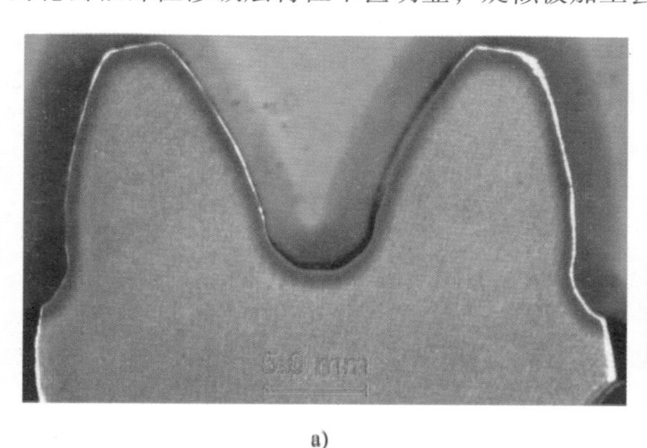

a)

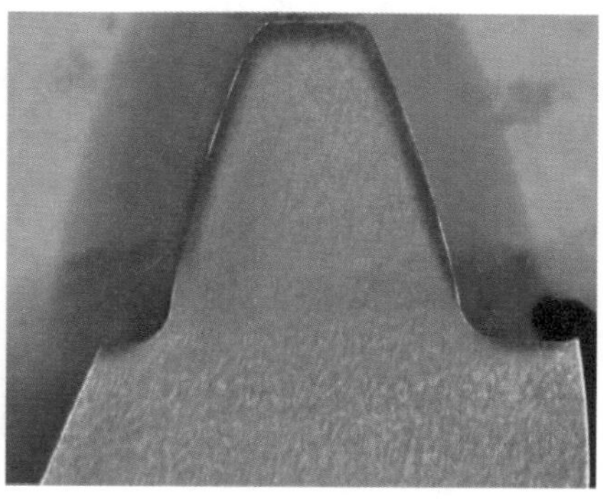

b)

图 5-53　齿块横截面低倍腐蚀形貌

a）主动齿轮　b）从动齿轮

（2）微观形貌　对从动齿轮的 1#和 2#齿条断口进行微观形貌观察，结果见图 5-54 ~ 图 5-57 所示：1#齿条裂源处表面磨损严重，形貌无法辨别；齿根部位磨加工痕迹明显，未见喷丸迹象。2#齿条裂源处存在多个疲劳台阶，扩展区以韧窝形貌为主，这与宏观推测（正断色）一致。

图 5-54　1#齿条裂源处微观形貌

图 5-55　1#齿条齿根处微观形貌

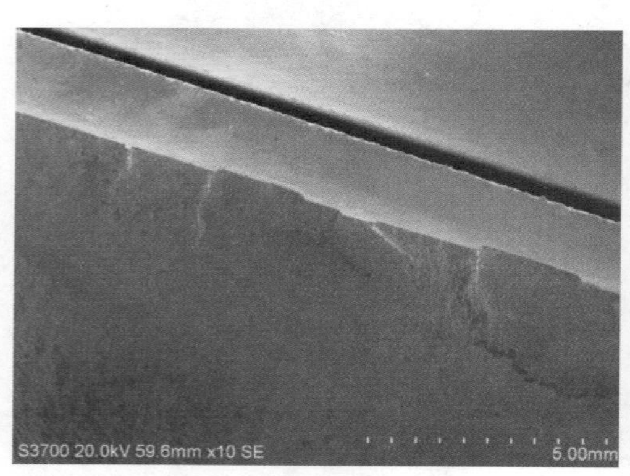

图 5-56　2#齿条裂源处微观形貌

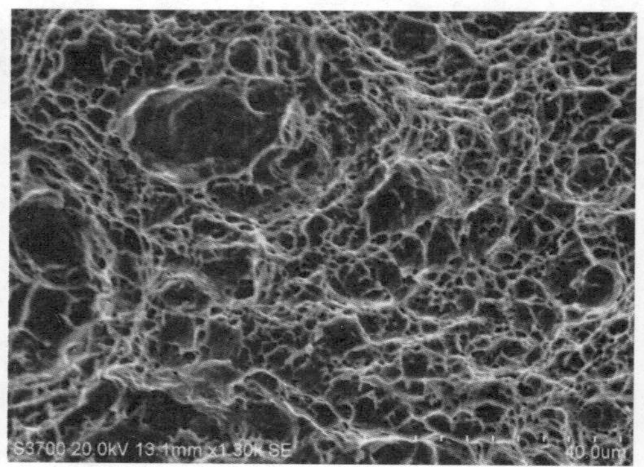

图 5-57　2#齿条扩展区微观形貌

（3）显微组织分析　沿图 5-52 中红色虚线处取样并切取未受损齿块进行金相检查，结果见图 5-58 ~ 图 5-61 和表 5-6：

表 5-6　主、从动齿轮金相检查结果

齿轮	非马		碳化物		硬度梯度（550HV1 为界）		非金属夹杂物
	节圆	齿根	节圆	齿根	节圆	齿根	
主动	0	约 15μm	弥散颗粒状	弥散颗粒状	约 0.591mm	约 0.648mm	A0.5、D0.5
从动	0	0	弥散颗粒状	弥散颗粒状	约 0.623mm	0	D0.5

齿轮	心部组织	心部硬度 HRC	备注
主动	回火马氏体	40.0、40.0、40.5	变形处表面存在深约 20μm 的白亮层
从动	回火马氏体 + 少量贝氏体	37.5、37.5、38.0	裂源处组织以板条状回火马氏体为主

值得提出的是，从动齿轮齿根处未见淬火硬化层，与宏观检查结果一致。

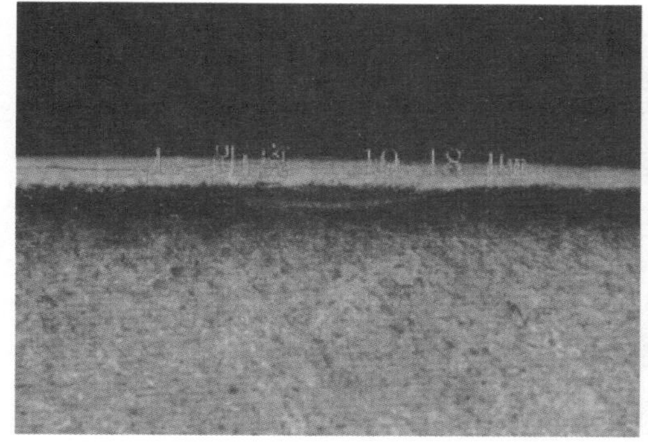

图 5-58　主动齿轮变形处组织（200×）

图 5-59　从动齿轮齿根处组织（500×）

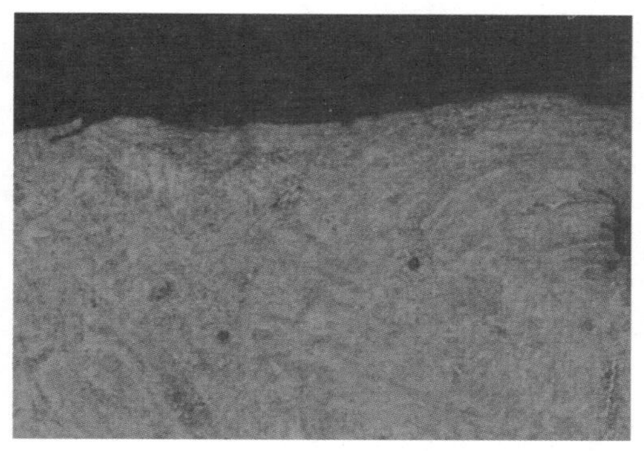

图 5-60　从动齿轮裂源处组织（500×）

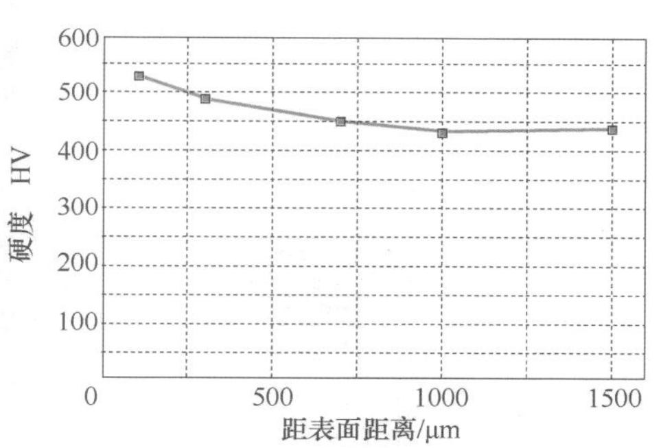

图 5-61　从动齿轮齿根处硬度梯度

3. 失效原因

根据上述检查结果可知：从动齿轮的断裂主要与齿根部位过度磨削加工导致的无淬硬层有关。

众所周知，齿轮就像一个悬臂梁，受载以后，齿根处弯曲应力最大。而齿根处的过度磨削加工一方面使得该处表面的疲劳强度大幅下降，另一方面改变了齿根部位的应力状态，当局部弯曲应力的数量值超过疲劳极限时即萌生裂纹，随着主、从动齿轮的周期性啮合，开裂处发生疲劳扩展至断齿，断齿将造成啮合失稳而导致打齿现象，这也是其余几处齿条表面严重碰伤的主要原因。

案例 49　套管开裂

1. 实例简介

某公司生产的套管材质为 GCr15，制造工艺为：GCr15 无缝管→钻、铰内孔→淬火＋低温回火→磨外圆、端面→目测检查→清洗包装。供货后客户在安装过程中发生套管开裂现象，而套管中部除间隙配合一销轴外不受外力作用。

开裂套管实物照片如图5-62所示：①开裂发生于套管一端，断口整体呈犁铧形；②断面干净，无异物附着；③以图5-62右下图中红色虚线为界，整个断口由两部分组成，其中断口1较为平整，断口2外圆侧具有剪切特征，故可判断：断口1为首先断裂部位。此外，根据放射状条纹收敛方向可依稀判断：裂源位于图中红色箭头处。

图5-62　开裂套管实物照片

2. 测试分析

（1）微观形貌分析　对图5-62中断口进行微观形貌观察，如图5-63～图5-65所示，裂源位于距离端部倒角0.5mm处的内孔表面，断面上并未发现夹杂物、夹渣等原材料缺陷。值得提出的是，与裂源对应的内孔表面存在明显的加工损伤痕迹，结合套管制造工艺可知：该处损伤形成于铰孔过程，且为两道铰痕交汇处，铰痕表面粗糙，呈“鳞状”，具有显著的应力集中效应。

此外，根据放射状纹路可知：图5-62中断口2是以断口1为源发生的二次扩展；扩展区微观形貌呈准解离断裂特征，瞬断区呈剪切唇状。因此，我们可初步判定：套管的开裂应与内孔表面粗糙的铰痕有关。

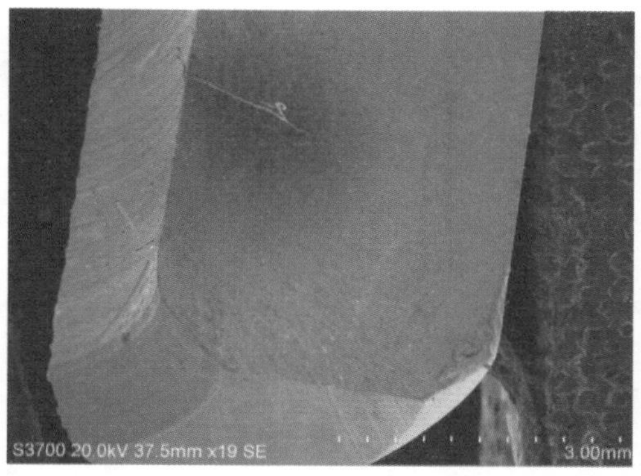

图 5-63 断面裂源处微观形貌

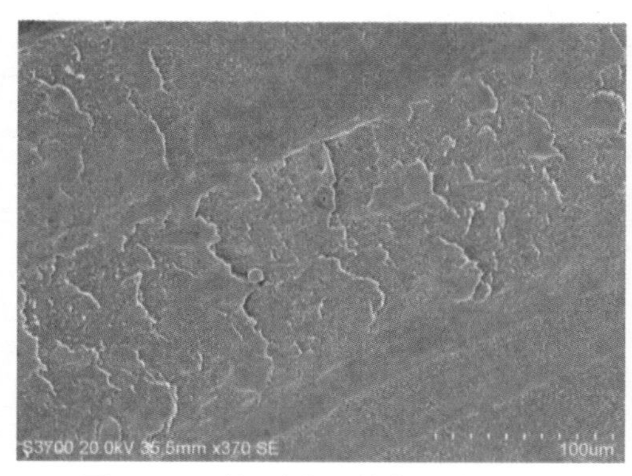

图 5-64 裂源对应处的内腔微观形貌

图 5-65 扩展区微观形貌

（2）显微组织分析 沿图5-63中虚线处线切割取样进行裂源处金相检查，图5-66显示裂源处未见氧化、脱碳等热处理缺陷，组织为隐针状回火马氏体+弥散分布的细小颗粒状碳化物+极少量的残留奥氏体。远离开裂处在图5-62中红色虚线方框处取样进行基体组织检查，如图5-67所示，基体组织同上。基体硬度为59.5、59.5、59.5HRC，满足技术要求（58~61HRC）。

图 5-66 裂源处组织（500×）

图 5-67 基体组织（500×）

由图5-68和图5-69可知：套管网状和带状碳化物均评定级别为0.5级。此外，夹杂物评定级别为D0.5，原材料洁净度良好。

图5-68 网状碳化物（500×）

图5-69 带状碳化物（500×）

3. 失效原因

根据上述检查结果可知：

1）开裂发生于套管一端，断口由两部分组成，整体呈犁铧形，其中断口2是以断口1为源发生的二次扩展。

2）裂源对应处存在明显的铰孔损伤痕迹，表面很粗糙。

3）套管热处理正常，组织和硬度均满足技术要求。

综上所述，本案例中套管在安装前既已存在开裂现象，安装过程中，以断口1为源，发生二次扩展形成断口2。结合套管制造工艺、断口形貌及裂源处组织可判定：断口1形成于淬火过程中，造成其开裂的根本原因是内孔表面存在显著的铰痕。

4. 改进方案

1）热处理前对套管内孔表面进行精磨处理。

2）套管端部的倒角改为倒圆角。

3）目测检查升级为磁粉检测。

 案例50 螺栓表面缺陷

1. 实例简介

某单位采购的内六角头螺栓型号为M16×70，材质和制造工艺不详，试验过程中发现螺栓光轴（非螺纹段）表面存在某种缺陷。遂对其进行磁粉检测，检查结果如图5-70所示：1#和2#螺栓非螺纹段表面存在沿轴向分布的线状缺陷，该类缺陷外形笔直，粗细均匀。其中1#螺栓的表面缺陷分布范围约占非螺纹段的1/3；2#螺栓的表面缺陷则贯穿整个非螺纹段，一头延伸至第一螺牙处，另一头则延伸至大头表面。两个缺陷类型一致，均不具有明显的裂纹类缺陷特征。

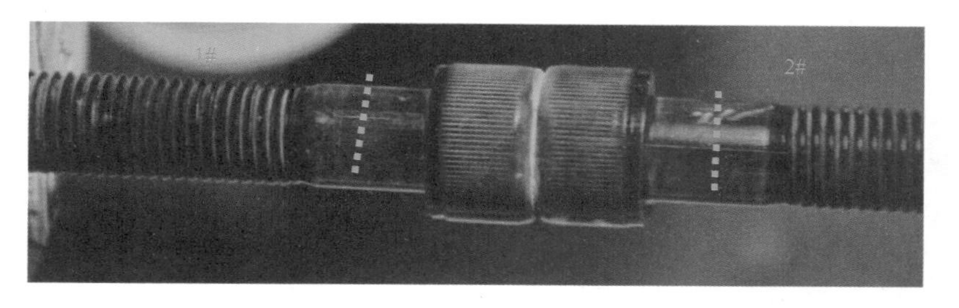

图 5-70　送检螺栓磁粉检测形貌

2. 显微组织分析

沿图 5-70 中红色虚线处线切割取样进行截面金相检查，如图 5-71 ~ 图 5-76 所示：1#螺栓线状缺陷为开口型，深约 26μm，宽约 10μm，两侧耦合性差，表面存在氧化特征，且未见扩展迹象，整体不具有裂纹类缺陷特征，且在热处理前既已存在，结合磁粉检测宏观形貌推测其为成形过程中形成的拉痕类缺陷。此外，螺栓表面存在深约 0.5mm 的脱碳层，这点可通过金相和硬度梯度两方面证实，基体组织为回火索氏体 + 回火托氏体。

图 5-71　1#螺栓缺陷处截面形貌（500×）

图 5-72　1#螺栓缺陷处截面组织（500×）

图 5-73　2#螺栓缺陷处截面形貌（500×）

图 5-74　2#螺栓缺陷处截面组织（500×）

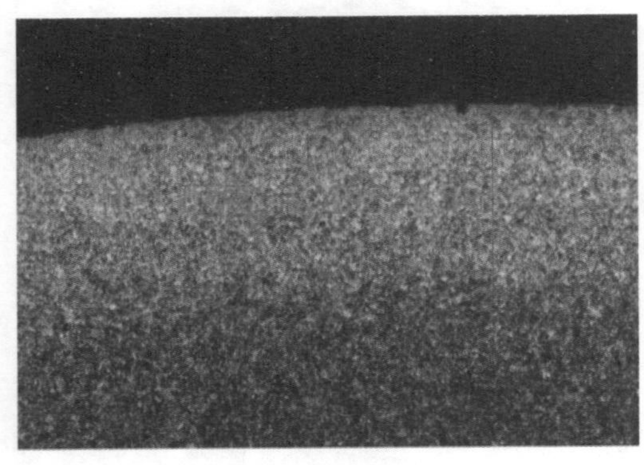

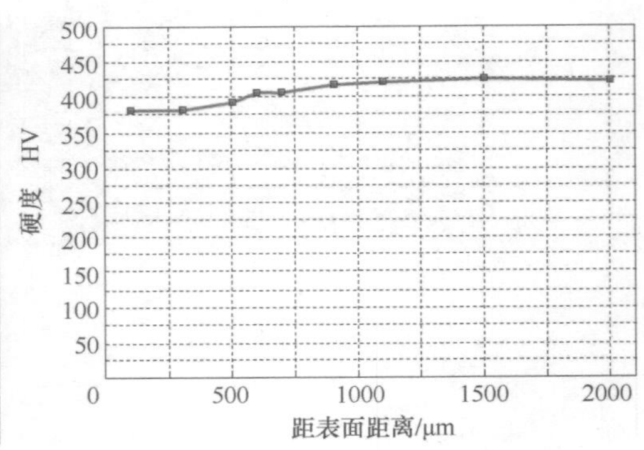

图 5-75　1#螺栓截面组织（50×）

图 5-76　1#螺栓表面硬度梯度

2#螺栓整体特征同上，不再赘述。

3. 失效原因

结合磁粉检测宏观形貌和金相分析可判断：两根螺栓非螺纹段表面的线状缺陷为成形过程中形成的拉痕类缺陷，该缺陷深度很浅，且在试验过程中未发生扩展。

 案例 51　从动齿轮齿面缺陷

1. 实例简介

某列车在架修时发现一件从动轮齿面发生局部剥离现象，遂对全齿面采用渗透法进行检测，结果发现齿面存在裂纹。(备注：齿轮箱不存在缺油现象)

图 5-77 为从动齿轮实物照片，首先对其进行几何公差和齿形齿向检查，结果未发现明显异常。但齿面形貌显示几乎所有齿面（两侧）均如“//”形分布着大量裂纹类缺陷，且齿面正常部位加工纹理呈波纹状，略显粗糙。

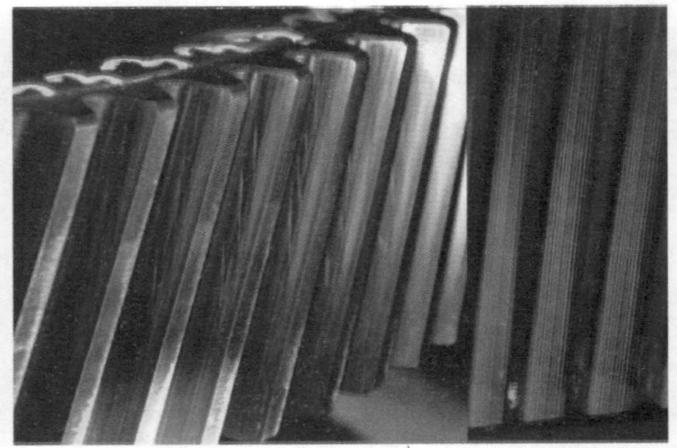

图 5-77　齿轮实物照片

2. 测试分析

（1）磁粉检测　图5-78为从动齿轮通过湿法磁粉检测后的宏观形貌，从图5-78可看出所有齿面（两侧）均存在“//”分布的磁痕，这与宏观检查完全一致。

图5-78　磁粉检测形貌

（2）酸洗检查　为了确保待检试样不被酸液腐蚀而影响后续的检查结果，特对齿轮进行半齿轮酸洗，酸洗形貌如图5-79所示：所有齿面均有不同程度的烧伤，其中一侧齿面除齿顶修缘处外，其余部位全部烧伤；另一侧齿面烧伤程度相对较轻，更加集中于齿根侧。

图5-79　酸洗形貌

（3）低倍检查　为了进一步确认齿面是否存在烧伤特征，或烧伤特征的严重程度，以及烧伤与裂纹类缺陷之间的关系，特在齿轮不同区域线切割取样进行低倍腐蚀形貌观察，结果见图5-80，从图中可看出：齿轮为全齿面烧伤，且烧伤范围和深度非常显著。值得提出的是，裂纹类缺陷均发生于烧伤区，但烧伤程度较轻或未烧伤区无裂纹出现。

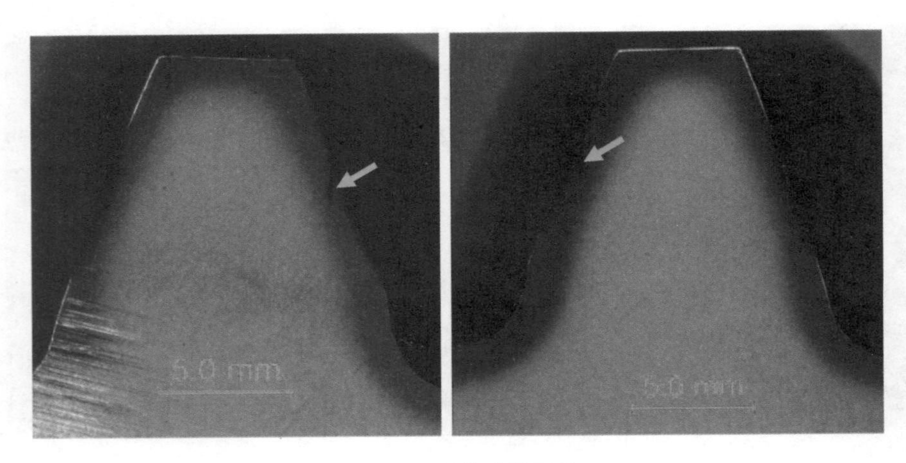

图5-80　低倍腐蚀形貌

（4）化学成分分析　化学成分检查结果见表5-7，从动齿轮材质符合20CrNi2Mo技术要求。

表5-7　化学成分（质量分数）　（%）

试样名称	C	Si	Mn	P	S	Cr	Ni	Mo
从动齿轮	0.22	0.27	0.56	0.006	0.005	0.60	1.72	0.26
技术要求	0.17~0.23	0.20~0.35	0.40~0.70	≤0.030	≤0.030	0.35~0.65	1.60~2.00	0.20~0.30

（5）显微组织分析　在从动齿轮上随机切取两个齿块进行显微组织分析，如图5-81~图5-83所示：

1）齿轮裂纹均萌生于齿面，裂纹整体较为绵软，局部呈断续状，当裂纹扩展至一定深度后，转向与齿面平行扩展，为典型的接触疲劳裂纹特征。

2）所有裂纹深度均小于1mm，裂纹转向深度约为0.4~0.7mm，该处恰好为最大切应力处，再次证实裂纹为接触疲劳产生。

3）正常区域节圆表面组织为针状回火马氏体+少量贝氏体+残留奥氏体，齿根表面存在深约20μm的非马氏体组织，心部组织为马氏体+贝氏体。

4）裂纹附近齿面存在很浅（<2μm）的白亮层组织，裂纹两侧未见氧化、脱碳现象，组织仍为回火马氏体，但回火温度偏高，具体表现为三个方面：①裂纹附近耐腐蚀能力较低；②马氏体针状特征不明显；③硬度偏低（见下文中分析）。

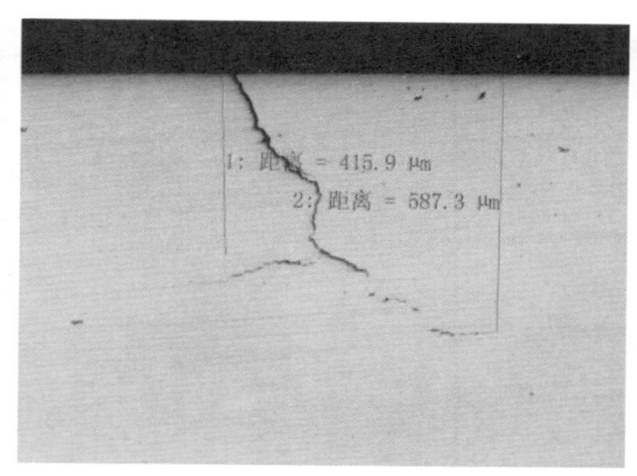

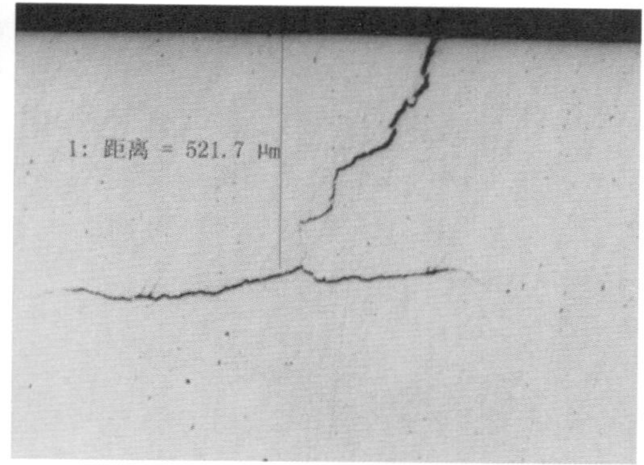

图 5-81　节圆裂纹形貌

图 5-82　节圆烧伤区组织

a)

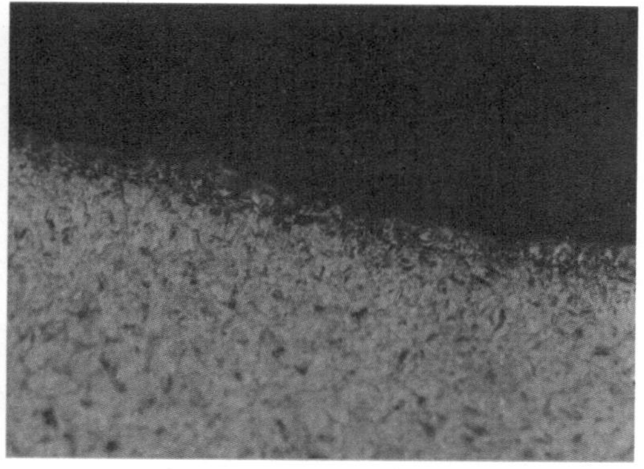

b)

图 5-83　正常部位组织

a）节圆组织　b）齿根组织

（6）硬度分析 对从动齿轮正常部位的节圆和齿根处，以及烧伤区进行显微硬度梯度测试，结果见图5-84。从图5-84可看出：正常部位节圆和齿根处的硬度梯度较为平缓，表面硬度合格，硬化层深满足技术要求。烧伤区则均出现表面硬度“低头”现象，对比发现：①“低硬度区”深度约为0.4~0.7mm，这与低倍腐蚀形貌及裂纹扩展深度吻合较好；②齿轮的表面硬度约为52HRC（由100μm处HV1转换），远低于技术要求（≥58HRC）。

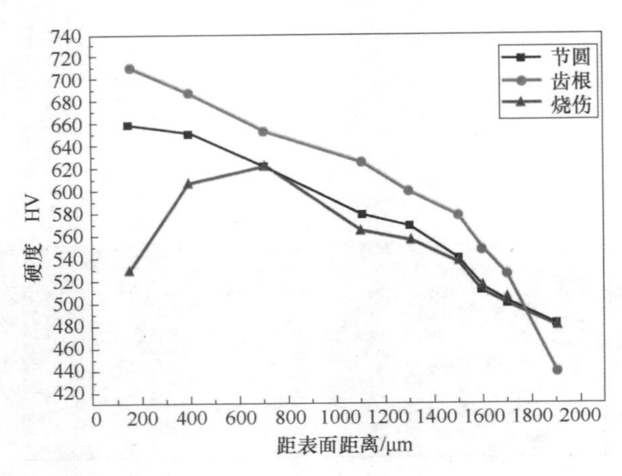

图5-84 硬度曲线

3. 失效原因

根据上述检查结果，可得到以下结论：

1）从动齿轮所有齿面均存在不同程度的烧伤。

2）齿面裂纹为接触疲劳裂纹。

3）裂纹多在烧伤程度较为严重的区域萌生，反之则无。

4）热处理和化学成分满足技术要求。

综上所述，再结合现场采集到的信息（齿轮箱不存在缺油现象），我们可判断：烧伤产生于磨齿阶段，表面强度的降低使其在服役过程中较易萌生疲劳裂纹。若继续使用，齿面后期将发生剥离。

4. 改进方案

1）对在线的和库存的同批次从动齿轮进行全面检查，并及时进行更换或报废处理。

2）对磨齿工艺进行评审。

3）公差允许的情况下，可对未开裂的同批次产品进行二次热处理及重新磨齿。

第6章 环境及使用因素为主引起的失效

案例52 铝散热器泄漏

1. 实例简介

泄漏铝散热器为复合板（表面涂覆钎料的铝板）与翅片经真空钎焊而成的多层结构，用于变压器油脂冷却，列车运行一段时间后，铝散热器发生漏油现象。遂立即将其更换并进行漏油原因分析，值得提出的是，据客户介绍：漏油铝散热器的散热翅一侧积有大量外界卷入的异物（如尘土、羽毛等）。

鉴于铝散热器特殊的层状结构，特将其加工成单层进行研究。由于经过长期使用表面油污较多，故采用特殊清洗剂浸泡，并通过超声清洗的方式进行表面油污清理。经渗透检测后发现：泄漏点呈离散分布，有的分布在钎焊处附近，有的远离钎焊部位，随机挑选其中三块复合板作为检测对象，其宏观形貌见图6-1，泄漏点见图中红色箭头所指处。（备注：图中所示面为油孔面）

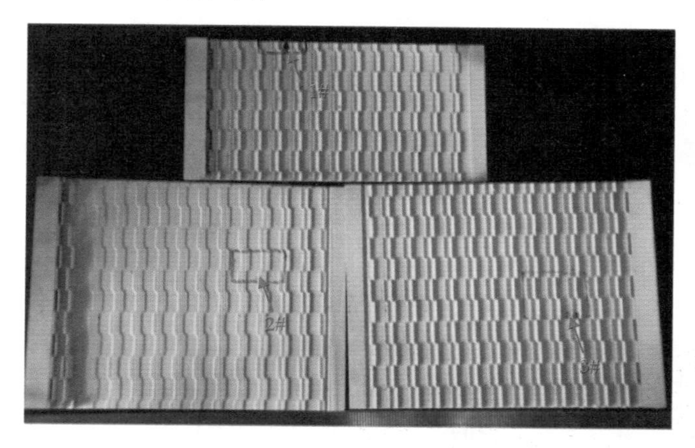

图6-1 漏点宏观形貌

2. 测试分析

（1）微观形貌和能谱分析　为了便于分析特将上述三处漏点分别命名为1#、2#和3#，将试样超声清洗后放入扫描电镜中观察形貌。油孔侧漏点部位微观形貌和能谱分析结果见图6-2～图6-5，由图可知：①1#漏点尚未发生穿孔但漏油处约0.25mm^2范围内存在晶界分离的现象（晶界析出物脱落）；②2#漏点处单颗晶粒脱落，晶界形貌同上，能谱显示晶间析出物为Si相（见图6-4）；③3#漏点处晶粒脱落数量更多，范围更广，且脱落处内部显示为空腔结构。因此，我们可推测：①掉晶前必先发生晶界处的 Si 相脱落、晶界分离；②油孔侧晶粒脱落发生于后期阶段。

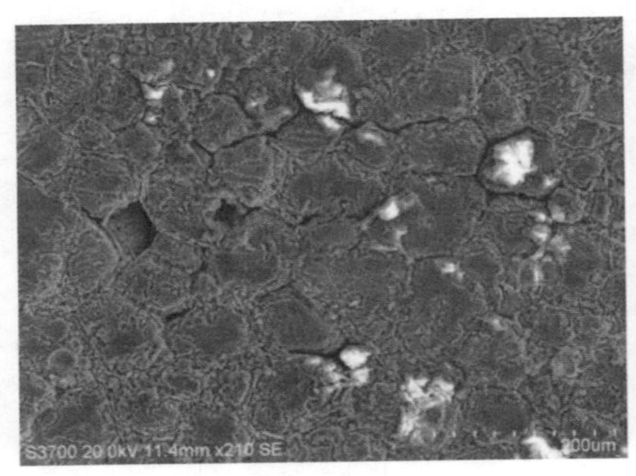

图 6-2　1#漏点处微观形貌

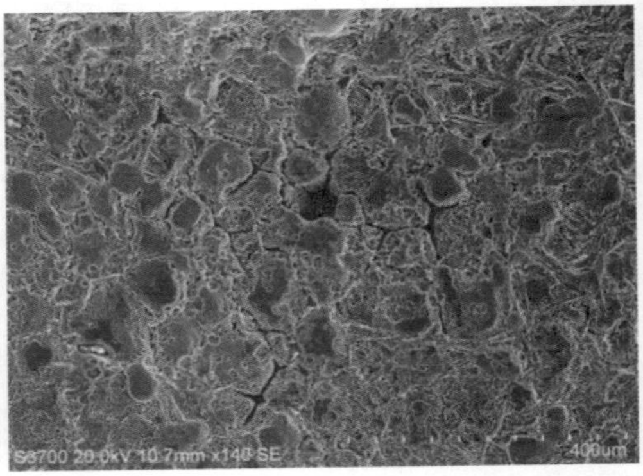

图 6-3　2#漏点处微观形貌

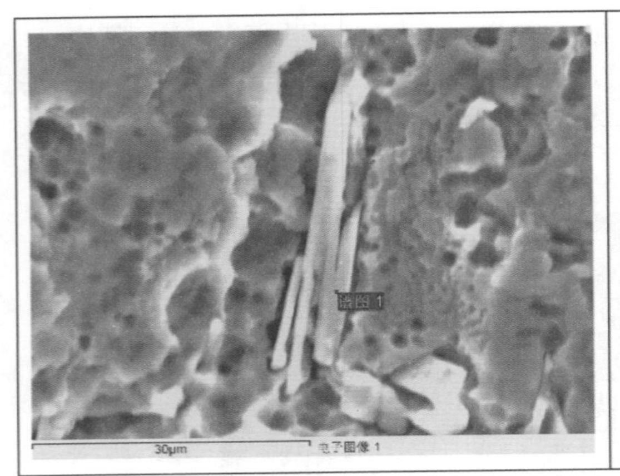

元素	质量分数（%）	摩尔分数（%）
OK	6.59	10.91
AlK	25.62	25.15
SiK	67.79	63.94
总量	100.00	

图 6-4　2#漏点处晶界析出物能谱分析

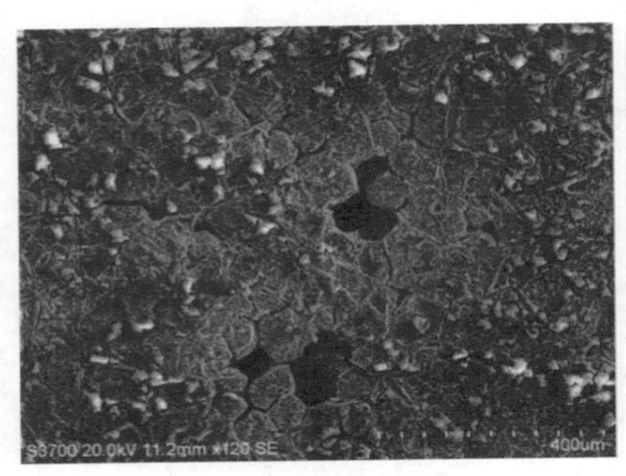

图 6-5　3#漏点处微观形貌

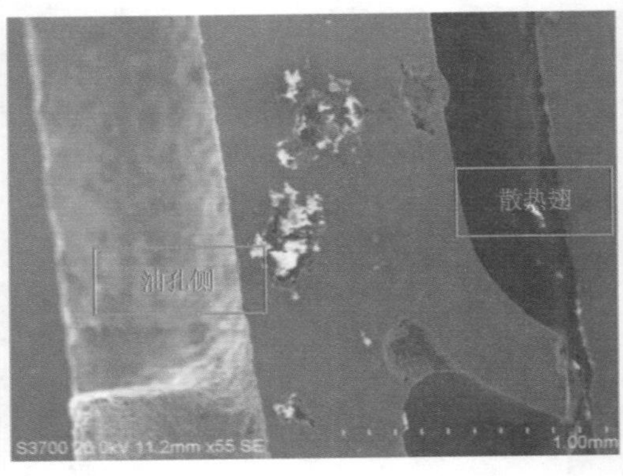

图 6-6　1#漏点截面微观形貌

由前述漏点表面微观形貌可看出三处漏点径向范围仅约0.5mm，故垂直于复合板切样并极其谨慎地将漏点处截面磨制出来。图6-6所示为1#漏点处剖面微观形貌，由图可知，剖面上断续分布着几处疑似腐蚀坑类的缺陷，且散热翅一侧已露头。值得注意的是，对缺陷处进行能谱分析发现，坑内残留物以氧化铝为主并含有一定数量的硫离子和氯离子，具有腐蚀产物特征，如图6-7所示。此外，对2#和3#漏点采用同种方法进行检查，结果相同。因此，我们可断定漏油源于散热翅一侧的腐蚀。

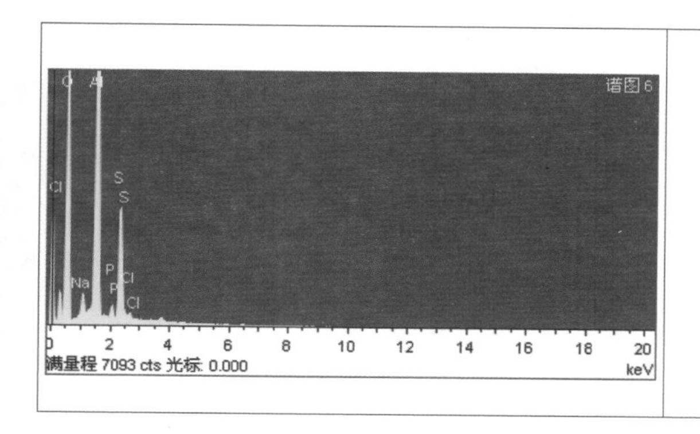

元素	质量分数（%）	摩尔分数（%）
OK	67.38	78.03
NaK	1.00	0.80
AlK	26.63	18.29
PK	0.50	0.30
SK	4.24	2.45
ClK	0.25	0.13
总量	100.00	

图6-7　1#漏点截面能谱分析

（2）显微组织分析　以3#漏点为代表进行金相检查，如图6-8～图6-11所示：①漏点处已形成贯穿性缺陷，且散热翅一侧腐蚀范围更广，腐蚀特征也更加明显，再次证明腐蚀首先由散热翅一侧开始，并逐渐向油孔侧扩展；②复合板靠近散热翅一侧约185μm范围内沿晶界析出条块状Si相，同时伴有沿晶裂纹出现，条状Si相的存在严重割裂了基体的连续性，其在腐蚀性环境中将成为薄弱区域最先被腐蚀，继而发生晶粒脱落；③复合板中心组织为Al基体上分布着细小颗粒状Si相，组织良好，未见异常。

图6-8　3#漏点截面图（25×）

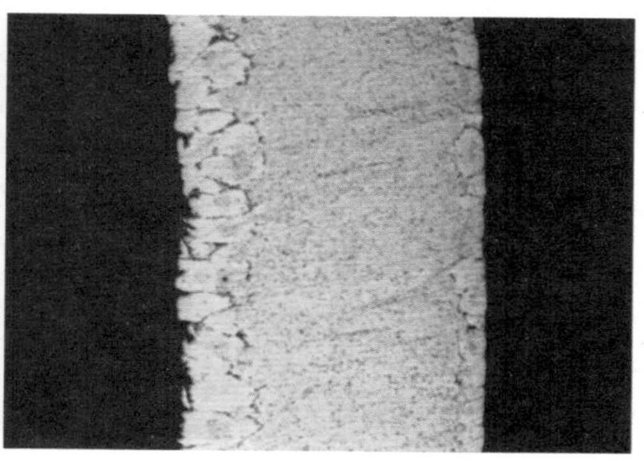

图6-9　复合板组织（50×）

图 6-10　复合板散热翅一侧组织（100×）

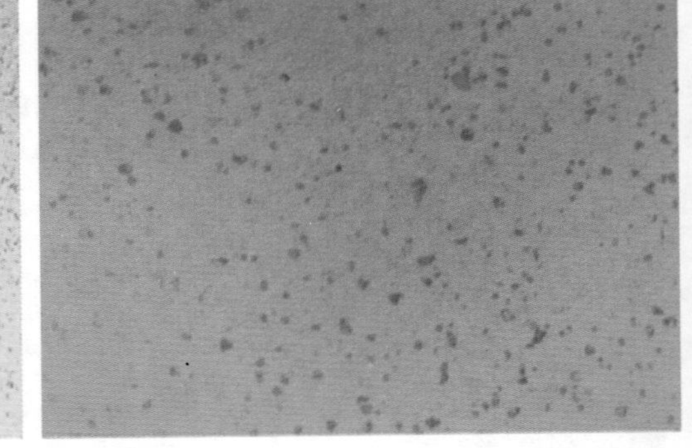

图 6-11　复合板心部组织（250×）

3. 失效原因

铝散热器泄露点离散分布于复合板上，有的分布在钎焊处附近，有的远离钎焊部位。经微观形貌、能谱及金相分析可知，漏油处具有腐蚀特征，且腐蚀首先从散热翅一侧开始，逐渐向油孔侧扩展，直至形成贯穿性缺陷导致漏油。此外，复合板靠近散热翅一侧表面存在一定深度的沿晶开裂，钎焊部位也如此。

综上所述，铝散热器泄漏原因为腐蚀所致，腐蚀为外界环境条件引发。

4. 改进方案

1）对散热器加设防尘罩，避免外界异物尤其腐蚀性异物的大量卷入。

2）采用适当的处理工艺，消除复合板两侧大范围存在的条块状 Si 相。

 案例 53　导辊表面缺陷

1. 实例简介

导卫就是在型钢轧制过程中，安装在轧辊孔型前后用于帮助轧制件按既定方向和状态准确地、稳定地进入和导出轧辊孔型的装置，导辊则是完成这一传递过程的主要部件，其优点在于去除氧化皮，使轧制件表面更光滑，同时增加轧制件的表面强度。某轧钢厂生产的导辊材质为高铬铸铁，加工工艺为：铸造→正火→粗车→淬火→低温回火→精磨→探伤。导辊在使用数小时后传送的圆钢表面质量精度变差，遂发现部分导辊局部表面出现疑似“鼓包”的现象，约占总数量的 10%，对该位置进行更换，数小时后更换件同样出现此类问题，导辊采用水雾冷却。

图 6-12 为导辊宏观形貌，根据现场调查得知：导辊与轧制圆钢接触区域如图 6-12 中的括号范围所示，由图可知：其与非接触区域存在明显的环形界限，见图中箭头处。值得注意的是，接触区宏观形貌表现为明显不同的两种特征：其中圆弧底部（该处为导辊受力最大部位）约 10mm 范围表面光滑、细腻，呈银白色金属光泽，剩余部位则呈不同程度的“鼓包”现象，且越靠近非接触区域，表面“鼓包”现象越不明显。同时，

非接触区域也具有一定程度的“凹凸”特征。

图6-12　导辊实物照片

2. 测试分析

（1）微观形貌分析　按图6-12中方框处线切割取样，分别编号为1#、2#和3#，其中1#为非接触区域试样，2#和3#为接触区域试样，对其超声清洗后进行微观形貌观察：

1）1#试样表面可见明显的网状碳化物，基体相对于碳化物塌陷呈缩凹状，表面无任何形变迹象，见图6-13和图6-14；纵截面微观形貌也显示凸起部位为碳化物“骨架”，凸起高度约为3～5μm，见图6-15。

2）2#试样表面整体特征同上，但存在一定程度的碾压变形迹象，见图6-16和图6-17。

3）3#试样表面则无碳化物凸起，其与基体保持同一平面，碾压迹象明显，见图6-18。

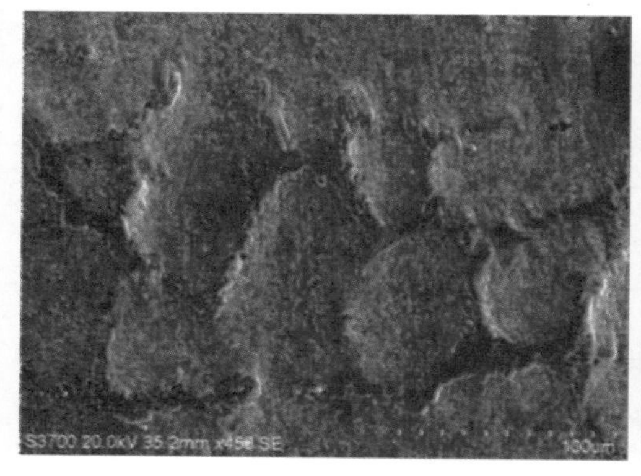

图6-13　1#试样表面微观形貌

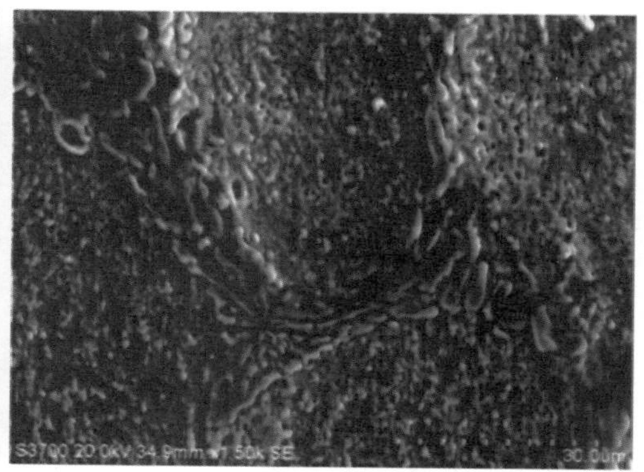

图6-14　1#试样表面微观形貌

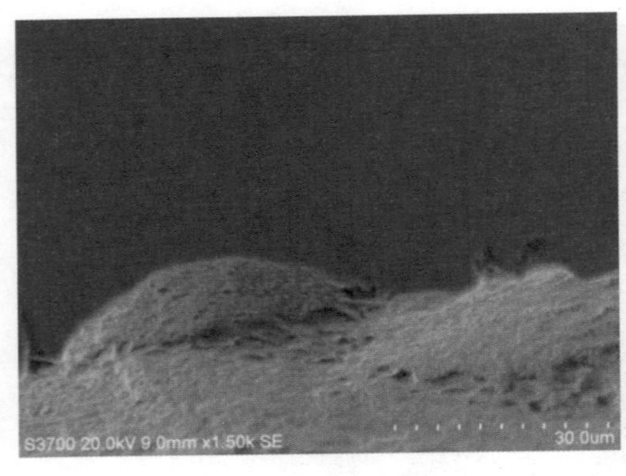

图 6-15　1#试样纵截面微观形貌

图 6-16　2#试样表面微观形貌

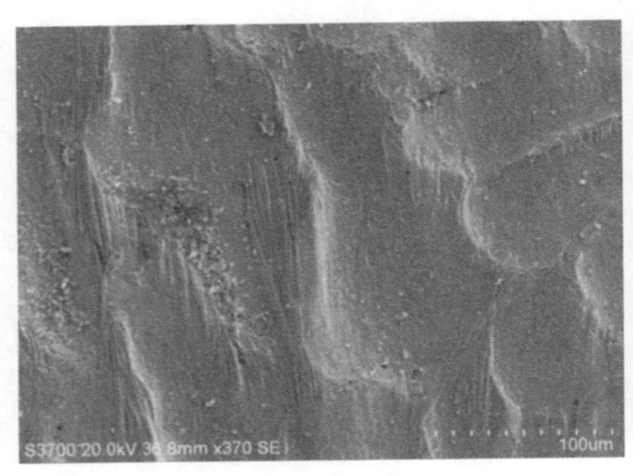

图 6-17　2#试样表面微观形貌

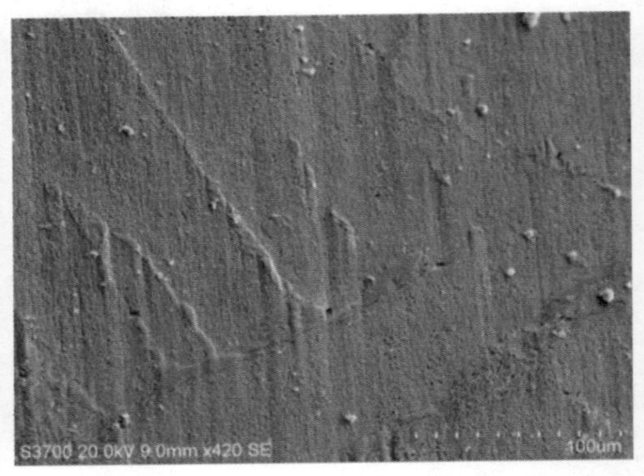

图 6-18　3#试样表面微观形貌

综上所述，导辊圆弧底部（部位 3）在工作过程中长期与传送圆钢接触、受碾压，表面平整具有金属光泽；部位 2 虽与传送圆钢长期接触，但该区域受力较小，所以凸起的碳化物骨架相对于缩凹的基体变形更为明显；部位 1 则不与圆钢接触，无任何形变发生。

（2）化学成分检查　在送检导辊上取样进行化学成分检查，其结果见表 6-1。

表 6-1　化学成分（质量分数）　（%）

试样名称	C	Si	Mn	P	S	Cr	Ni	Mo
导　辊	2.51	1.14	0.73	0.06	0.02	16.36	0.95	2.14

（3）显微组织分析　对导辊不同部位通过 Observer. A1m 型显微镜进行金相检查发现：导辊圆弧底部（部位 3）表面较为平整，无明显凸起，组织为回火马氏体 + 树枝晶网状碳化物 + 残留奥氏体，见图 6-19 和图 6-20。部位 1 处表面则凹凸不平，呈“波浪状”，组织也为回火马氏体 + 树枝晶网状碳化物 + 残留奥氏体，见图 6-21 和图 6-22，仔

细观察发现：凸起部位组织为骨骼状碳化物，这与微观形貌分析结果一致，见图 6-23。基体组织同上，硬度为 56HRC，见图 6-24。

图 6-19 3#试样表面抛光态形貌（100×）

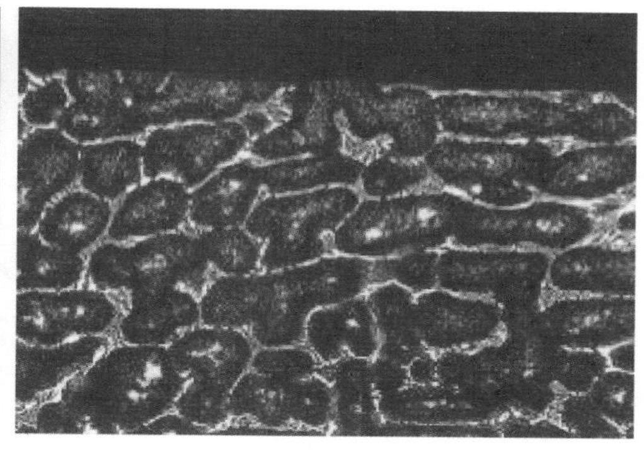

图 6-20 3#试样表面组织（100×）

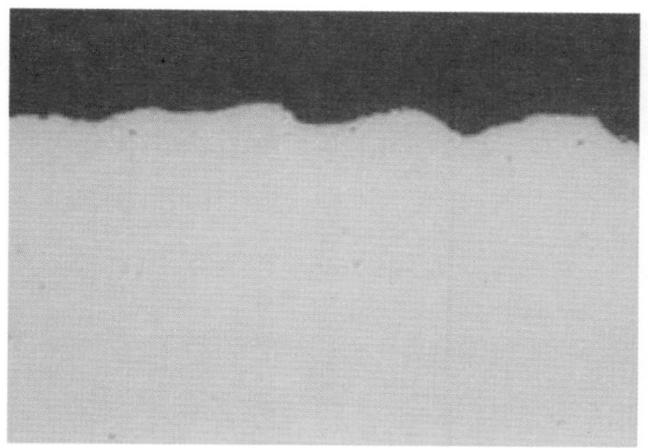

图 6-21 1#试样表面抛光态形貌（100×）

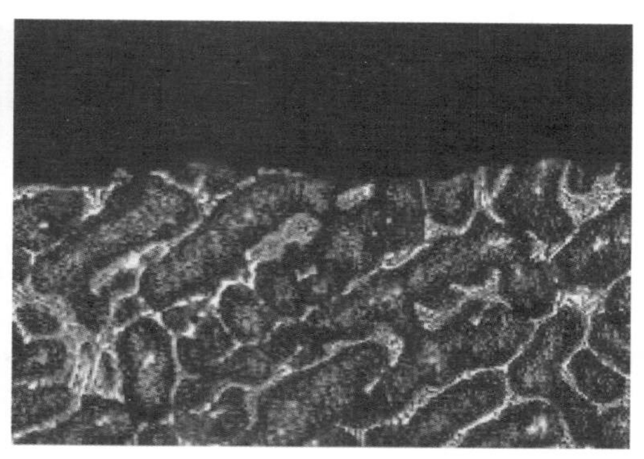

图 6-22 1#试样表面组织（100×）

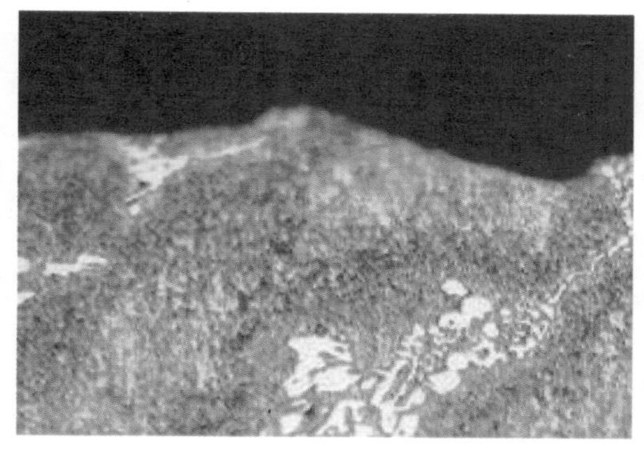

图 6-23 1#试样表面组织（500×）

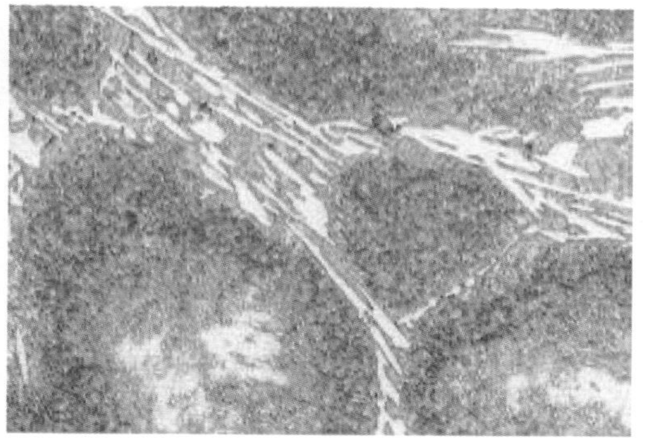

图 6-24 基体组织（500×）

此外，对上述两个部位进行表面显微硬度测试，结果显示：部位 1 表面硬度为 632HV0.3、637HV0.3、645HV0.3，部位 3 表面硬度为 631HV0.3、645HV0.3、632HV0.3，二者硬度均与基体相当。

3. 失效原因

根据上述检验结果：导辊表面缺陷并非肉眼可见的“鼓包”，实则是基体沉缩引起的碳化物骨架相对凸显而造成的假象，其凸起高度<5μm。究其原因如下：导辊基体为回火马氏体+树枝晶状碳化物+残留奥氏体，而传送的轧制圆钢温度约600~800℃，众所周知：马氏体作为一种过饱和固溶体受热分解时，体积会发生一定程度的收缩，但碳化物则不受影响。因此，长期高温下马氏体基体相对于碳化物骨架将表现为沉缩，肉眼观察则疑似“鼓包”。说明问题导辊处存在冷却不良的现象。

此外，马氏体受热分解后表面应呈拉应力状态，易诱发表面裂纹，即使裂纹未立即产生，其强度也将大大降低。但硬度检测显示：问题导辊表面硬度与基体硬度相当，并未出现下降。结合导辊材质（高铬）及工况可推测：由于合金中含有较高含量的合金元素C、Cr及Mo，这些强碳化物形成元素可以增加马氏体的稳定性，推迟马氏体分解温度到400℃以上（与工作温度吻合），当马氏体中析出碳化物时马氏体本身的硬度降低，而析出的碳化物又使合金的硬度升高，即问题导辊表面可能由于特殊碳化物的析出或残留奥氏体的转变而存在二次硬化现象。

综上所述，局部冷却不良造成导辊马氏体基体发生分解而体积收缩，碳化物骨架则相对凸显呈“鼓包”假象。

4. 改进方案

1）对问题导辊立即更换，保证轧制圆钢的表面质量。

2）对问题导辊的冷却系统进行修复或更换，杜绝冷却不良现象再次发生。

3）对操作人员严格培训，养成勤检查导卫，勤观察料型，勤看管冷却水管的工作习惯。

 案例54　齿轮表面缺陷

1. 实例简介

某型从动齿轮材质为42CrMo，最终热处理工艺为感应淬火。装车运行约1年后进行检修，至此列车总运行里程约10万km，检修时工作人员发现齿面存在异常。遂将其发往生产单位进行原因分析。

从动齿轮实物照片如图6-25所示：齿轮端面形貌显示倒棱处变形痕迹明显，表现为翻边特征；所有齿条两侧齿面啮合区域均存在严重的磨损变形，但靠近齿顶和齿根两处区域（未啮合区）表面形貌保留较为完整。因此，我们可判定送检从动齿轮不存在偏载等缺陷，服役时齿面啮合良好，缺陷可能源于超载、润滑不良或齿面热处理质量较差所致，但根据行车记录可排除超载现象。

2. 测试分析

（1）低倍形貌检查　在齿宽中部切片进行低倍形貌检查，见图6-26。感应淬火层

分布较为均匀，靠近齿根处层深最大。

图 6-25　送检齿轮实物照片

图 6-26　齿宽中间切片低倍腐蚀形貌

（2）硬度梯度测试　结合宏观分析，鉴于齿根附近齿面保存较为完好，故对该处进行硬度梯度检查，结果见图6-27，硬化层深度约为3.8mm，符合技术要求（2～4mm）。此外，感应区表面硬度为56HRC（由表面下方100μm处HV1转换），满足技术规范（52～60HRC）。

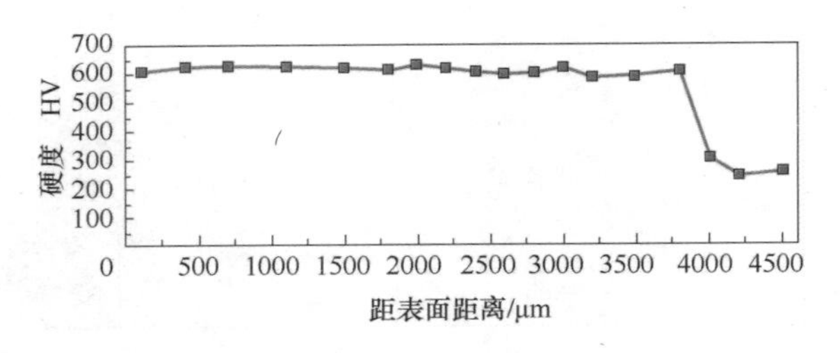

图6-27　节圆～齿根过渡部位硬度梯度

（3）微观形貌分析　对齿面缺陷处进行微观形貌观察，结果见图6-28，齿面具有磨痕和碾压变形特征。

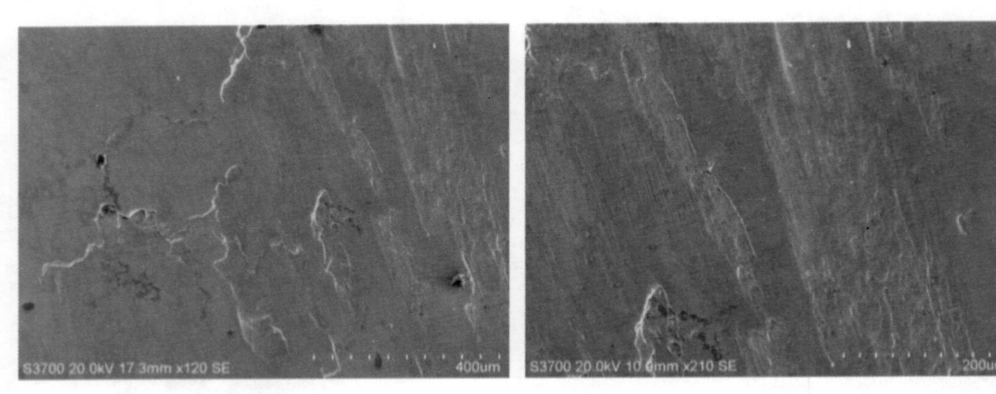

图6-28　齿面微观形貌

（4）显微组织分析　对从动齿轮的齿顶、节圆、齿根等不同部位取样进行金相组织检查，从图6-29和图6-30可看出靠近节圆—齿顶过渡处组织为细针状回火马氏体+极少量残留奥氏体，组织存在变形。节圆—齿根过渡处组织同上，但未见变形等异常现象发生，这与宏观判断相符。此外，节圆处抛光态形貌显示缺陷处表面已萌生裂纹，且裂纹沿一定角度（约45°）斜插入基体，见图6-31，这与滑动摩擦工作条件下的裂纹形态相似，随着裂纹的进一步扩展，其上部将呈悬臂梁结构，直至剥落。对节圆部位腐蚀后进行组织分析，从图6-32可看出该处组织显示表面存在深约50μm的异常区域。值得注意的是，该异常区域整体表现为多层结构：最表层为白亮组织，次表层为具有形变特征的极细针状回火马氏体，再次表层则表现为回火特征。以上现象表明：从动齿轮齿面啮合处曾承受多道磨损，且局部已萌生疲劳裂纹。

上述异常区域下方组织为细针状回火马氏体+极少量残留奥氏体，同齿根和齿顶

表面组织，且该处硬度及硬化层深度满足技术要求，说明从动齿轮热处理工艺正常，缺陷应与使用过程中存在异常磨损有关。

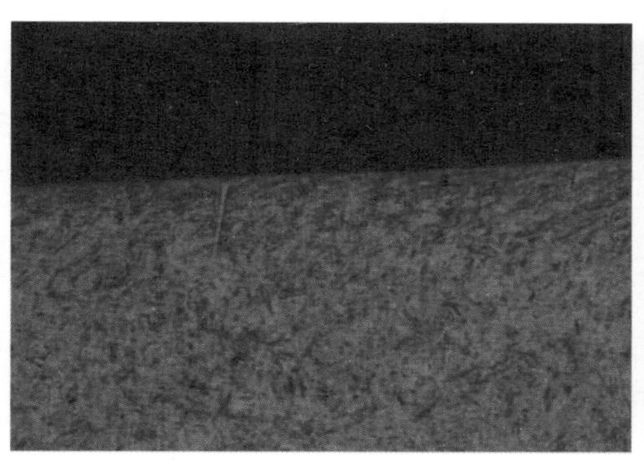

图 6-29　节圆～齿顶过渡处组织（500×）

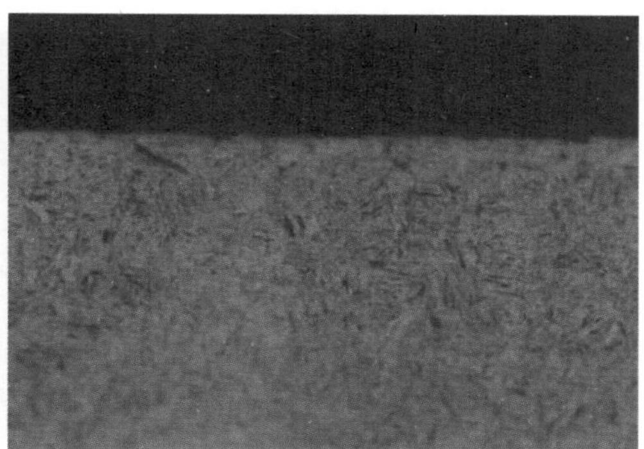

图 6-30　节圆～齿根过渡处组织（500×）

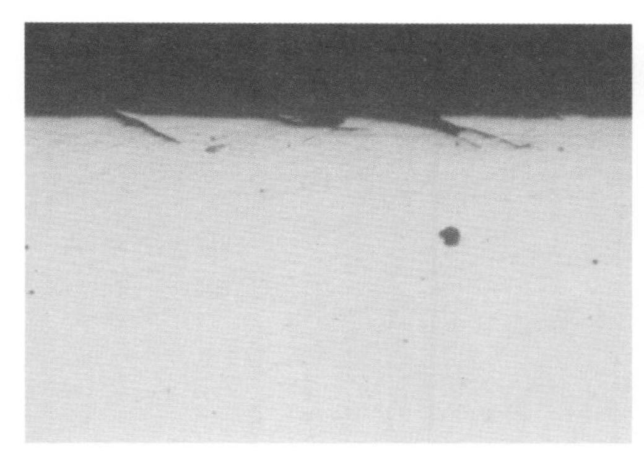

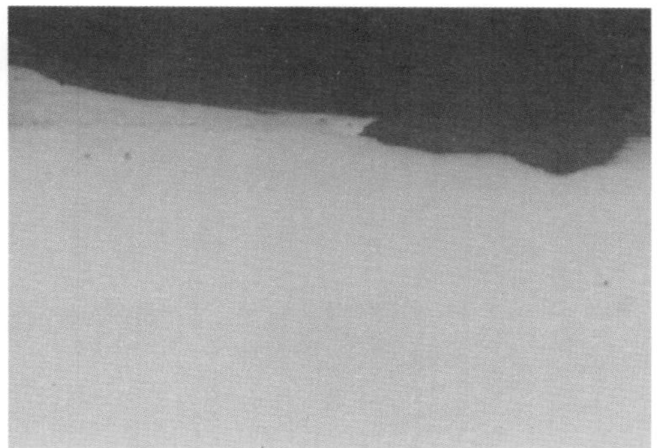

图 6-31　节圆两侧抛光态形貌（100×）

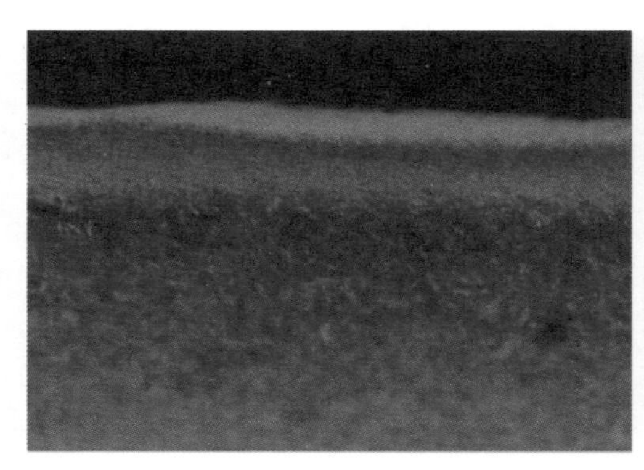

图 6-32　节圆两侧组织（500×）

3. 失效原因

根据上述检查可知：①宏观形貌显示从动齿轮所有齿面啮合区域均存在磨损特征；

②硬度和金相分析显示齿轮热处理工艺正常，感应淬火层分布均匀；③啮合区域表现为多次磨损特征，与干磨损形式较为类似。

对于啮合类产品，散热途径主要包括以下三方面：①摩擦副的导热能力；②辐射及润滑剂的冷却作用；③对摩擦面以及次表层组织产生影响而耗散。一般只有当前两者不足以耗散摩擦产生的热量时才会导致第三种现象的发生。案例中从动齿轮为成熟产品，其导热能力完全满足设计要求；那么只有当热量来不及辐射或润滑不良时，摩擦热产生的高温才会引起齿轮齿面及次表层材料发生组织、性能的改变（相变）。

因此，我们可判定：从动齿轮在服役过程中存在润滑不良的现象。

案例55　气阀杆断裂

1. 实例简介

送检样品为某型机车气阀杆部分断裂件，长约30mm，直径约17mm。宏观形貌如图6-33所示：①断面贝纹线清晰可见，呈典型的单向弯曲疲劳断裂特征，根据贝纹线扩展形貌可判断裂源位于气阀杆表面区域，见图中红色虚线箭头处；②瞬断区面积约占整个断口面积的5%，可见气阀杆断裂处的名义应力很小；③裂源对应的轴向外圆区域存在两处轻微的磨损痕迹，且其轴心对称部位附近也出现类似缺陷，但两侧磨损区存在轴向位差，其模拟形貌见图6-32中右图所示，图中红线表示断口位置。

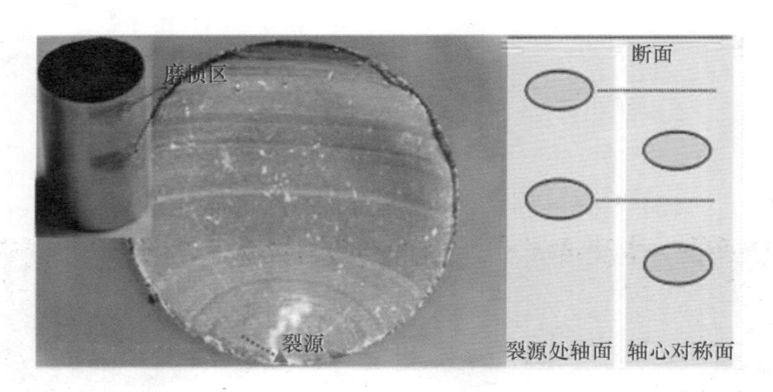

图6-33　气阀杆宏观形貌

2. 测试分析

对断口裂源处进行微观形貌观察，结果见图6-34。从图中可看出：①裂源附近贝纹线清晰可见，无疏松、夹渣等原材料缺陷；②裂源处存在多个疲劳台阶，说明该处存在应力集中现象，但气阀杆本身为光滑圆柱面结构，理应无应力集中点，因此，我们可推测裂源处表面可能受到损伤；③仔细观察发现，裂源处存在镀层碎裂的迹象，且裂源附近断面上散落有小块状颗粒物，能谱显示其为镀层成分，见图6-35，这也证实了②中推测。

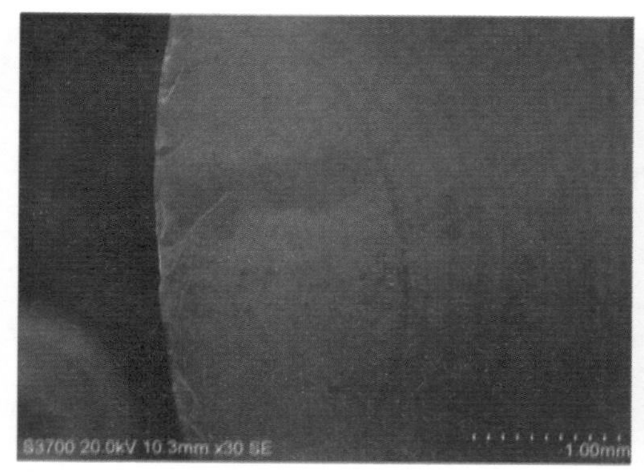

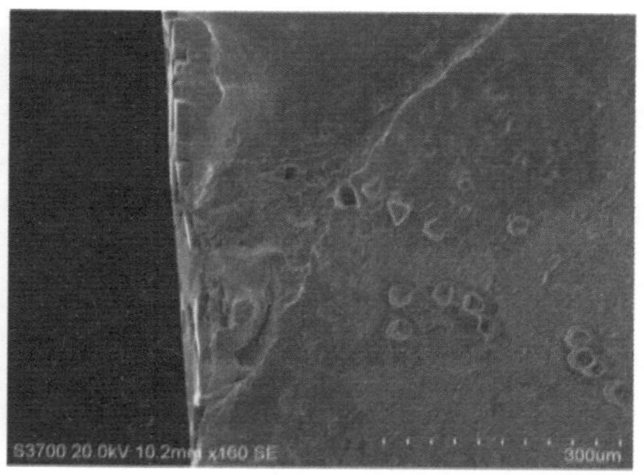

图 6-34　裂源处微观形貌

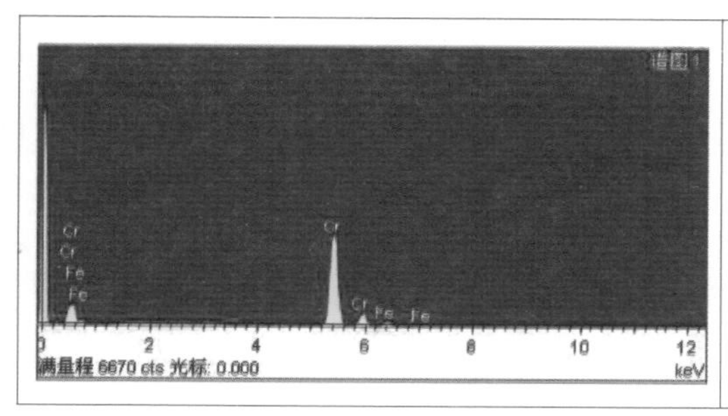

元素	质量分数（%）	摩尔分数（%）
CrK	93.83	94.23
FeK	6.17	5.77
总量	100.00	

图 6-35　裂源附近散落块状物能谱分析

鉴于上述分析，特对气阀杆裂源对应处的侧面进行微观形貌观察，从图 6-36 可看出该处镀层存在较大范围的压溃、碎裂现象，这与断面裂源处形貌吻合。

扩展区微观形貌见图 6-37 和图 6-38，断口边缘镀层保存完好，未发生碎裂，镀层厚度约为 20μm；疲劳条带清晰可见，断面呈准解理断裂特征。

瞬断区微观形貌见图 6-39，断口形貌以塑形韧窝为主。

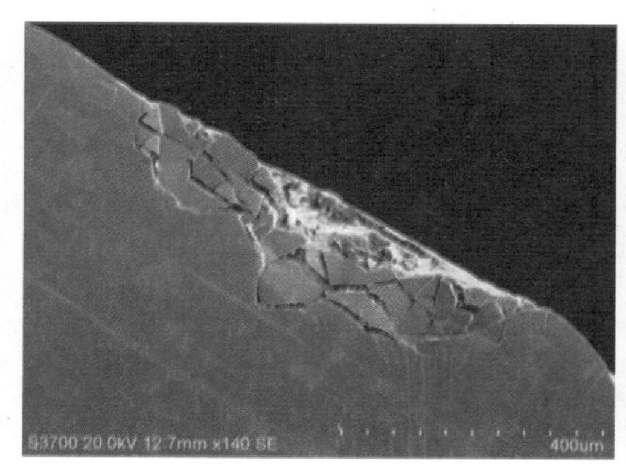

图 6-36　裂源处镀层微观形貌

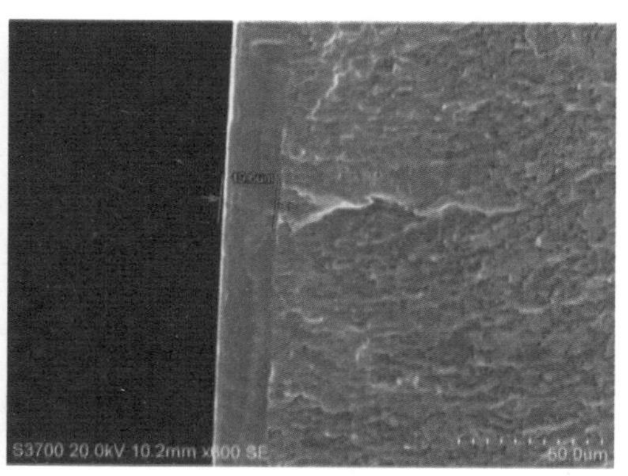

图 6-37　扩展区镀层微观形貌

图 6-38 扩展区疲劳条带形貌

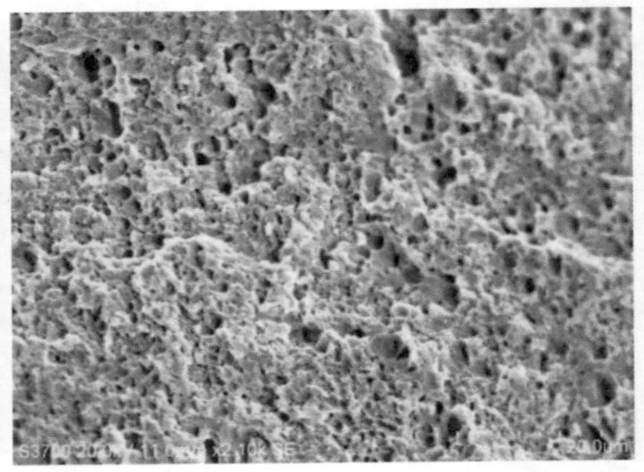

图 6-39 瞬断区微观形貌

3. 失效原因

根据上述检查结果可知：①送检气阀杆外圆表面存在四处轻微磨损痕迹；②断口呈典型的单向弯曲疲劳断裂特征；③瞬断区占整个断口面积比例很小；④微观形貌显示裂源处镀层发生碎裂，扩展区疲劳条带明显。

综上所述，机车气阀杆疲劳裂纹的萌生与外表面异常磨损导致镀层发生压溃有关，而异常磨损可能由于服役过程中承受单向弯曲载荷所致。

案例 56 凸轮轴齿轮断齿

1. 实例简介

某厂生产的某型号齿轮材质为 17CrNiMo6，具体使用工况不详。自 2011 年出厂安装使用后一直运行正常，直至 2015 年经客户反馈，齿轮出现断齿现象，遂将其返回生产厂家进行断齿原因分析。

送检齿轮的实物照片和断裂处宏观形貌如图 6-40 和图 6-41 所示：①整个齿轮共计四处发生断齿且沿周向每隔 90°均匀分布，每处损伤的齿条数量为 3 条，见图 6-40 中箭头处；②断齿表面磨损严重，形貌难以辨别，但贝纹线显而易见，根据弧线的疏密和断面的粗糙程度可知，四处断齿均属于高应力低周疲劳扩展断裂，扩展方向见图 6-40 中红色虚线箭头处，且疲劳源一侧齿面存在严重的碰伤掉块现象；③未断齿部位齿面保存完好，未见任何磨损或偏载迹象，磨削加工痕迹清晰可见，见图 6-41 右图。

2. 测试分析

在正常部位取样并依据 TB/T 2254—1991《机车牵引用渗碳淬硬齿轮金相检验》对送检齿轮的齿块进行金相检查，结果见表 6-2，满足相关技术规范，说明热处理工艺正常。

图 6-40 齿轮宏观形貌

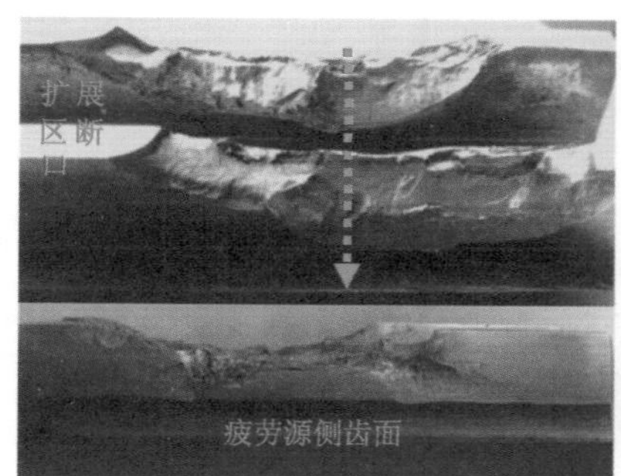

图 6-41 齿轮齿面形貌

表 6-2 齿轮金相检测结果

齿轮名称	检测部位	内氧化	脱碳层	碳化物	马氏体	残余奥氏体	硬化层深（513HV1）	心部组织	心部硬度 HRC
齿轮	节圆	1 级	1 级	1 级	4 级	2 级	约 1.394mm	4 级	40.0、40.0、40.5
	齿根	4 级（约 15μm）	3 级	1 级	4 级	2 级	约 1.305mm		
指标	节圆	—	—	—	—	—	1.2～1.8mm	—	—

对齿轮断齿部位进行金相检查，从图 6-42 和图 6-43 可看出疲劳源一侧齿面具有较大范围的白亮层组织，硬度约为 720HV0.3，应为形变马氏体，其下方可见明显的回火色和组织变形痕迹；仔细观察发现，局部区域表面虽未出现白亮层组织，但变形痕迹明显，组织呈纤维状。综上所述，结合宏观分析可知断齿处整体具有碰伤特征。

图 6-44 显示断面平滑，表层存在较大深度的变形组织，硬度约为 600HV0.3（约 55HRC），远高于正常区域齿块的心部硬度（40HRC）。

断齿低倍腐蚀形貌显示，齿块渗碳层分布均匀，两侧节圆和齿根部位均已萌生小裂纹，见图6-45中箭头处。从图6-46可看出图6-45中裂纹“绵软”，局部呈断续状，两侧组织为回火马氏体，未见氧化、脱碳，具有典型的疲劳裂纹特征，尤其齿根裂纹的存在说明断齿处曾受高的交变应力作用。

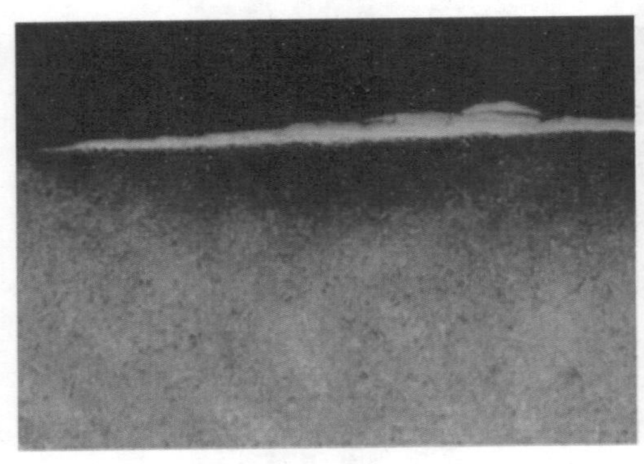

图6-42 疲劳源一侧齿面组织（100×）

图6-43 疲劳源一侧齿面组织（200×）

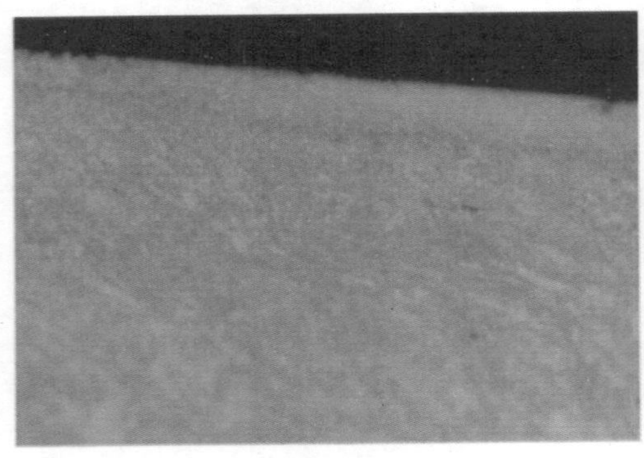

图6-44 断裂面组织（500×）

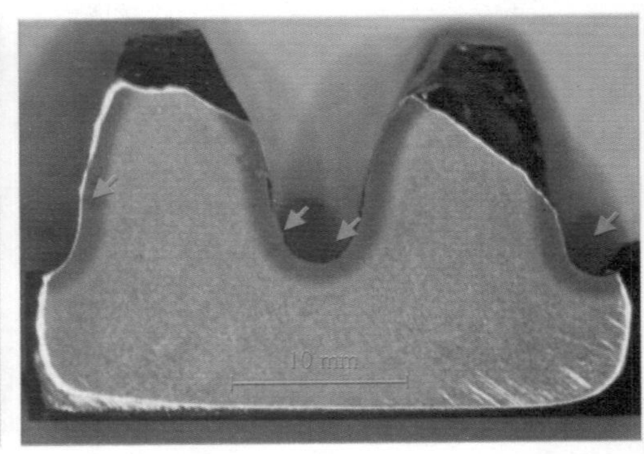

图6-45 断齿处低倍腐蚀形貌

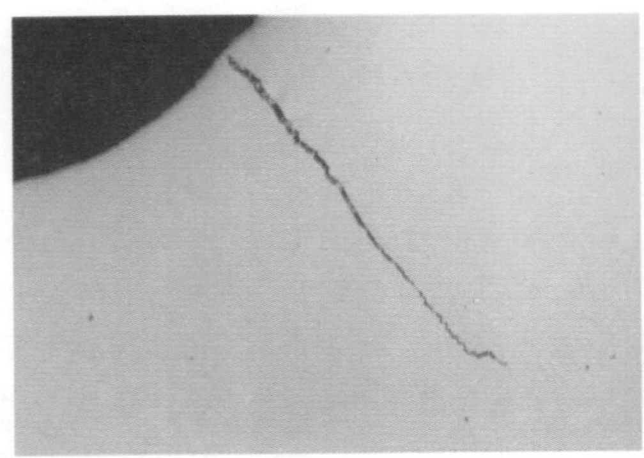

图6-46 图6-45中裂纹处形貌和组织

3. 失效原因

根据上述检查结果可知，齿轮热处理工艺正常；沿周向均匀出现四处断齿，断裂齿面均表现为高应力低周疲劳断裂，且疲劳源一侧齿面存在较大范围的碰伤；相反，未发生断裂的齿块表面形貌保存完好，未见任何损伤迹象。

通常，轮齿折断分为疲劳折断和过载断齿两类，疲劳折断多指起源于齿根处的疲劳裂纹扩展造成的断齿，影响因素有交变应力高、齿根圆角半径过小、表面粗糙度值过高、表面加工损伤、原材料缺陷、残余应力等。过载断齿则表现为断口粗糙、无疲劳断裂特征等，一般由短时过载造成的严重应力集中或较大异物进入啮合处所致。

因此，结合齿轮服役时间（约 4 年）可综合判断：送检齿轮应在损坏近期承受较大的周期性外载荷冲击作用，致使齿面发生规律性碰伤。由于外载荷较大，断面表现为高应力低周疲劳断裂特征，且多处齿根已萌生出疲劳裂纹。鉴于委托方未能提供齿轮相关的详细资料，外载荷的来源不得而知。

案例 57　大齿轮端面开裂

1. 实例简介

某型号大齿轮材质为 18CrNiMo7-6，制造工艺为：原材料→锻造→粗车→半精车→超声检测→滚齿→渗碳→淬火 + 低温回火→钻孔 + 攻螺纹→磨削加工→磁粉检测→喷丸→清洗检查→入库。据客户介绍，其中一只大齿轮装车运行约两年后检修时发现端面存在裂纹，遂将其返回生产厂家分析。开裂齿轮实物照片如图 6-47 所示，整个齿轮端面存在宽约 26mm 的周向条痕，而入库时齿轮端面为磨削加工面，故可判断上述条痕为使用过程中形成。此外，条痕附近多处存在长短不一且与其垂直的裂纹类缺陷。

图 6-47　大齿轮实物照片

图 6-47 中红色箭头处即为其中一条具有代表性的裂纹，从图中可看出裂纹长约 29mm，已裂穿整个壁厚。遂将开裂处打开进行断口形貌观察，如图 6-48 所示：整个断面具有两次断裂特征，断口 1 位于齿轮端面条痕处，呈月牙形，表面颜色灰暗；断口 2 以断口 1 为源发生快速扩展。综上所述，我们可判定，断口首先起裂于齿轮端面的条痕处。

图 6-48 大齿轮开裂处宏观形貌

2. 测试分析

(1) 微观形貌和能谱分析　将图 6-48 中断口清洗后进行微观形貌观察，如图 6-49 所示，裂源处呈月牙弧状，放大形貌可见明显的疲劳条带，说明断口 1 具有疲劳断裂特征。断口 2 则以沿晶形貌为主，见图 6-50。值得提出的是，对裂源处进行能谱分析发现铝含量很高，见图 6-51。根据其使用环境可判断，这是因为齿轮在服役过程中与铝合金齿轮箱发生擦碰所致。

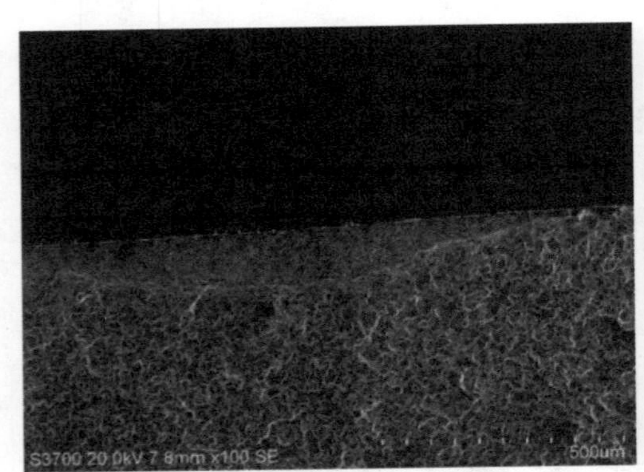

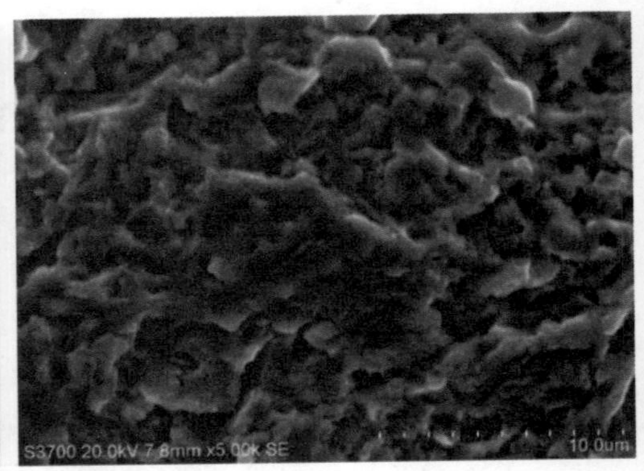

图 6-49 裂源区域微观形貌

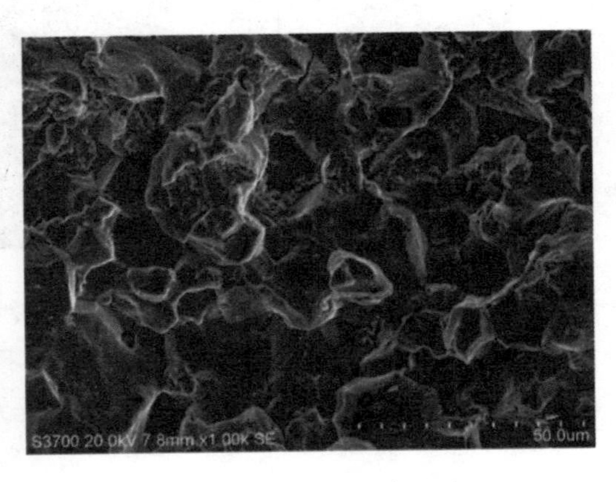

图 6-50 扩展区微观形貌

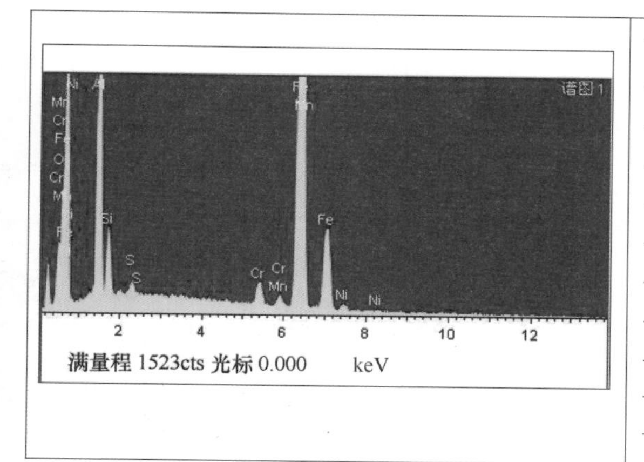

元素	质量分数（%）	摩尔分数（%）
OK	3.76	9.95
AlK	18.23	28.61
SiK	2.70	4.07
SK	0.39	0.52
CrK	1.36	1.11
MnK	0.68	0.52
FeK	71.68	54.35
NiK	1.20	0.87
总量	100.00	

图 6-51　裂源处能谱分析

（2）显微组织分析　对比条痕处和未被擦碰的原始端面金相组织，结果见图 6-52 和图 6-53，由图可知：

1）条痕处表面组织与案例 54 中的多道干摩擦形貌极为相似，最表层为白亮层组织，次表层为多层回火、变形组织，最下方呈现一定的回火色特征。不同的是该处表面白亮层多处已发生开裂，且白亮层最表面含有大量的铝元素。

2）未被擦碰处的表面组织为回火马氏体 + 少量残留奥氏体，未见磨削、烧伤等异常。

图 6-52　条痕处表面组织（200 ×）

图 6-53　原始加工面表面组织（200 ×）

3. 失效原因

根据上述检查结果可知，送检大齿轮端面存在周向分布的条痕，且垂直于条痕多处发生开裂，甚至已裂穿壁厚。断口形貌显示起裂部位即为条痕处，且表面含有大量的铝元素。金相分析显示原始齿轮端面未见磨削、烧伤等异常。

综上所述，大齿轮端面的开裂由其与铝合金齿轮箱之间的高速干摩擦所致。

备注：后经进一步查证得知，齿轮箱与大齿轮之所以偏离安装位置发生擦碰是由箱内的小齿轮轴发生断裂导致。

案例58　轴承振动报警

1. 实例简介

某型机车轴承在安装后试运行过程中发生振动报警，合计运行里程不足300km，遂将其拆解、检查，轴承实物照片如图6-54所示：内外圈表面光洁、加工良好，对其进行圆度检测未见异常；铜保持架外形完好，未见碰伤、变形等迹象；滚柱表面光亮、磨削加工痕迹明显，未见异常磨损、变色情况。

经反复排查后，发现一粒问题滚柱（见图6-54中红色箭头处）。滚柱材料为GCr15，具体加工工艺不详，热处理采用淬火+低温回火。

为了对比分析，特以问题滚柱为起点，沿逆时针方向每隔90°取一颗“正常”滚柱再次进行排查，并将其分别编号为1#、2#、3#，问题滚柱编号为4#。

图6-54　轴承实物照片

对比发现：1#、2#、3#“正常”滚柱表面除均有类似的环向磨痕外，未见其他异常，见图6-55。值得提出的是，4#滚柱（问题滚柱）距离一端约10mm处存在30多个点状缺陷，整体呈3排并沿圆周方向分布，分布范围约占1/4圆周，各点状缺陷环向和轴向间距均为2～3mm，见图6-56中红色虚线方框处。

图6-55　滚柱宏观形貌

2. 测试分析

（1）微观形貌分析　将1#和4#滚柱超声清洗后放入扫描电镜中观察微观形貌，如图6-57和图6-58所示：1#滚柱表面布满磨痕，并未发现其他缺陷，这与宏观检查结果

一致。4#滚柱表面点状缺陷处的微观形貌见图 6-58，由图可知：①缺陷两侧磨痕形貌清晰且连续性较好；②缺陷表面呈波纹状，未见磨痕特征；③缺陷边缘似被碾压后粘附于基体之上，局部存在剥离特征；④放大形貌显示缺陷表面呈细小枝晶状，具有熔融特征。

图 6-56　4#滚柱宏观形貌

图 6-57　1#滚柱微观形貌

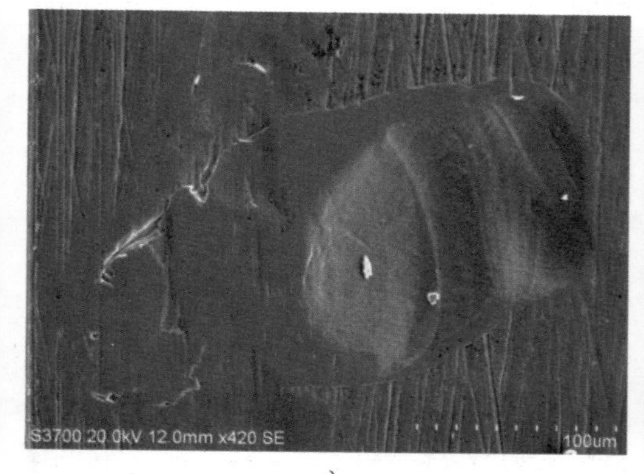

a)

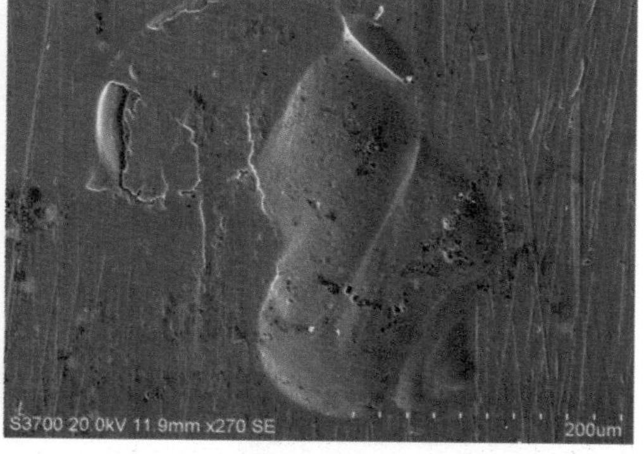

b)

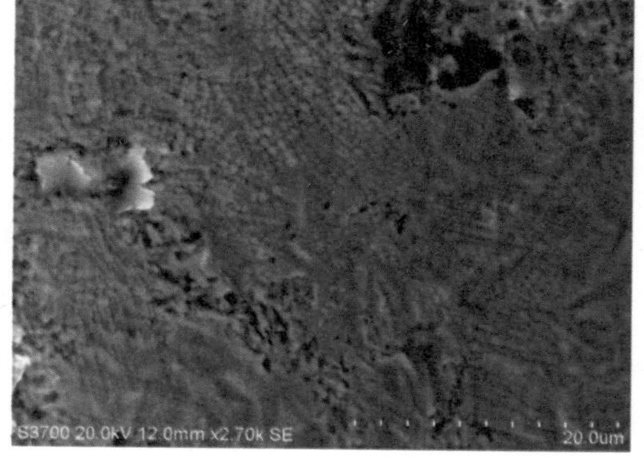

c)

图 6-58　4#滚柱坑状缺陷处微观形貌

综上所述，4#轴承表面的点状缺陷具有熔融特征，两侧磨痕连续性较好，初步判断其为电蚀所致。

（2）显微组织分析　按图 6-55 和图 6-56 中红色虚线方框处取样进行金相检查，图 6-59 ~ 图 6-62 显示：

1#滚柱表面布满深度 < 5μm 的磨痕，磨痕处组织为细针状回火马氏体 + 细小颗粒状碳化物，未见异常，说明磨痕形成于热处理之前的磨加工阶段。

4#滚柱点状缺陷处呈凹凸起伏状，最大深度为 5 ~ 10μm。值得注意的是，经 4% 硝酸酒精腐蚀后发现：点状缺陷周围存在深约 50μm 的月牙形白亮组织，未见变形，具有一次性淬火马氏体特征。仔细观察发现，突出圆柱表面的部分存在轻微回火色，这是由于淬火马氏体经摩擦回火所致。此外，白亮组织的平均显微硬度为 930HV0.1，远高于技术要求的 760HV。

图 6-59　1#滚柱截面抛光形貌（200 ×）

图 6-60　1#滚柱截面组织（200 ×）

图 6-61　4#滚柱缺陷处形貌（200 ×）

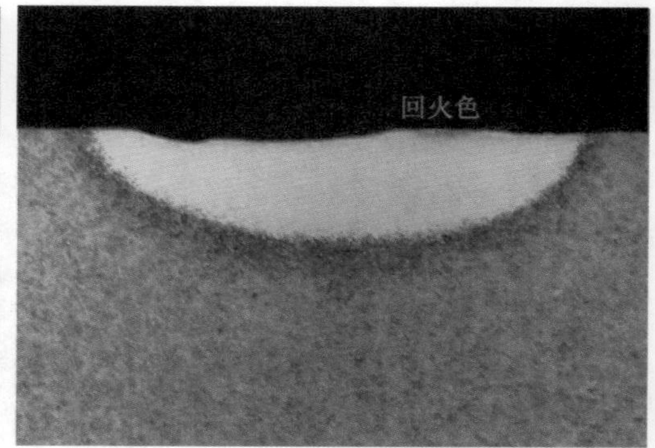

图 6-62　4#滚柱缺陷处组织（200 ×）

3. 失效原因

根据宏观分析、微观分析及显微组织分析可知：轴承的某一滚柱 1/4 圆周面上存在 30 多个点状缺陷，该类缺陷呈三排均匀分布，两侧磨痕连续性好，表面具有熔融和碾

压痕迹，缺陷处组织为淬火马氏体，硬度远高于基体，整体表现为局部电蚀特征。这种硬脆组织的出现，在循环载荷的作用下极易发生接触疲劳而导致局部剥离。

综上所述，我们可判定：轴承滚柱的局部电蚀是造成振动报警的主要原因。目前，减少轴承电蚀最好的方法就是采用轴端接地装置，使接地电力通过车轴直接传入钢轨，而不是经过轴承。

4. 改进方案

1）提高轴承表面的磨削加工精度，避免明显的磨痕出现。

2）保证滚柱与内外圈滚道之间充分润滑。

3）采用合理的接地装置。

案例59 轴承内圈开裂

1. 实例简介

某设备在使用1年后发生轴承振动报警，遂将其拆卸后检修。轴承实物照片如图6-63所示：①外圈滚道面上与滚柱端部接触的部位存在剥离现象；②保持架整体虽未发生大的变形及断裂，但其端部磨损严重；③滚柱表面仍呈金属光泽，未见摩擦、烧伤等迹象；④值得注意的是，内圈某一处存在贯穿截面的轴向裂纹，见图6-63中红色虚线箭头处。

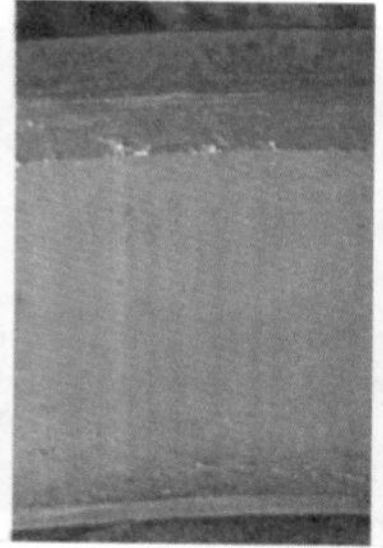

图6-63 轴承实物照片

图6-64为轴承内圈开裂处的实物照片，从图中可得出以下结论：①裂纹外形笔直，贯穿整个内圈截面；②内圈滚道面上存在较大范围的剥离现象，剥离范围约占1/4周长，裂纹恰好位于该区域中部位置；③轴承内圈小端（备注：内圈整体呈锥形）的非滚道面上存在摩擦烧伤迹象，表面为蓝色或黄色，呈现回火特征。

综上所述，我们可初步推测：造成轴承内圈开裂的原因可能为滚道面的剥离或是非滚道面的异常擦伤。

图6-65为轴承内圈断裂面的宏观形貌，根据放射状条纹的收敛方向可知：断裂面起裂于图6-65中红色虚线区域（即图6-64中的非滚道面擦伤处）。此外，断面平整、

纹理细密、贝纹线依稀可见，瞬断区所占比例不足2%，这说明断裂处名义应力很小。

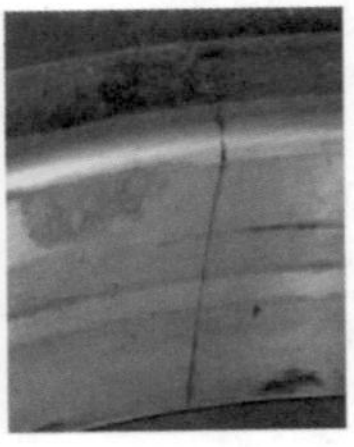

图6-64　轴承内圈开裂处实物照片

图6-65　轴承内圈断裂面宏观形貌

图6-66为轴承内圈裂源处放大形貌。由图可知：裂源区已被磨光，形貌无法观察。

图6-66　轴承内圈裂源处放大形貌

2. 测试分析

沿图6-64中红色虚线方框处线切割取样进行显微组织分析，裂源处组织见图6-67。

1）擦伤区表面存在深约150μm的白亮层组织，且白亮层表面变形痕迹明显。同案例58，白亮组织的平均显微硬度高达900HV0.1，远高于技术要求的760HV。

2）白亮层次表面为深约 200μm 的高温回火区（经 4% 硝酸酒精腐蚀呈深色）。这说明裂源部位在使用过程中曾受到严重的摩擦烧伤。对比发现：非滚道面正常区域组织为回火马氏体 + 细小颗粒状碳化物，未见白亮层和易腐蚀区，见图 6-68。

此外，图 6-69 显示滚道面剥离处组织与基体组织（见图 6-70）相同，局部存在二次裂纹，未见擦伤痕迹。

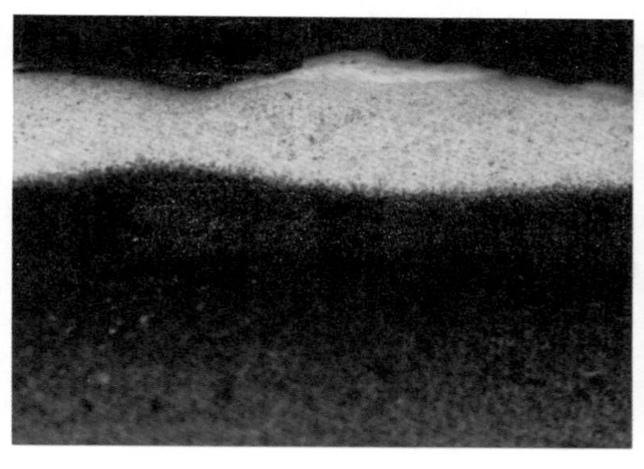

图 6-67　裂源处组织（100×）

图 6-68　非滚道面正常区域组织（100×）

图 6-69　剥离处组织（100×）

图 6-70　基体组织（500×）

3. 失效原因

根据上述检查结果可知：造成轴承内圈开裂的主要原因是小端非滚道面的异常摩擦烧伤。而在正常情况下，轴承内圈非滚动面应为自由面。因此，导致其摩擦烧伤的原因需要进一步查证。

案例 60　螺栓断裂

1. 实例简介

本案例中断裂螺栓为 8.8 级，材质不详。现场实物照片如图 6-71 所示，试验过程中图中红色虚线圈出处部件将做上下往复运动，支架一端则通过两排四个螺栓固定。根据其受力特征可知：前排螺栓在试验中承受较大的轴向拉应力，断裂螺栓即为前排螺栓，见图6-71中红色虚线箭头处。

图6-71 现场实物照片

值得提出的是，支架板（见图6-71中绿色虚线箭头处）壁厚为20mm，垫圈高约5mm，即螺栓在紧固情况下，其与被固定件的接触点应为距离螺栓根部25mm的位置。

图6-72为断裂螺栓宏观形貌，从图6-72中可得出以下结论：①断裂面相对较为平整，局部贝纹线清晰可见，呈典型的疲劳断裂特征；②疲劳源位于某一螺牙底部，约占1/3环向范围，见图6-72中绿色虚线处，该处疲劳台阶粗大且数量多，说明裂源部位应力集中现象严重；③值得注意的是，裂源处距离螺栓根部约30mm，而非正常紧固状态下的25mm，这表明螺栓在试验过程中出现了松动；④放大形貌显示疲劳源处挤压变形痕迹明显。

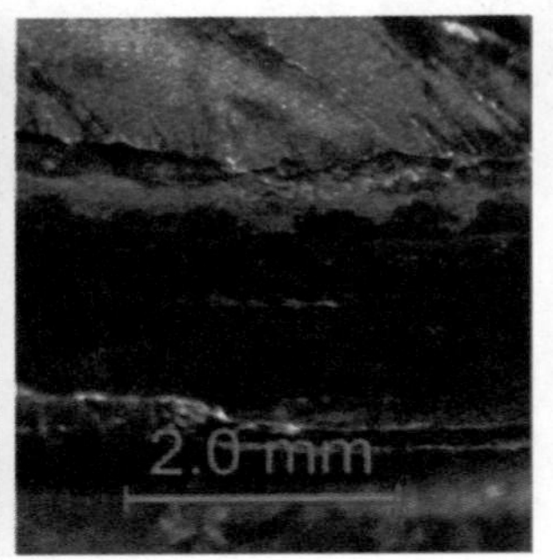

图6-72 断裂螺栓宏观形貌

2. 测试分析

（1）微观形貌分析　通过扫描电镜可以更加清晰地观察到多源疲劳断口的微观形貌。如图6-73和图6-74所示，裂源对应的螺牙底部表面存在一条挤压后留下的形变沟

槽，疲劳裂纹则萌生于此，这与图 6-72 中描述相符。对比发现：瞬断区对应的螺牙底部平滑无变形，断面微观形貌以韧窝为主，见图 6-74。

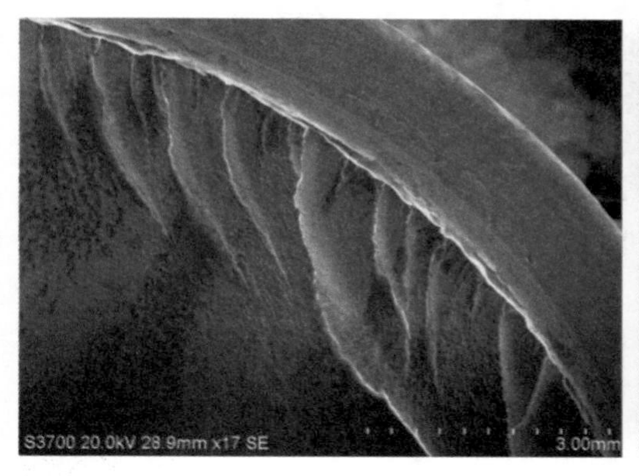

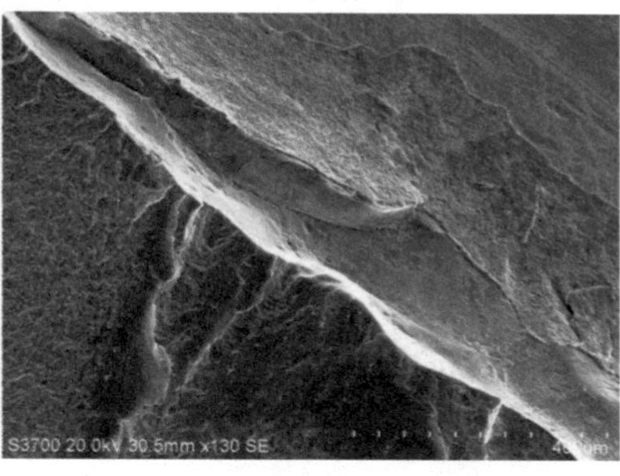

图 6-73　裂源处微观形貌

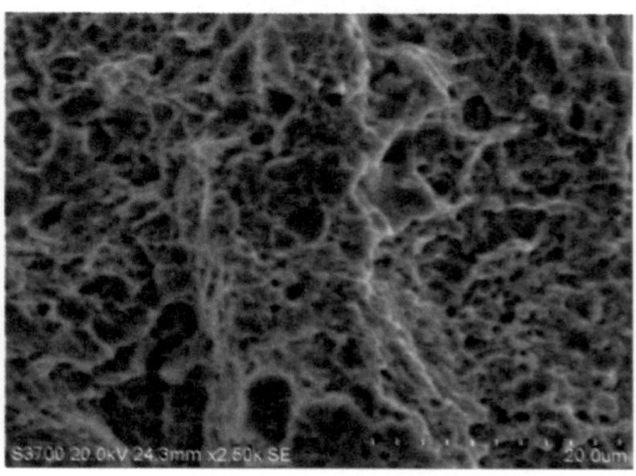

图 6-74　瞬断区微观形貌

（2）显微组织分析　沿图 6-72 中红色虚线处将断裂螺栓纵向劈开进行显微组织分析。

如图 6-75 和图 6-76 所示，螺栓牙型良好，牙底滚压痕迹明显，表面未见氧化、脱碳现象，组织为回火索氏体。图 6-77 为裂源处组织，由图可知：变形台阶明显，这与上述分析一致，组织也为回火索氏体，未见异常。图 6-78 和图 6-79 显示：断裂螺栓非金属夹杂物评定级别为 A0.5、D0.5，原材料洁净度较好；基体组织同上，奥氏体晶粒度约为 8 级；此外，基体硬度为 32HRC。

3. 失效原因

根据宏观形貌、微观形貌检查，螺栓断口为多源疲劳断裂，裂纹萌生于螺牙底部环向的挤压变形沟槽处，而沟槽的产生则与试验过程中螺栓发生松动有关。

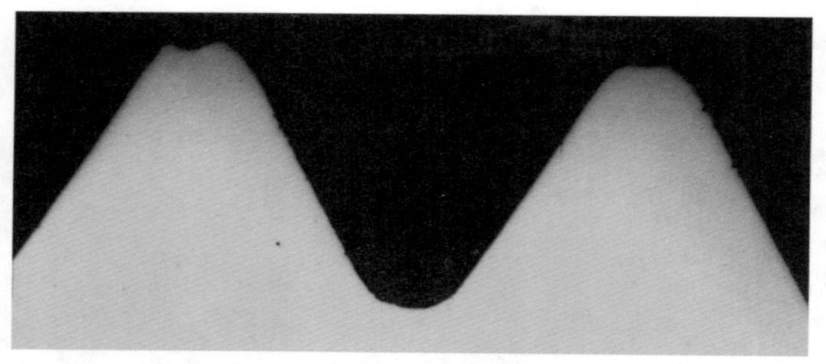

图 6-75　螺栓牙底形貌（25×）

图 6-76　牙底组织（100×）

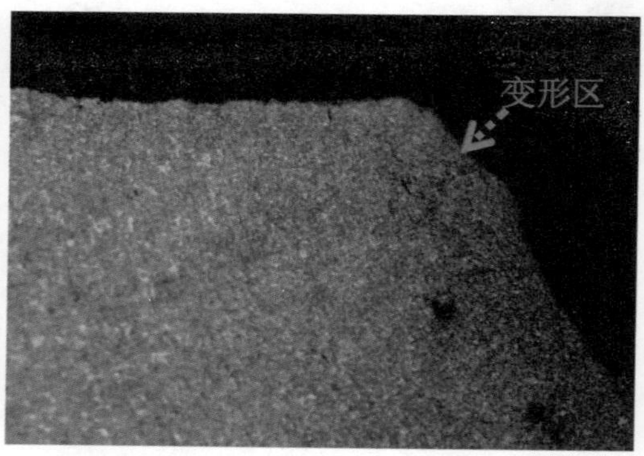

图 6-77　裂源处组织（200×）

图 6-78　非金属夹杂物（100×）

图 6-79　心部组织（200×）

4. 改进方案

1）将开口垫圈改用防松动垫圈代替。

2）试验过程中，对紧固件等配件定期进行排查。

3）试验结束后，仔细检查螺栓等零部件是否表面受损而影响再次使用，必要时及时进行更换。

参 考 文 献

［1］林华寿，赵宜．铸钢件断裂分析图谱［M］．北京：中国铁道出版社，2000.

［2］吴连生．失效分析技术及其应用［J］．理化检验-物理分册，1995，31（6）：57-61.

［3］钟群鹏．失效分析基础知识［J］．理化检验-物理分册，2005，41（1）：44-47.

［4］张峥．失效分析思路［J］．理化检验-物理分册，2005，41（3）：158-161.

［5］杨川，高国庆，崔国栋，等．金属材料零部件失效分析案例［M］．北京：国防工业出版社，2012.

［6］李炯辉，林德成．金属材料金相图谱［M］．北京：机械工业出版社，2006.

［7］李志义，李晓澎，等．金属零件生产和使用中的环境效应及其对零件失效的影响［J］．热处理，2014，29（1）：15-19.

［8］龚桂仙，陈士华，等．钢铁产品缺陷与失效实例分析图谱［M］．北京：冶金工业出版社，2012.

［9］苏锡九，陈英，等．金属材料断口分析及图谱［M］．北京：科学出版社，1991.

［10］章刚，刘军，等．表面粗糙度对表面应力集中系数和疲劳寿命影响分析［J］．机械强度，2010，32（1）：110-115.

［11］刘新灵，张卫方，陶春虎．疲劳损伤定量分析与失效评估研究进展［J］．失效分析与预防，2006，1（1）：35-39.

［12］王顺兴，邵尔玉．表面粗糙度对接触疲劳寿命的影响［J］．兵器材料科学与工程，1992，15（7）：26-30.

［13］廖景娱，刘正义．金属构件失效分析［M］．北京：化学工业出版社，2003.

［14］高玉魁．疲劳断裂失效分析与表面强化预防［J］．金属加工（热加工），2008，17：26-28.

［15］钱友荣．疲劳断裂的物理基础［J］．物理，1982，11（7）：420-426.

［16］陈千圣，等．低应力高周疲劳的寿命计算［J］．机械强度，1996，18（4）：54-58.

［17］唐正华，等．4145H 钻挺钢中 MnS 夹杂物的含量和分布对开裂的影响［J］．兵器材料科学与工程，1997，20（2）：24-28.

［18］修坤，王成刚，等．球墨铸铁件表面球化衰退的研究［J］．铸造，2014，63（6）：599-607.

［19］赵爱军，王敏．钢铁产品表面裂纹缺陷的分析研究［J］．冶金标准化与质量，1998，2：24-26.

［20］刘德富，刘大琦．关于钢中白点形成机理的探讨［J］．大型铸锻件，2008，5（7）：37-39.

［21］范俊锴．大型锻件白点萌生机理及预控研究［D］．秦皇岛：燕山大学，2013.

［22］张菊水．钢的过热与过烧［M］．上海：上海科学技术出版社，1984.

［23］黄天佑，都东，方刚．材料加工工艺［M］．北京：清华大学出版社，2004.

［24］徐罗平．机车车轴断裂失效分析［J］．机车车辆工艺，2005（03）：19-21.

［25］李志义，李晓澎．渗碳淬火件磨削裂纹形成的原因和防止措施［J］．国外金属热处理，2005，26（1）：46-47.

[26] 姜锡山，赵晗．钢铁显微断口速查手册［M］．北京：机械工业出版社，2010.
[27] 朱祖昌，徐祖耀．淬火应力对钢中相变的影响［J］．金属热处理学报，1988，9（2）：45-51.
[28] 中国机械工程学会热处理学会．热处理手册：第2卷典型零件热处理［M］．3版．北京：机械工业出版社，2008.
[29] 薄鑫涛，郭海洋，袁凤松，等．实用热处理手册［M］．上海：上海科学技术出版社，2008.
[30] 孙盛玉，戴雅康．热处理裂纹分析图谱［M］．大连：大连出版社，2002.
[31] 李志义，李晓澎．渗碳淬火件表层非马氏体组织形成原因和防止措施［J］．金属热处理，2000，11（16）：37.
[32] 徐洲，赵连城．金属固态相变原理［M］．北京：科学出版社，2004.
[33] 祝国华，等．零件热处理裂纹的分析与对策［J］．机械工人（热加工），2004（10），49-50.
[34] 孙盛玉．热处理裂纹若干问题的初步探讨［J］．金属热处理，2009，34（10）：109-114.
[35] 刘宗昌．淬火裂纹形态及影响因素［J］．包头钢铁学院学报，1991，10（1）：44-48.
[36] 赵新星．工件淬火裂纹的原因分析与对策［J］．纺织机械，2006（02）
[37] 张菊水．钢的过热与过烧［M］．上海：上海科学技术出版社，1984.
[38] 徐罗平．大功率机车牵引从动齿轮折齿分析［J］．国外金属热处理，2001，22（4）：43-44.
[39] 冯磊，轩福贞．非金属夹杂物对材料内局部应力集中的影响［J］．机械工程学报，2013，49（8）：40-47.
[40] 王海斗，徐滨士，等．导卫板失效分析及表面喷涂层的耐磨性能［J］．金属热处理，2005，30（8）：39-40.
[41] 丁惠麟，金荣芳．机械零件缺陷、失效分析与实例［M］．北京：化学工业出版社，2013.
[42] 程巨强，李少春．影响薄壁球墨铸铁白口倾向和球墨数量的因素分析［J］．铸造技术，2007，28（3）：323-325.
[43] 李平平，陈凯敏，吴建华，等．齿轮断裂原因分析及预防措施［J］．金属热处理．2016，41（3）：207-209.
[44] 李平平，徐罗平，吴建华．大型齿轮白点缺陷分析［J］．金属热处理．2015，40（增刊）：306-308.